中等职业教育数控技术应用专业示范性品牌专业建设成果

数控铣削加工

——理实一体化

倪厚滨　主　编
鲁华东　俞　燕　副主编

中国铁道出版社
CHINA RAILWAY PUBLISHING HOUSE

内容简介

为贯彻落实教育部"国家中长期教育改革和发展规划纲要(2010—2020年)"和"上海市中长期教育改革和发展规划纲要(2010—2020年)"的精神,以"为了每一个学生的终身发展"核心理念引领学校综合改革,并以上海市首批特色示范校建设及示范性品牌专业建设为契机,进一步提高教育教学质量,学校积极探索"双证融通"、中职高职贯通、中职本科贯通试点教育,打造精品课程、精品专业,为形成职教特色、发挥示范引领作用编写了本教材。

本书围绕数控铣床编程与操作,主要讲解了安全文明生产及数控铣床操作、六面体的铣削加工、二维外轮廓零件铣削加工、二维内轮廓零件铣削加工、孔系零件的铣削加工、板类综合零件加工、盘类综合零件加工和组合件加工,共八个项目。本书可培养学生的实践操作能力,经过系统学习学生可以参加数控铣工(四级)考证。

本书适合作为中等职业学校机械类和近机类专业教材,亦可作为相关技术人员的参考用书,具有较强的实用性和易读性。

图书在版编目(CIP)数据

数控铣削加工:理实一体化/倪厚滨主编.—北京:中国铁道出版社,2018.12

中等职业教育数控技术应用专业示范性品牌专业建设成果

ISBN 978-7-113-25172-7

Ⅰ.①数… Ⅱ.①倪… Ⅲ.①数控机床-铣削-中等专业学校-教材 Ⅳ.①TG547

中国版本图书馆CIP数据核字(2018)第265517号

书　　名:数控铣削加工——理实一体化
作　　者:倪厚滨　主编

策　　划:李中宝　尹　娜　　**读者热线:**(010)63550836
责任编辑:尹　娜
封面设计:刘　颖
责任校对:张玉华
责任印制:郭向伟

出版发行:中国铁道出版社(100054,北京市西城区右安门西街8号)
网　　址:http://www.tdpress.com/51eds/
印　　刷:北京虎彩文化传播有限公司
版　　次:2018年12月第1版　2018年12月第1次印刷
开　　本:787 mm×1 092 mm　1/16　**印张:**14.25　**字数:**340千
书　　号:ISBN 978-7-113-25172-7
定　　价:49.00元

PREFACE 前言

中等职业教育担负着培养高素质劳动者的重要任务，其人才培养目标须从单一技能操作型向知识型、发展型转变，需从学校单一教育向校企合作培养方式转变，需向终身教育方向转变。只有切实有效转变教学模式，优化课程结构，注重学生职业能力与人文素养教育，关注学生职业生涯发展，中等职业教育才能健康协调并适应社会经济发展的要求。

为贯彻落实教育部“国家中长期教育改革和发展规划纲要（2010—2020 年）”和“上海市中长期教育改革和发展规划纲要（2010—2020 年）”的精神，以“为了每一个学生的终身发展”核心理念引领学校综合改革，并以上海市首批特色示范校建设及示范性品牌专业建设为契机，进一步提高教育教学质量，学校积极探索“双证融通”、中职高职贯通、中职本科贯通试点教育，打造精品课程、精品专业，为形成职教特色、发挥示范引领作用编写了本教材。

本书围绕数控铣床编程与操作，主要讲解了安全文明生产及数控铣床操作、六面体的铣削加工、二维外轮廓零件铣削加工、二维内轮廓零件铣削加工、孔系零件的铣削加工、板类综合零件加工、盘类综合零件加工和组合件加工，共八个项目。本书可培养学生的实践操作能力和职业素养，经过系统学习学生可以参加数控铣工（四级）考证。

学校贯彻“以就业为导向，以能力为本位，以素质为基础”的指导思想，以“必需够用，兼顾发展”为原则，组织骨干教师开发编写了具有职教特点与学校特色的教材。本书开发定位准确，并借鉴国外职业教育先进的教学模式，精心编撰，有所创新，有机统一知识性与实践性、职业性与人文性。本书注重学生综合素养的教育、文化基础知识的拓展、专业知识与技能点的融合，重视培养学生的兴趣与创新思维，实训内容按项目课题系列展开，可操作性强。

本书适合作为中等职业学校机械类和近机类专业教材，亦可作为相关技术人员的参考用书，具有较强的实用性和易读性，并将根据各专业需要及现代职业教育发展方向与要求，不断更新和完善。

本书由倪厚滨任主编，鲁华东、俞燕任副主编，常玉成、庄瑜参与编写。俞燕编写项目一和项目三，庄瑜编写项目二，鲁华东编写项目四和项目五，倪厚滨编写项目六和项目七，常玉成编写项目八。

由于编者的能力及水平有限，书中难免存在不妥和疏漏之处，欢迎广大读者及同行批评指正。

编者

2018. 6

CONTENTS 目录

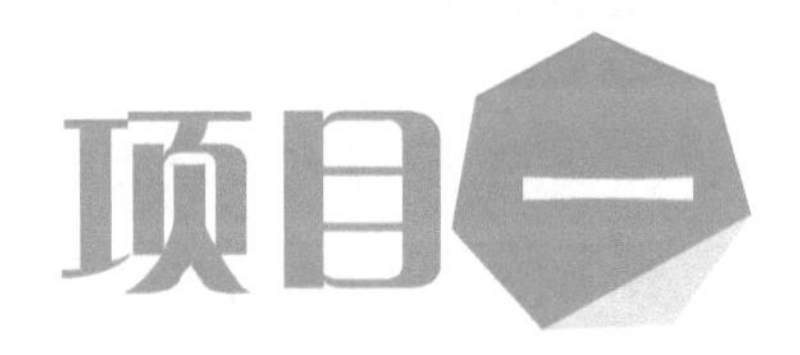

项目一 安全文明生产及数控铣床操作

项目导入

让我们走进实训车间，了解数控铣床及其安全操作规程。

任务一 安全文明生产教育

教学目标

知识目标	了解安全文明生产的基本内容
能力目标	掌握实训车间和数控铣床的安全操作规程
情感目标	激发学生学习本课程的兴趣,重视安全文明生产

任务描述

进入车间首先不是去熟悉和操作各种设备,而是要充分地掌握工厂的安全文明生产法规和不同车间的安全操作规程。

本任务就是掌握安全文明生产法规,掌握数控铣床的安全操作规程,以及培养企业职业道德素养。

任务导入

俗话说“没有规矩不成方圆”,在学校中要遵守学校的规章制度,那么在车间里实训时又要注意些什么?要遵守哪些规章制度呢?

图1-1-1、图1-1-2和图1-1-3所示的操作正确吗?规范吗?

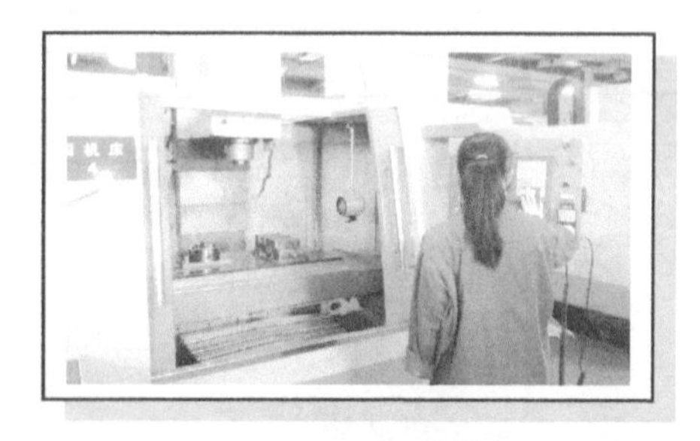

图1-1-1 女生的长发没有盘在工作帽内

图1-1-2 在车间内打闹、嬉戏

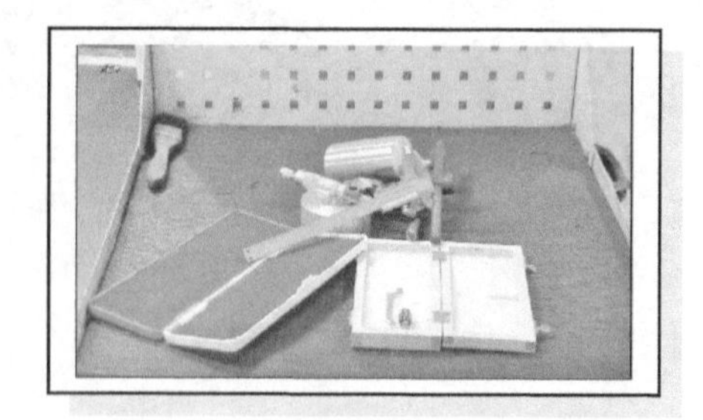

图1-1-3 工量具的摆放不整齐

一、企业安全生产教育

1. 企业安全生产教育的内容

企业安全生产教育一般分为思想、法规和安全技术教育三项主要内容。

①思想教育，主要是正面宣传安全生产的重要性，选取典型事故进行分析，从事故的政治影响、经济损失、个人受害后果几个方面进行教育。

②法规教育，主要是学习上级有关文件、条例、本企业已有的具体规定、制度和纪律条文。

③安全技术教育，包括生产技术、一般安全技术的教育和专业安全技术的训练。其内容主要是本厂安全技术知识、工业卫生知识和消防知识，本班组动力特点、危险地点和设备安全防护注意事项；电气安全技术和触电预防；急救知识；高温、粉尘、有毒、有害作业的防护；职业病原因和预防知识；运输安全知识；保健仪器、防护用品的发放、管理和正确使用知识等。企业安全技术训练，是指对锅炉等受压容器，电、气焊接、易燃易爆、化工有毒有害、微波及射线辐射等特殊工种进行的专门安全知识和技能训练。

2. 企业安全生产教育的主要形式和方法

企业安全生产教育的主要形式有“三级教育”“特殊工种教育”和“经常性的安全宣传教育”等形式。

①三级教育：在工业企业所有伤亡事故中，由于新工人缺乏安全知识而产生的事故发生率一般为50%左右。所以对新工人、来厂实习人员和调动工作的工人，要实行厂级、车间、班组三级教育。其中，班组安全教育包括：介绍本班组安全生产情况，生产工作性质和职责范围，各种防护及保险装置作用，容易发生事故的设备和操作注意事项。

②特殊工种教育：

③经常性的宣传教育：可以结合本企业本班组具体情况，采取各种形式，如安全活动日、班前班后会、安全交底会、事故现场会、班组园地或壁报等方式进行宣传。

二、实训过程安全生产教育

①严格遵守实训的作息时间，做到不迟到、不早退、不无故缺席。

②严格遵守实训守则，严格遵守机床的安全、文明操作规程。

③实训过程中必须做到不奔跑、嬉戏、打闹、不开玩笑、不相互窜岗、不擅自离开实训车间。

④实训过程中一切行动必须服从老师的安排和指挥。

⑤进入实训车间实习时，必须穿好工作服，大袖口要扎紧，衬衫要系入裤内。女同学要戴安全帽，并将发辫纳入帽内。不得穿凉鞋、拖鞋、高跟鞋、背心、裙子以及戴围巾进入车间。禁止带手套操作机床。

⑥某一项工作如需要两人或多人共同完成时，应注意相互间的协调一致。

⑦学生应在指定的机床和计算机上实习。

⑧所有实训步骤需在实训教师指导下进行，未经实训教师同意，禁止开动机床。其他机

床设备、工具或电器开关等均不得乱动。

⑨机床开动时，严禁在机床间穿梭，严禁离开工作岗位做与操作无关的事情。

⑩注意不要移动或损坏安装在机床上的警告标牌。

三、数控铣床安全、文明操作规程

①操作前必须熟悉数控铣床的一般性能、结构、传动原理及控制程序，掌握各操作按钮、指示灯的功能及操作程序。在未弄懂整个操作过程前，不要进行机床的操作和调节。

②开动机床前，要检查机床电气控制系统是否正常，润滑系统是否畅通、油质是否良好，并按规定要求加足润滑油，各操作手柄是否正确，工件、夹具及刀具是否已夹持牢固，检查冷却液是否充足，然后开慢车空转 3 ~5 min，检查各传动部件是否正常，确认无故障后，才可正常使用。

③机床启动后，打开急停装置，机床回零位，回归零位后，将 X、Y、Z 轴回到合适位置。

④程序调试完成后，必须经指导老师同意后方可按步骤操作，不允许跳步骤执行。未经指导老师许可，擅自操作或违章操作，成绩做零分处理，造成事故者，按相关规定处分并赔偿相应损失。

⑤加工零件前，必须严格检查机床原点、刀具数据是否正常并进行无切削轨迹仿真运行。

⑥加工零件时，必须关上防护门，不准把头、手伸入防护门内，加工过程中不允许打开防护门。

⑦严禁用力拍打控制面板、触摸显示屏。严禁敲击工作台、分度头、夹具和导轨，防止无序和野蛮操作损坏机床、刀具、工件。

⑧严禁私自打开数控系统控制柜进行观看和触摸。

⑨实习学生不得调用、修改其他非自己所编的程序，不得随意更改机床内部参数。

⑩数控铣床除工作台上安放工装和工件外，机床上严禁堆放任何工、夹、刃、量具，工件和其他杂物，工作空间应足够大。

⑪未经指导教师确认程序正确前，不许动操作箱上已设置好的“机床锁住”状态键。

⑫禁止用手或其他任何方式接触正在旋转的主轴、工件或其他运动部位。

⑬检查润滑油、冷却液的状态，及时添加或更换。

⑭在程序运行中需暂停测量工件尺寸时，要待机床完全停止、主轴停转后方可进行测量，以免发生人身事故。

⑮不允许采用压缩空气清洗机床、电气柜及 NC 单元。

⑯每天实训前半小时进行机床保养，主要是：卸下工件、刀具等，并按规定整理并放置好，清点工具箱内的工量具等设备，清理铁屑、擦拭机床，检查或添加润滑油，X、Y、Z 轴回到合适位置，关上安全门，退出系统，关闭总电源。

⑰实训结束后，应清扫机床及周边环境，保持实训车间清洁卫生。

⑱禁止进行尝试性操作。

任务实施

背诵安全文明生产操作规程。

技能训练

按图1－1－4～图1－1－7所示的正确规范操作。

图1－1－4　女生要戴安全帽并将发辫纳入帽内

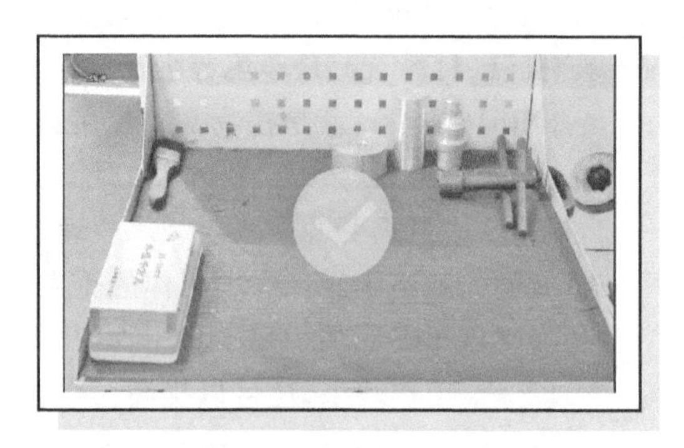

图1－1－5　工量具使用完毕后摆放整齐

图1－1－6　学生进入实训车间须排队整齐

图1－1－7　服从教师的安排和指挥

课后思考

知识拓展

企业现场管理“6S”(HSE)制度

20世纪，日本丰田公司提出倡导并实施“5S”管理，1987年中国企业开始引进“5S”管理。

2000 年，中国在“5S”的基础上，由朱镕基总理签署的“安全”管理，随后企业就将安全纳入“5S”管理内容，也就形成了今天的“6S”管理。“6S”指的是日语的罗马拼音 SEIRI（整理）、SEITON（整顿）、SEIS0（清扫）、SEIKETSU（清洁）、SHITSUKE（素养）及英语 SAFETY（安全）这 6 项，因为六个单词的第一个字母都是“S”，所以统称为“6S”。“6S”管理是在生产现场中对人员、机器、材料、行为、环境等生产要素进行有效管理的一种方法。

- SEIRI（整理）：就是按物品的使用频率，以取用方便，尽量把寻找物品时间缩短为 0 s 为目标，将人、事、物在空间和时间上进行合理安排，这是开始改善现场的第一步，也是 6S 中最重要的一步。如果整理工作没做好，以后的 4 个“S”便形同沙土上建起的城堡一般不牢靠。这项工作的重点在于培育心理强度，坚决将现场不需要的物品彻底清理出去。现场无不常用物，行道畅通，减少了磕碰和可能的错拿错用，这样既可以保证工作效果，还可以提高工作效率，更重要的是可以保障现场的工作安全。所以有的公司就提出口号：效率和安全始于整理！
- SEITON（整顿）：在整理的基础上再把需要的人、事、物加以定量、定位，创造一个一目了然的现场环境。将现场物品按照方便取用的原则进行合理摆放后，操作中的对错便更易于控制和掌握，有利于提高工作效率，保证产品品质，保障生产安全。
- SEISO（清扫）：认真进行现场、设备仪器和管道的卫生清扫，在一个干干净净的环境中，通过设备点检，管道巡视，异常现象便能迅速发现并得到及时处理，使之恢复正常。这是安全隐患得到发现和治理的重要方法，也是“安全第一，预防为主”方针的最好落实和贯彻。清扫工作之所以如此必要，是因为在生产过程中产生的灰尘、油污、铁屑、垃圾等，会使现场变脏、设备管道污染，导致设备精度降低，故障多发，影响产品质量，使安全事故防不胜防；脏的现场更会影响员工的工作情绪，产生懈怠麻痹思想，认真不够，操作失误，排障不彻底、不及时，导致安全事故的发生。因此，必须通过清扫活动来清除脏污，营造一个明快、舒畅、高效率的工作现场。
- SEIKETSU（清洁）：为保持维护整理、整顿、清扫的成果，使现场保持安全生产的适宜状态，引入被赋予全新内涵的“清洁”概念，即是通过将前三项活动的制度化来坚持和深入现场的管理改善，从而更进一步地消除发生安全事故的根源，即为“治本”，以创造一个人本至上的工作环境，使员工能愉快无忧地工作。
- SAFETY（安全）：以 HSE 管理体系，执行行为准则，建立安全的工厂、科学的管理、安全的设备、安全的工作行为。安全就是消除工作中的一切不安全因素，杜绝一切不安全现象。就是要求在工作中严格执行操作规程，严禁违章作业。时刻注意安全，时刻注重安全。
- SHXTSUKE（素养）：素养即平日之修养，指正确的待人接物处事的态度。实验得出结论：一种行为被多次重复就有可能成为习惯。通过制度化的现场管理改善推进，规范员工行为，培养良好职业风范，并辅以自觉自动工作生活的文化宣导，达到全面提升员工素养的境界。培养工作、安全无小事的认真态度，有制度就严格按制度行事的职业风范，持续改善的进取精神，已成为“6S”管理螺旋式上升循环永远的起点和终点。在具有这样高素养员工的组织中，关注细节，持续改善，寓于无数细节之中的安全，则无一处不在掌控之中。

任务二　熟悉数控铣床的结构及操作面板

教学目标

知识目标	了解数控铣床的特点和基本结构,了解数控软件的界面
能力目标	熟悉并掌握 FANUC 数控铣床的操作面板
情感目标	激发学生的主观能动性

任务描述

在加工零件前,必须非常熟悉加工该零件所选用的机床的性能及相关要求。本任务就是熟练掌握数控铣床的结构、基本性能特点及操作面板。

复习导入

- 实训车间的安全规程。
- 数控铣床的安全、文明操作规程。

任务导入

观察普通铣床(见图 1-2-1)和数控铣床(见图 1-2-2),指出其不同之处。

图 1-2-1　普通铣床

图 1-2-2　数控铣床

相关知识

一、数控铣床的特点

1. 加工精度高、加工质量稳定

数控铣床的机械传动系统和结构都有较高的精度、刚度和热稳定性。数控铣床可以加工复杂的零件，零件的精度和质量由机床保证，完全消除了操作者的人为误差。所以数控铣床的加工精度高，加工误差一般都控制在0.005 ~0.01 mm之内，而且同一批零件加工尺寸的一致性好，加工质量稳定。

2. 加工生产效率高

数控铣床结构刚性好、功率大，能自动进行切削加工，所以能选择较大的、合理的切削用量，并自动连续完成整个切削加工过程，能大大缩短机动时间。在数控铣床上加工零件，只需使用通用夹具，又可免去划线等工作，能大大缩短加工准备时间。因为数控铣床的定位精度好，可省去加工过程中对零件的中间检测，减少了停机检测时间，生产效率高。

3. 减轻劳动强度，改善劳动条件

数控铣床加工，除了装卸零件、操作面板、观察机床运行外，其余步骤都是按照加工程序要求自动连续地进行切削加工，操作者不需要进行繁重的手工操作，大大减轻了工人劳动强度，改善了劳动条件。

4. 对零件加工的适应性强、灵活性好

因数控铣床能实现多轴联动，加工程序可按照加工零件的要求变换，所以它的适应性和灵活性很强，可以加工普通机床无法加工的形状复杂的零件。

5. 有利于生产管理现代化

数控铣床加工，能准确地计算零件的加工工时，并有效地简化刀、夹、量具和半成品的管理工作。加工程序是用数字信息的标准代码输入，有利于与计算机连接，构成由计算机来控制和管理的生产系统。

此外，数控铣床对设备使用维护人员的技术水平要求高、加工过程无需人工调整、设备初期投资较大，以及能生产良好的经济效益等特点。

二、数控铣床的组成

数控机床是一种利用数控技术、准确地按照事先安排的工艺流程，实现规定加工动作的金属切削机床。

数控铣床由控制介质、数控装置、伺服系统和机床四部分组成。

1. 控制介质

它建立了人与数控机床之间的某种联系。加工工件时，刀具相对于工件的位置和机床的全部动作信息，按照规定的格式和代码编写成工件的加工程序输入到计算机数控装置。

常用的控制介质有穿孔带、穿孔卡、磁盘和磁带。

2. 数控装置

数控装置是数控机床的中枢。

数控装置由输入装置、控制器、运算器、存储器和输出装置组成。

输入装置接受由穿孔带阅读机送入的代码信息，经过识别与译码之后送到指定存储区，作为控制与运算的原始数据。再经过译码和数据运算处理后，由输出装置输出。

3. 伺服系统

伺服系统是数控系统的执行部分。其作用是把来自数控装置的运动指令转变成机床移动部件的运动，使工作台按规定轨迹移动或精确定位。

4. 机床

机床是高精度和高生产率的自动化加工机床，它能自动加工出所需要的零件。

三、数控铣床的操作面板（以 FANUC Series 0i – MC 系统为例）

如图 1 – 2 – 3 所示为数控铣床，如图 1 – 2 – 4 所示为其操作面板。

图 1 – 2 – 3　数控铣床

图 1 – 2 – 4　操作面板

四、操作面板介绍

1. CRT/MDI 操作面板（见图 1 – 2 – 5）

CRT 界面用于显示程序、坐标等。MDI 键盘用于编辑程序、输入参数等。

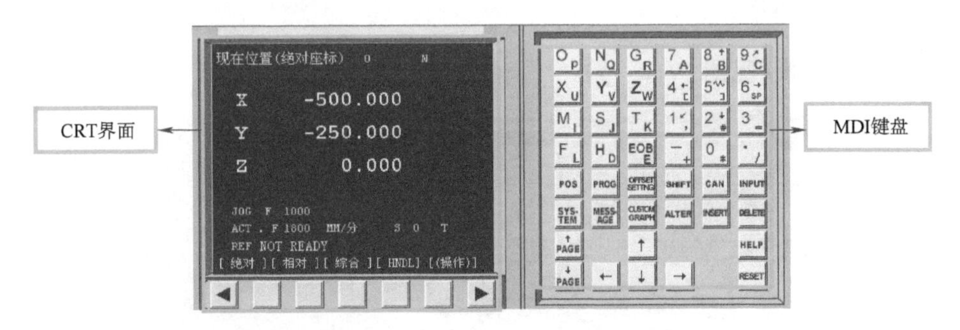

图 1 – 2 – 5　CRT/MDI 操作面板

MDI 键盘上各个键的功能见表 1 – 2 – 1。

表 1 – 2 – 1　MDI 键盘上各个键的功能

MDI 软键	功　　能
↑PAGE ↓PAGE	软键 ↑PAGE 实现左侧 CRT 中显示内容的向上翻页；软键 ↓PAGE 实现左侧 CRT 显示内容的向下翻页
↑ ← ↓ →	移动 CRT 中的光标位置。软键 ↑ 实现光标的向上移动；软键 ↓ 实现光标的向下移动；软键 ← 实现光标的向左移动；软键 → 实现光标的向右移动
O_P N_Q G_R X_U Y_V Z_W M_I S_J T_K F_L H_D EOB E	实现字符的输入，点击软键 SHIFT 后再点击字符键，将输入右下角的字符。例如：点击软件 O_P 将在 CRT 的光标所处位置输入“O”字符，点击软键 SHIFT 后再点击软件 O_P 将在光标所处位置处输入 P 字符；软键 EOB E 中的“EOB”将输入“;”号表示换行结束

续表

MDI 软键	功　　能
7 8 9 4 5 6 1 2 3 - 0 .	实现字符的输入。例如:点击软键5将在光标所在位置输入“5”字符,点击软键SHIFT后再点击软键5将在光标所在位置处输入“]”
POS	在 CRT 中显示坐标值
PROG	CRT 将进入程序编辑和显示界面
OFFSET SETTING	CRT 将进入参数补偿显示界面
SYSTEM	本软件不支持
MESSAGE	本软件不支持
CUSTOM GRAPH	在自动运行状态下将数控显示切换至轨迹模式
SHIFT	输入字符切换键
CAN	删除单个字符
INPUT	将数据域中的数据输入到指定的区域
ALTER	替换字符
INSERT	将输入域中的内容输入到指定区域
DELETE	删除一段字符
HELP	本软件不支持
RESET	机床复位

2. 机床操作面板(见图 1-2-6)

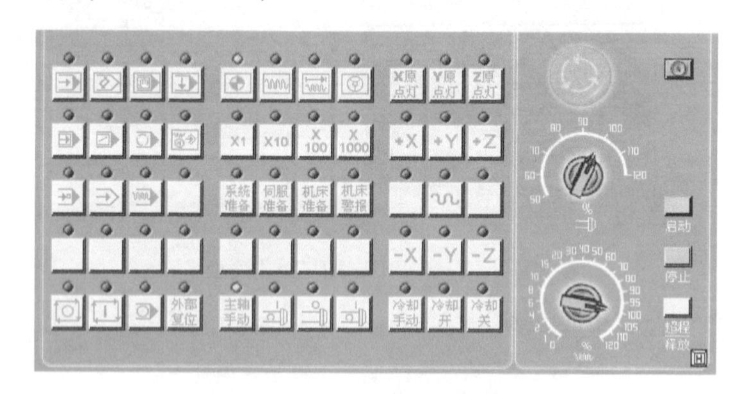

图 1-2-6　机床操作面板

机床操作面板上各个键的功能见表 1-2-2。

表 1-2-2　机床操作面板上各个键的功能

按　　钮	名　　称	功能说明
	自动运行	此按钮被按下后,系统进入自动加工模式
	编辑	此按钮被按下后,系统进入程序编辑状态
	MDI	此按钮被按下后,系统进入 MDI 模式,手动输入并执行指令

续表

按　　钮	名　　称	功能说明
	远程执行	此按钮被按下后,系统进入远程执行模式(DNC 模式),输入输出资料
	单节	此按钮被按下后,运行程序时每次执行一条数控指令
	单节忽略	此按钮被按下后,数控程序中的注释符号"/"有效
	选择性停止	点击该按钮,"M01"代码有效
	机械锁定	锁定机床
	试运行	空运行
	进给保持	程序运行暂停,在程序运行过程中,按下此按钮运行暂停。按"循环启动"恢复运行
	循环启动	程序运行开始;系统处于自动运行或"MDI"位置时按下有效,其余模式下使用无效
	循环停止	程序运行停止,在数控程序运行中,按下此按钮停止程序运行
外部复位	外部复位	在程序运行中点击该按钮将使程序运行停止。在机床运行超程时若"超程释放"按钮不起作用可使用该按钮使系统释放
	回原点	点击该按钮系统处于回原点模式
	手动	机床处于手动模式,连续移动
	增量进给	机床处于手动,点动移动
	手动脉冲	机床处于手轮控制模式
X1 X10 X100 X1000	手动增量步长选择按钮	手动时,通过点击按钮来调节手动步长。X1、X10、X100 分别代表移动量为 0.001 mm、0.01 mm、0.1 mm
主轴手动	主轴手动	点击该按钮将允许手动控制主轴
	主轴控制按钮	从左至右分别为:正转、停止、反转
+X	*X* 正方向	在手动时控制主轴向 *X* 正方向移动
+Y	*Y* 正方向	在手动时控制主轴向 *Y* 正方向移动
+Z	*Z* 正方向	在手动时控制主轴向 *Z* 正方向移
-X	*X* 负方向	在手动时控制主轴向 *X* 负方向移动
-Y	*Y* 负方向	在手动时控制主轴向 *Y* 负方向移动
-Z	*Z* 负方向	在手动时控制主轴向 *Z* 负方向移动
	主轴倍率选择旋钮	将光标移至此旋钮上后,通过右击或右击来调节主轴旋转倍率
	进给倍率	调节运行时的进给速度倍率
	急停按钮	按下急停按钮,使机床移动立即停止,并且所有的输出如主轴的转动等都会关闭
超程释放	超程释放	系统超程释放
H	手轮显示按钮	按下此按钮,则可以显示出手轮
	手轮面板	点击 H 按钮将显示手轮面板。再点击手轮面板上右下角的 H 按钮,又可将手轮隐藏

续表

按　钮	名　称	功能说明
	手轮轴选择旋钮	在手轮状态下，将光标移至此旋钮上后，通过左击或右击来选择进给轴
	手轮进给倍率选择旋钮	在手轮状态下，将光标移至此旋钮上后，通过左击或右击来调节点动/手轮步长。X1、X10、X100 分别代表移动量为 0.001 mm、0.01 mm、0.1 mm
	手轮	将光标移至此旋钮上后，通过左击或右击来转动手轮
	启动	启动控制系统
	关闭	关闭控制系统

任务实施

一、数控铣床开关机的一般操作步骤

1. 开机

①开外部总电源。

②启动空压机。

③开启 CNC 本身机体电源。

④开启 CNC 计算机电源开关。

⑤当屏幕出现字体后，释放急停按钮。

⑥将模式开关置于原点复归，让机床走极限，直至各轴指示灯亮。

⑦原点复归后将机床移至离机械原点 75 mm 以上。（原点复归后将机床 X、Y、Z 三轴移至机床中间位置处）

⑧检查记忆保护开关是否在编辑位置。

2. 关机

①将各轴移至中间位置，确认主轴停止运转。

②将编辑锁定开关关闭。

③按下急停按钮。

④关闭 CNC 计算机电源。

⑤关闭 CNC 本身机体电源。

⑥关空压机。

注意：

数控铣床开关机时的注意事项。

★ 数控铣床回零前，要先分别移动 X、Y、Z 轴，再回零，目的是消除丝杠间隙，提高铣床加工精度。

- 数控铣床回零时，应先回 Z 轴，待提升到一定高度后再回 X 轴、Y 轴，避免主轴与工作台发生干涉，避免碰撞刀具和夹具。
- 铣床关机时，应先关闭数控系统，再关闭机床电源。

二、运行数控加工仿真系统

单击“开始”→“程序”→“数控加工仿真系统”命令，系统将弹出“用户登录”界面，或者单击桌面上的快捷方式图标，也可以进入“用户登录”界面，如图 1-2-7 所示。单击“快速登录”按钮，可以进入数控加工仿真系统的操作界面（见图 1-2-8）。

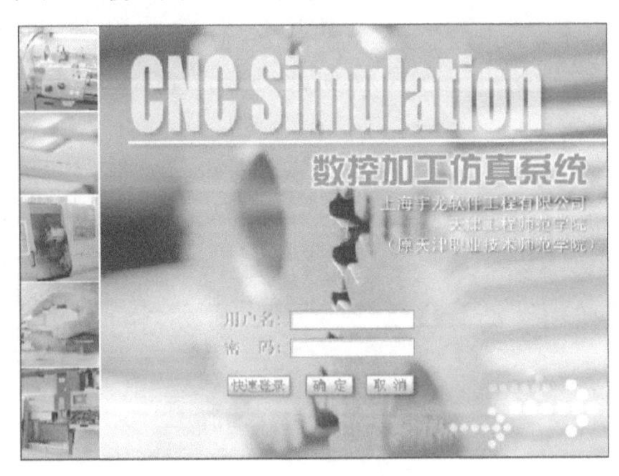

图 1-2-7 “用户登录”界面

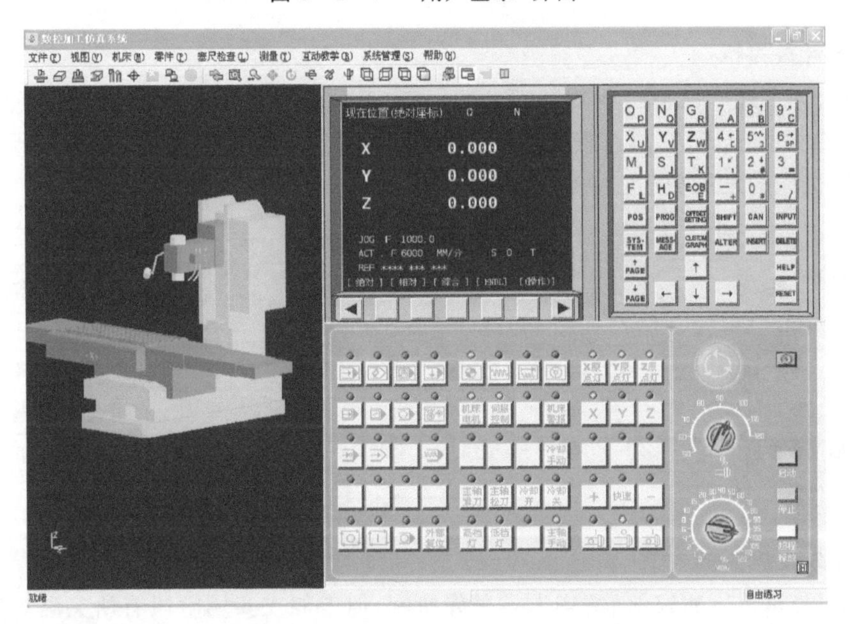

图 1-2-8 数控加工仿真系统的操作界面

技能训练

- 在实习指导教师的指导下,按操作步骤进行铣床的开关机练习。
- 在实习指导教师的指导下,按操作步骤进行铣床面板的各项操作练习。
- 在实习指导教师的指导下,练习操作数控加工仿真系统 CRT/MDI 的操作面板。

课后思考

知识拓展

一、数控机床的产生与发展过程

1. 第一台数控机床

1952 年,为了适应航空工业复杂工件的生产,美国麻省理工大学和帕森斯公司合作研制而成了第一台数控机床,它具有信息存储和处理的功能。

2. 数控机床的发展史(见表 1-2-3)

表 1-2-3　数控机床的发展史

数控机床	时　间	标志物
第一代数控机床	1952 年~1959 年	电子管元件
第二代数控机床	1959 年始	晶体管元件
第三代数控机床	1965 年始	集成电路
第四代数控机床	1970 年始	大规模集成电路
第五代数控机床	1974 年始	微处理器

3. 我国数控机床的发展

1958 年,北京机床研究所、清华大学率先研制,但未能在实用阶段有所突破。1975 年,我国研制出第一台加工中心。改革开放以后,数控机床的品种、数量、质量得到迅速发展。

1986 年,我国的数控机床进入国际市场。

二、数控技术的应用和意义

1. 数控技术的应用

数控技术的应用领域越来越广泛，不仅用于机床的控制，还用于控制其他设备。如：数控线切割机、自动绘图仪、数控测量机、数控编织机、数控裁剪和机器人等。

2. 数控技术的意义

一个国家的机床数控率，反映了这个国家机床工业和机械制造业水平的高低，同时也是衡量这个国家科技进步的重要标志。

三、数控机床的分类

1. 按工艺用途分类

(1)一般数控机床

有车床、铣床、钻床、镗床、磨床、齿轮加工机床。适合加工单件、小批量和复杂形状的工件。

(2)数控加工中心

在一般数控机床上加装一个刀库和自动换刀装置。

数控加工中心因一次安装定位后，能完成多工序的连续加工。大大地缩短了加工的辅助时间，提高了定位精度和加工自动化程度。

(3)多坐标轴数控机床

多坐标轴数控机床所控制的轴数较多，机床结构比较复杂。可以加工复杂工件，如螺旋桨、飞机发动机叶片曲面等。

2. 按控制的运动轨迹分类

(1)点位控制

主要有数控钻床、数控坐标镗床、数控冲床等。点位控制能精确地保证孔的相对位置，减少空行程时间。

(2)点位直线控制

点位直线控制除了要求控制位移终点位置外，还能实现平行坐标轴的直线切削加工，且可以设定直线切削加工的进给速度。

(3)轮廓控制

轮廓控制数控机床能够对两个或两个以上的坐标轴同时进行控制，不仅能够控制机床移动部件的起点与终点坐标值，而且能控制整个加工过程中每一点的速度与位移量。

3. 按控制方式分类

(1)开环控制数控机床

开环控制系统中没有检测装置，指令信号单方向传送，并且指令发出后，不再反馈回来。

(2)闭环控制数控机床

闭环控制系统将工作台实际位移量反馈到计算机中，与所要求的位置指令进行比较、再控制，直到差值消除为止。

(3)半闭环控制数控机床

半闭环控制系统不是直接检测工作台的位移量，而是通过检测元件，推算出工作台的实际位移量，反馈到计算机中进行位置比较，用比较的差值进行控制。

4. 按功能分类

(1)经济型数控机床

(2)全功能型数控机床

(3)精密型数控机床

四、其他种类的数控机床

1. 电火花机床

(1)原理(见图 1－2－9)

电火花放电现象，熔解工件，使电极的形状，逆向成型于工件上。

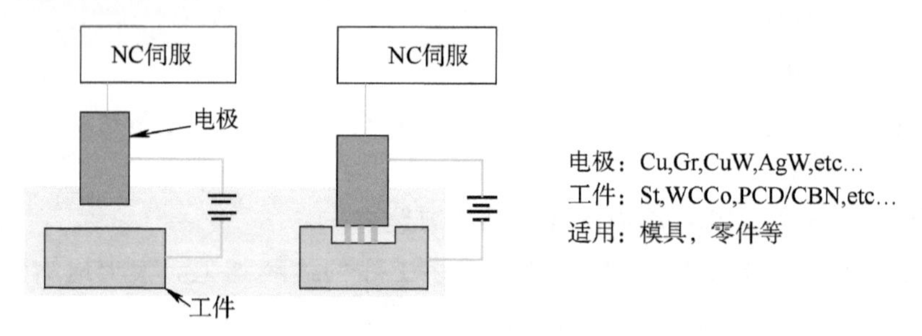

图 1－2－9　电火花机床原理

(2)电火花机床的加工对象(见图 1－2－10)

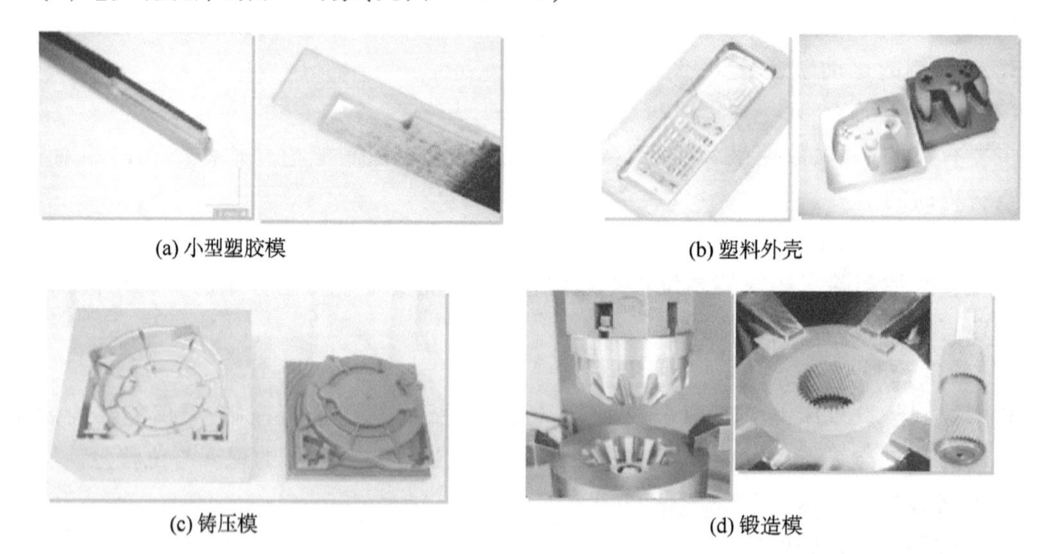

(a) 小型塑胶模　(b) 塑料外壳　(c) 铸压模　(d) 锻造模

图 1－2－10　电火花机床的加工对象

2. 线切割机床

(1)原理(见图 1－2－11)

通过各种直径的丝状电极，使之与工件之间进行火花放电，从而在工件上获得各种轮廓形状，如图 1－2－11 所示。

(2)线切割机床的加工对象(见图 1－2－12)

(a) 冲压节进模

(b) 塑胶模

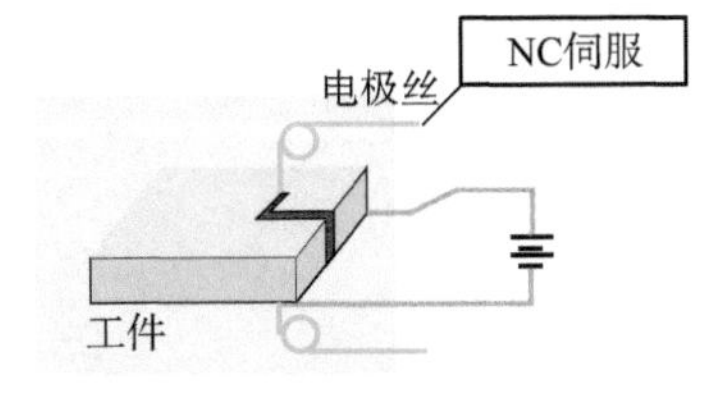

电极丝：Brass(Zn-coated),W,etc…

工件：St，WCCo,PCD/CBN,etc…

适用：模具,零件，etc…

图 1－2－11　线切割机床原理

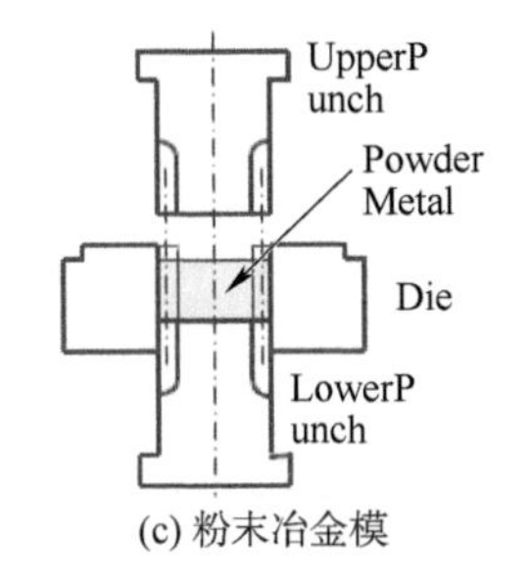

(c) 粉末冶金模

(d) 铝型挤压模

图 1－2－12　线切割机床的加工对象

3. 放电加工的原理

在电极与工件之间加印一定电压的同时,在其间隙中注入加工液。使电极与工件接近,使加印的电压击穿之间的油绝缘层,产生电流,获得电弧火花。电弧柱的产生,导致电流流动,产生的高温开始解工件。电弧产生的大量热量也使电弧周围的油瞬时气化而剧烈膨胀,产生的爆炸现象炸飞电弧热所熔化的工件碎屑。放电结束,电流中止,电极与工件冷却,绝缘层恢复,工件上留下刚才的加工层。

4. EDM 加工参数(见图 1－2－13)

参数	设定值	含义	范围
ENo	1604	条件号	
ES	TP	加工回路	TP/SC/GM/PS [−]
AUX	0	辅助控制	0~8 [notch]
POL	+	极性	+ or − [−]
IP	4.5	加工电流	1~80 [A]
ON	5.0	加工脉宽	2~7785 [μsec]
OFF	5.0	休止时间	2~4096 [μsec]
GAP	20	无负荷电压	80~320 [V]
JUMP	1	Jump速度调节	2~7782 [V]
JU	3	抬刀距离	0~51.2 [mm]
JD	2	落刀时间	0.2~2.25 [sec]
PCON	0	电容设定	0.2~2.25 [sec]
GAIN	80	伺服感应	1~99 [%]
SV	0.0	伺服电压	−5.5~6.0 [notch]
OPAJ	5	适度设定	0~8 [notch]

图 1－2－13　EDM 加工参数

①电火花加工过程:安装基准电极——安放基准球——安装工件——找正基准电极中间位置——加工图形编程——设置加工参数——加工演示。这一加工过程很好地诠释了电

火花的加工原理与过程。

②线切割加工过程：机座定位——关上槽门——自动穿丝——CAD 画图——CAM 程序的转换——参数设置——加工演示。这一过程较完整地讲解了线切割加工机床的工作原理与过程，进一步提高了学生学习的兴趣。

任务三 数控铣床操作

教学目标

知识目标	了解数控铣床加工操作的步骤和维护保养的知识
能力目标	掌握数控铣床坐标轴的运动方向
情感目标	培养学生积极动手的能力

任务描述

在加工零件前，必须对加工该零件所选用的机床的性能及相关要求非常熟悉。

本任务就是熟练操作数控铣床，并能运用方向键或手轮进行工作台的移动，熟悉坐标轴的运动方向。在实习教师的带领下做好铣床开机前、通电后，以及实习结束后的维护和保养。

复习导入

- 数控铣床的开关机操作练习，并明确开关机时的注意事项。
- 数控铣床面板的各项操作练习。

相关知识

一、数控铣床工作台的调整

数控铣床工作台的调整是采用方向键通过产生触发脉冲的形式，或者使用手轮通过产生手摇脉冲的方式来实施的。

手动调整数控铣床工作台的方式有如下两种。

1. 粗调

切换至手动模式。先选择要移动的轴，再按轴移动方向按钮，则刀具主轴相对于工作台做相应方向的连续移动，其移动速度受“JOG FEEDRATE”（快速倍率）按钮的控制，其移动距离受按压轴方向选择钮的时间控制，即按即动，即松即停。

采用该方式无法进行精确的尺寸调整，当移动量大时可采用此方法。

2. 微调

数控铣床工作台的微调需使用手轮来操作。

手轮是手摇脉冲发生器的简称，用于数控铣床、加工中心等设备。它移动方便，抗干扰，采用绝缘外壳，密封设计。

切换至手动脉冲模式。在手轮中选择移动轴和进给增量，按“逆正顺负”方向旋动手轮手柄，则刀具主轴相对于工作台作相应方向的移动，其移动距离视进给增量档值和手轮刻度而定，手轮旋转360°，相当于100个刻度的对应值。

二、数控铣床的维护与保养

1. 数控机床的日常维护与保养的内容

(1)日检

其主要项目包括液压系统、主轴润滑系统、导轨润滑系统、冷却系统、气压系统。日检就是根据各系统的正常情况来加以检测。例如，当进行主轴润滑系统的过程检测时，电源灯应亮，油压泵应正常运转，若电源灯不亮，则应保持主轴停止状态并与机械工程师联系。进行维修。

(2)周检

其主要项目包括机床零件、主轴润滑系统，应该每周对其进行正确的检查，特别是对机床零件要清除铁屑，进行外部杂物清扫。

(3)月检

主要是对电源和空气干燥器进行检查。电源电压在正常情况下额定电压为180～220 V，频率50 Hz，如有异常，要对其进行测量、调整。空气干燥器应该每月拆一次，然后进行清洗、装配。

(4)季检

季检应该主要从机床床身、液压系统、主轴润滑系统三方面进行检查。例如，对机床床身进行检查时，主要看机床精度、机床水平是否符合手册中的要求，如有问题，应马上和机械工程师联系。对液压系统和主轴润滑系统进行检查时，如有问题，应分别更换新油，并对其进行清洗。

(5)半年检

半年后，应该对机床的液压系统、主轴润滑系统及各轴进行检查，如出现毛病，应该更换新油，然后进行清洗工作。

2. 数控机床维护与保养的基本要求

(1)思想上高度重视

在思想上要高度重视数控机床的维护与保养工作，尤其是对数控机床的操作者更应如此，不能只管操作，而忽视对数控机床的日常维护与保养。

(2)提高操作人员的综合素质

数控机床的使用比使用普通机床的难度要大，因为数控机床是典型的机电一体化产品，它牵涉的知识面较宽，即操作者应具有机、电、液、气等更宽广的专业知识；再有，由于其电气控制系统中的CNC系统升级、更新换代比较快，如果不定期参加专业理论培训学习，则不能熟练掌握新的CNC系统应用。因此，对操作人员提出的素质要求是很高的。为此，必须对数控操作人员进行培训，使其对机床原理、性能、润滑部位及其方式，进行较系统的学习，为更好的使用机床奠定基础。同时在数控机床的使用与管理方面，制订一系列切合实际、行之有效的措施。

(3)要为数控机床创造一个良好的使用环境

由于数控机床中含有大量的电子元件，要避免阳光直接照射、潮湿、粉尘和振动等，这些均可使电子元件受到腐蚀变坏或造成元件间的短路，引起机床运行不正常。为此，数控机床的使用环境应保持清洁、干燥、恒温和无振动；电源应保持稳压，一般只允许 ±10% 波动。

(4)严格遵循正确的操作规程

无论是什么类型的数控机床，它都有一套自己的操作规程，这既是保证操作人员人身安全的重要措施之一，也是保证设备安全、使用产品质量等的重要措施。因此，使用者必须按照操作规程正确操作，如果机床在第一次使用或长期没有时，应先使其空转几分钟；并要特别注意使用中注意开机、关机的顺序和注意事项。

(5)要冷静对待机床故障，不可盲目处理

机床在使用中不可避免地会出现一些故障，此时操作者要冷静对待，不可盲目处理，以免产生更为严重的后果，要注意保留现场，待维修人员来后如实说明故障前后的情况，并共同分析问题，尽早排除故障。故障若属于操作原因，操作人员要及时吸取经验，避免下次犯同样的错误。

(6)制订并且严格执行数控机床管理的规章制度

3. 数控设备使用中应注意的事项

(1)数控设备的使用环境

为延长数控设备的使用寿命，一般要求避免阳光的直接照射和其他热辐射，要避免潮湿、粉尘过多或有腐蚀气体的场所。精密数控设备要远离振动大的设备，如冲床、锻压设备等。

(2)良好的电源保证

为了避免电源波动幅度大(大于 ±10%)和可能的瞬间干扰信号等影响，数控设备一般采用专线供电(如从低压配电室分一路单独供数控机床使用)或增设稳压装置等，都可减少供电质量的影响和电气干扰。

(3)制订有效操作规程

在数控机床的使用与管理方面，应制订一系列切合实际、行之有效的操作规程。例如润滑、保养、合理使用及规范的交接班制度等，是数控设备使用及管理的主要内容。制订和遵守操作规程是保证数控机床安全运行的重要措施之一。实践证明，许多故障都可由遵守操作规程而减少。

(4)数控设备不宜长期封存

购买数控机床以后要充分利用，尤其是投入使用的第一年，使其容易出故障的薄弱环节尽早暴露，以在保修期内得以排除。加工中，尽量减少数控机床主轴的启闭，以降低对离合器、齿轮等器件的磨损。没有加工任务时，数控机床也要定期通电，最好是每周通电 1～2 次，每次空运行 1 h 左右，以利用机床本身的发热量来降低机内的湿度，使电子元件不致受潮，同时也能及时发现有无电池电量不足报警，以防止系统设定参数的丢失。

任务实施

1. 激活机床

按“启动”按钮，此时机床电机和伺服控制的指示灯变亮。

检查“急停”按钮是否松开至状态，若未松开，按“急停”按钮，将其松开。

2. 机床回参考点

检查操作面板上回原点指示灯是否亮，若指示灯亮，则已进入回原点模式；若指示灯不亮，则按"回原点"按钮，转入回原点模式。

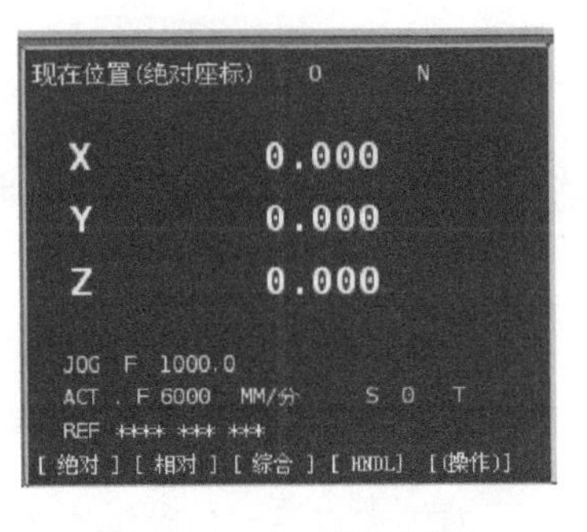

图 1－3－1　CRT 界面

在回原点模式下，先将 X 轴回原点，按操作面板上的"X 轴正向"按钮，此时 X 轴将回原点，X 轴回原点灯变亮，CRT 上的 X 坐标变为"0.000"。同样，再分别按"Y 轴正向"按钮，"Z 轴正向"按钮，此时 Y 轴，Z 轴将回原点，Y 轴，Z 轴回原点灯变亮。此时，CRT 界面如图 1－3－1 所示。

3. 手动/连续方式

按操作面板中的"手动"按钮，手动状态灯亮，机床进入手动模式。分别按、、、、、按钮，选择移动的坐标轴。按、、按钮控制主轴的转动和停止。

4. 手动脉冲方式

在手动/连续方式或在对刀时，需精确调节机床时，可用手动脉冲方式调节机床。

按操作面板上的"手动脉冲"按钮，使手动脉冲指示灯变亮。操作手轮选择坐标轴，选择合适的脉冲当量左右旋转手轮精确控制机床的移动。

5. 自动/连续方式

检查机床是否回零，若未回零，先将机床回零。导入数控程序或自行编写一段程序。按操作面板上的"自动运行"按钮，使其指示灯变亮。按操作面板上的"循环启动"按钮，程序开始执行。数控程序在运行时，按"进给保持"按钮，程序停止执行；再按"循环启动"按钮，程序从暂停位置开始执行。

数控程序在运行时，按"循环停止"按钮，程序停止执行；再按"循环启动"键，程序从开头重新执行。

数控程序在运行时，按下"急停"按钮，数控程序中断运行，继续运行时，先将"急停"按钮松开，再按"循环启动"按钮，余下的数控程序从中断行开始作为一个独立的程序执行。

注意：

数控铣床开关机时的注意事项。

- 面板操作时，如果发生紧急情况，应立即按下"急停"按钮。
- 手动或自动移动过程中，如果出现超程报警，必须转换到"手动"方式，然后按反方向轴移动按钮，退出超程位置，再按"RESET"复位键解除报警。
- 注意手轮旋转的方向。

6. 自动/单段方式

检查机床是否已回零。若未回零，先将机床回零。再导入数控程序或自行编写一段程序。按操作面板上的"自动运行"按钮，使其指示灯变亮。按操作面板上的"单节"按钮。按操作面板上的“循环启动”按钮，程序开始执行。

注意：

- 自动/单段方式执行每一行程序均需按一次“循环启动”按钮。
- 按“单节忽略”按钮，则程序运行时跳过符号“/”有效，该行成为注释行，不执行。
- 按“选择性停止”按钮，则程序中 M01 有效。
- 可以通过“主轴倍率”旋钮和“进给倍率”旋钮来调节主轴旋转的速度和移动的速度。

技能训练

- 在实习指导教师的指导下，按操作步骤进行数控铣床的各项操作练习。
- 在实习指导教师的指导下，采用方向键或者使用手轮对数控铣床工作台进行调整，熟悉工作台的运动方向。
- 在实习指导教师的指导下，对数控铣床进行必要的维护和保养。

课后思考

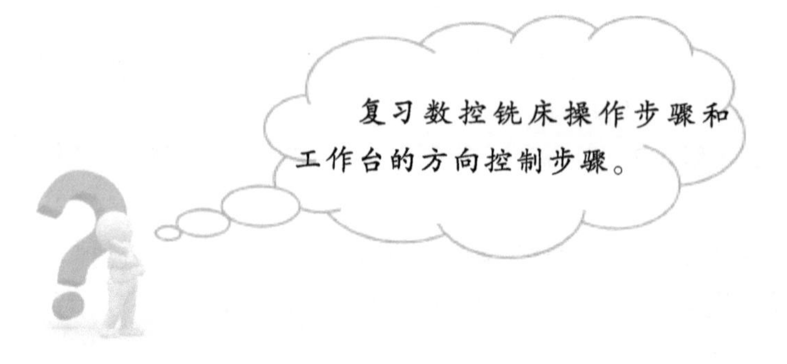

任务四　数控铣床仿真操作

教学目标

知识目标	了解数控仿真系统的加工步骤和操作，了解刀位点和对刀的目的和方法
能力目标	能够通过操作面板输入与编辑程序，并能修改和调用掌握数控仿真系统的对刀操作

情感目标	培养学生善于观察、勤于思考的精神

任务描述

本任务是了解并熟练掌握数控铣床仿真软件中的相关操作，以及数控仿真系统的对刀操作，能够检验和修改已经编辑好的加工程序，为今后的零件模拟仿真打下基础。

根据教师的要求，完成 CRT/MDI 面板的操作。

任务导入

将以下程序输入到数控仿真系统中。

```
O0001;
G54 G90 G17 G00 Z100. ;
M03 S1000;
G00 X0 Y0;
G00 Z5.;
G01 Z -2.95 F30;
G41 D02 G01 X6.84 Y6.84 F100;
G01 X6.84 Y25.64;
G03 X -6.84 Y25.64 R6.84;
G01 X -6.84 Y6.84;
G01 X -25.64 Y6.84;
G03 X -25.64 Y -6.84 R6.84;
G01 X -6.84 Y -6.84;
G01 X -6.84 Y -25.64;
G03 X6.84 Y -25.64 R6.84;
G01 X6.84 Y -6.84;
G01 X25.64 Y -6.84;
G03 X25.64 Y6.84 R6.84;
G01 X6.84 Y6.84;
G01 X6.84 Y25.64;
G03 X -6.84 Y25.64 R6.84;
G01 X -6.84 Y6.84;
G40 G01 X0 Y0;
G01 Z5.;
G00 Z100.;
M30;
```

相关知识

1. 对刀点

在加工时，工件在机床加工尺寸范围内的安装位置是任意的，要正确执行加工程序，必须确定工件在机床坐标系中的确切位置。

对刀点是工件在机床上定位装夹后，设置在工件坐标系中，用于确定工件坐标系与机床坐标系空间位置关系的参考点，又称“起刀点”，也就是程序运行的起点。

对刀点选定后，便确定了机床坐标系和工件坐标系之间的相互位置关系。

2. 对刀点的选择

对刀点可以设置在工件上，也可以设置在夹具上，但都必须在编程坐标系中有确定的位置。对刀点既可以与编程原点重合，也可以不重合，这主要取决于加工精度和对刀的方便性。一般来说，为了保证零件的加工精度要求，减少对刀误差，对刀点应尽量选在零件的设计基准或工艺基准上。如以孔定位的零件，应将孔的中心作为对刀点。

对刀点选择的原则，主要是考虑对刀点在机床上对刀方便、便于观察和检测，编程时便于数学处理和有利于简化编程。

3. 对刀

确定对刀点在机床坐标系中位置的操作称为对刀。

对刀的准确程度将直接影响零件加工的位置精度。因此，对刀是数控机床操作中的一项重要且关键的工作。

对刀操作一定要仔细，对刀方法一定要与零件的加工精度要求相适应，生产中常常用百分表、寻边器等工具。

无论采用哪种工具，都需使数控铣床主轴中心与对刀点重合，利用机床的坐标显示对刀点在机床坐标系中的位置，从而确定工件坐标系在机床坐标系中的位置。简单地说，对刀就是告诉机床：工件装夹在机床工作台的什么地方。

任务实施

一、机床、工件、刀具和夹具的操作

1. 进入仿真系统软件（见图 1－4－1）

2. 选择机床（见图 1－4－2）

在数控仿真软件中，选择 FANUC 0I 铣床，单击“启动”按钮，松开“急停”按钮。

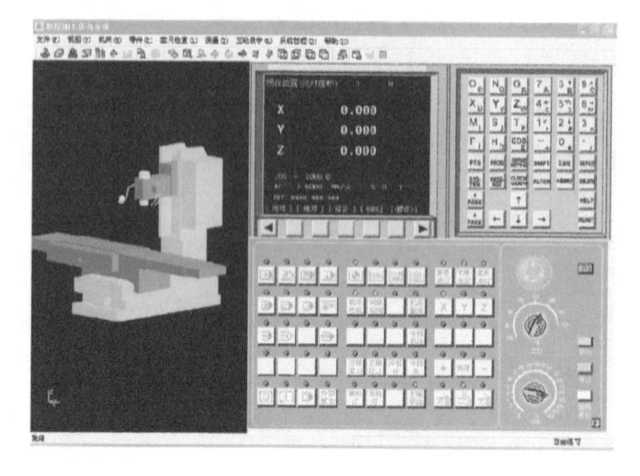

图 1－4－1　数控仿真系统软件

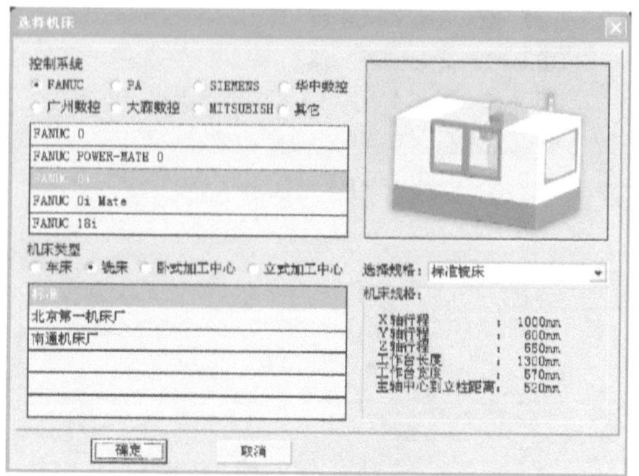

图 1－4－2　选择机床

3. 机床回参考点(见图 1－4－3)

按下"回原点"按钮,然后按"Z""＋"、"X""＋"、"Y""＋",屏幕出现如图 1－4－3 所示的框,表示已回零。

4. 定义毛坯,并安装零件

(1)定义毛坯

单击"零件/定义毛坯"按钮,参数如图 1－4－4 所示,再单击"确定"按钮。

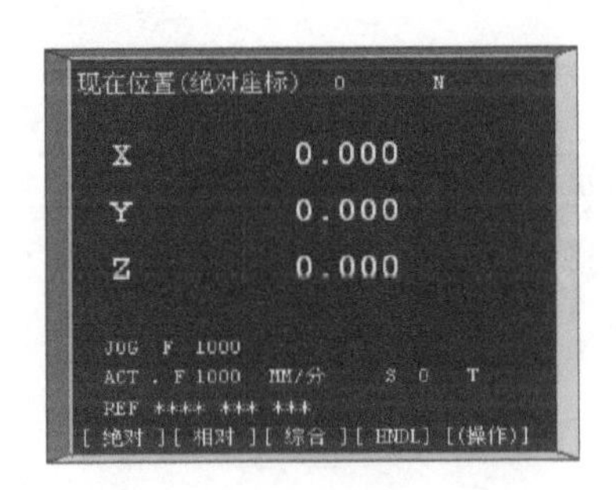

图 1－4－3　机床回参考点

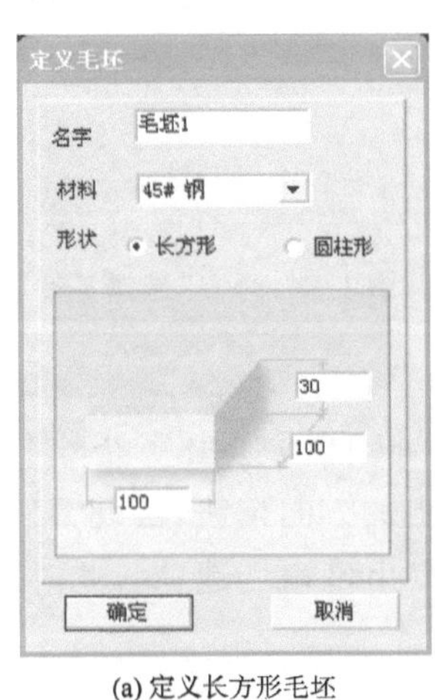

(a) 定义长方形毛坯

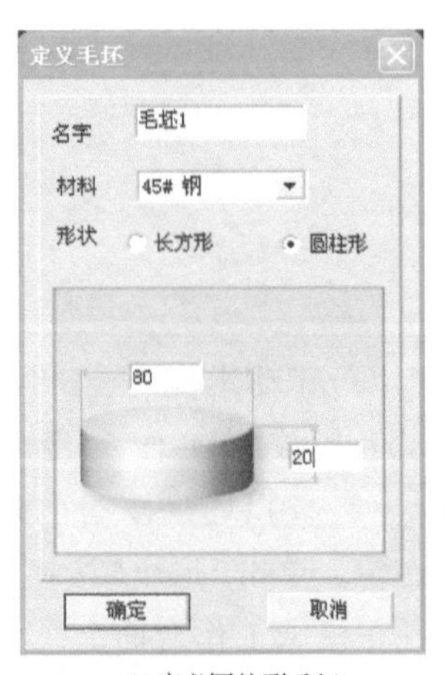

(b) 定义圆柱形毛坯

图 1－4－4　定义毛坯

(2)安装夹具

单击菜单"零件/安装夹具…",在"选择零件"对话框中,选取名称为"毛坯 1"的零件,在"选择夹具"对话框中,选取名称为"平口钳"的夹具,夹具尺寸用缺省值,可适当调整其上下位置,单击"确定"按钮,如图 1－4－5 所示。

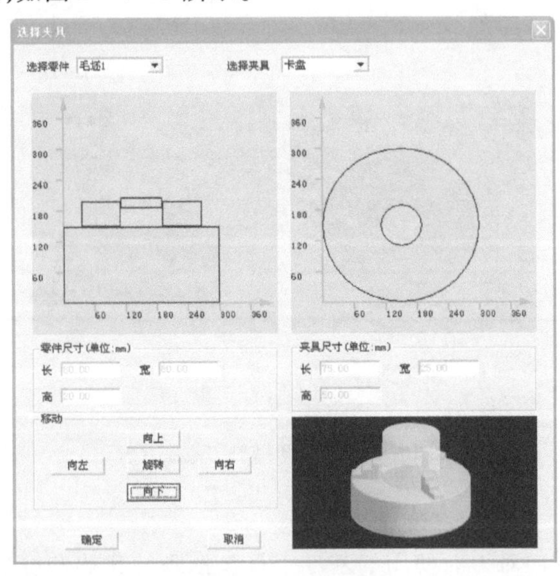

图 1－4－5　安装夹具

(3)放置零件

单击菜单“零件/放置零件…”,在“选择零件”对话框中,如图1－4－6所示,选取名称为“毛坯1”的零件,再单击“安装零件”按钮。

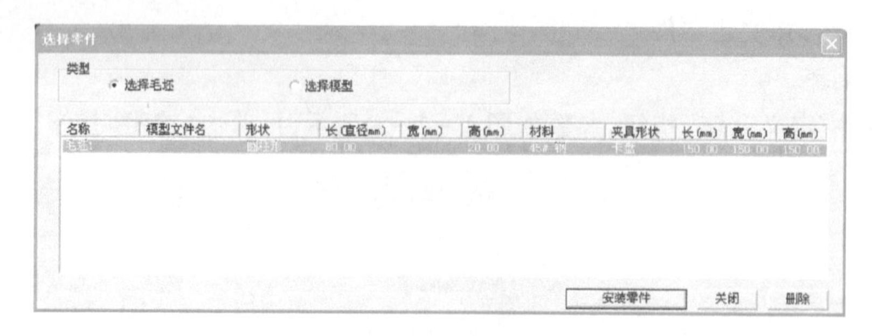

图1－4－6 “选择零件”对话框

(4)移动零件

毛坯放在工作台后,系统会自动弹出一个小键盘(见图1－4－7),通过按动小键盘上的方向按钮,实现零件的平移和旋转。单击“退出”按钮,则退出该操作选项。此时,零件已放置在机床工作台面上。

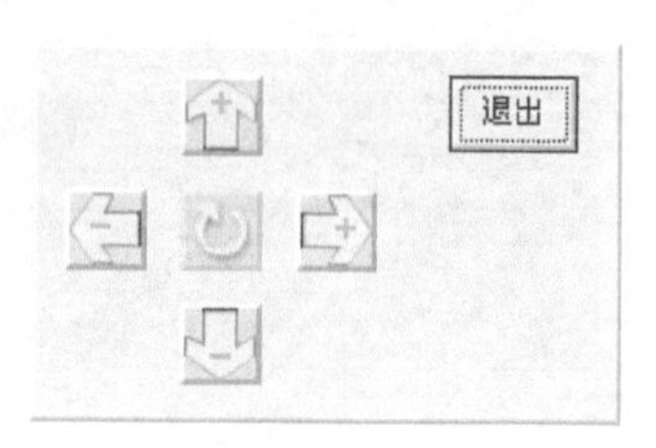

图1－4－7 平移和旋转选项小键盘

5. 选择刀具

单击菜单“机床/选择刀具”,根据加工方式选择所需刀具的直径和类型。然后单击“确认”按钮,如图1－4－8所示。此时,刀具已安装到主轴上。

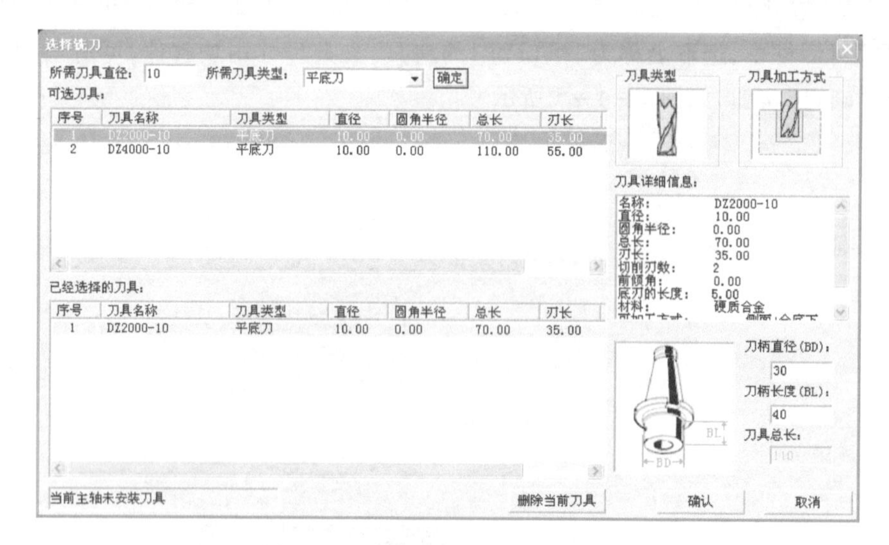

图1－4－8 “选择铣刀”对话框

6. 寻边器 X、Y 轴对刀

数控铣床在 X、Y 方向对刀时使用的基准工具包括刚性靠棒和寻边器两种。这里只介绍用寻边器在 X、Y 方向对刀。

寻边器有固定端和测量端两部分组成。固定端由刀具夹头夹持在机床主轴上,中心线与主轴轴线重合。测量时,主轴旋转,通过手动方式,使寻边器向工件基准面移动靠近,让测量端接触基准面。在测量端未接触工件时,固定端与测量端的中心线不重合,两者呈偏心状态。当测量端与工件接触后,偏心距减小,这时使用点动方式或手轮方式微调进给,寻边器继续向工件移动,偏心距逐渐减小。当测量端和固定端的中心线重合的瞬间,测量端会明显偏出,出现明显的偏心状态。这时,主轴中心位置距离工件基准面的距离等于测量端的半径。

(1)*X* 轴方向对刀

单击操作面板中的"手动"按钮,手动灯亮,系统进入"手动"方式。

单击 MDI 键盘上的 POS 按钮,使 CRT 界面显示坐标值;借助"视图"菜单中的动态旋转、动态放缩、动态平移等工具,适当单击操作面板上的 X、Y、Z 和 +、- 按钮,将寻边器移向工件。

在手动状态下,单击操作面板上的或按钮,使主轴转动。未与工件接触时,寻边器测量端大幅度晃动。

移动到大致位置后,可采用手动脉冲方式移动机床,单击操作面板上的"手动脉冲"按钮或,使手动脉冲指示灯变亮,采用手动脉冲方式精确移动机床,单击按钮显示手轮控制面板,将手轮对应轴旋钮置于 X 挡,调节手轮进给速度旋钮,在手轮上单击或右击精确移动寻边器。寻边器测量端晃动幅度逐渐减小,直至固定端与测量端的中心线重合,如图 1-4-9(a)所示。若此时用增量或手轮方式以最小脉冲当量进给,寻边器的测量端突然大幅度偏移,如图 1-4-9(b)所示,即认为此时寻边器与工件恰好吻合。

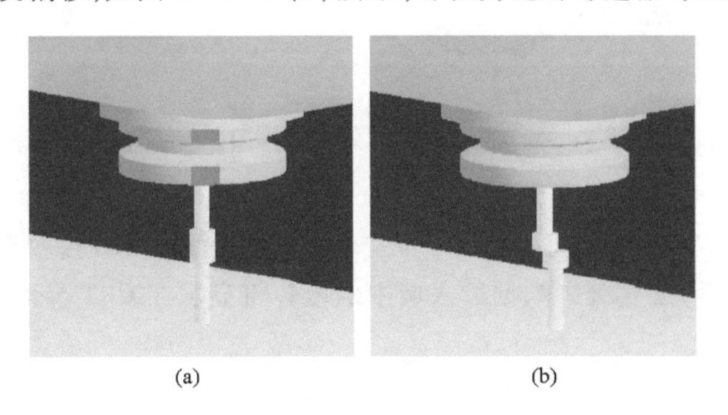

(a)　　　　(b)

图 1-4-9　*X* 轴方向对刀

记下寻边器与工件恰好吻合时 CRT 界面中的 *X* 坐标,此为基准工具中心的 *X* 坐标,记为 *X*1;将定义毛坯数据时设定的零件的长度记为 *X*2;将基准工件直径记为 *X*3。(可在选择基准工具时读出)

则工件上表面中心的 *X* 的坐标为基准工具中心的 *X* 的坐标减去零件长度的一半减去基准工具半径,记为 *X*。

(2)*Y* 轴方向对刀

Y 方向对刀采用同样的方法。得到工件中心的 *Y* 坐标,记为 *Y*。完成 *X*,*Y* 方向对刀后,

点击Z和+按钮，将Z轴提起，停止主轴转动，单击菜单“机床/拆除工具”拆除基准工具。

(3)塞尺法Z轴对刀

铣床Z轴对刀时，采用实际加工时所要使用的刀具。

单击菜单“3.5机床/选择刀具”或单击工具条上的小图标，选择所需刀具。装好刀具后，单击操作面板中的“手动”按钮，手动状态指示灯亮，系统进入“手动”方式。

利用操作面板上的X、Y、Z和+、-按钮，将机床移到如图1-4-10(a)所示的大致位置。

类似在X，Y方向对刀的方法进行塞尺检查，得到“塞尺检查：合适”时Z的坐标值，记为Z1，如图1-4-10(b)所示。

则坐标值为Z1减去塞尺厚度后数值为Z坐标原点，此时工件坐标系在工件上表面。

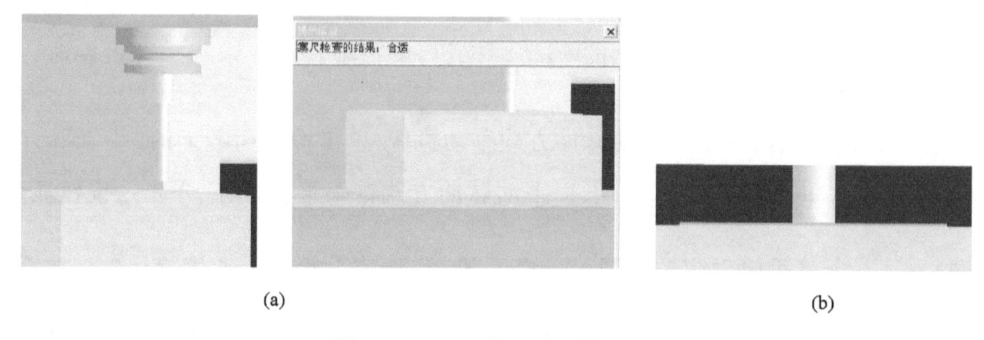

(a) (b)

图1-4-10 塞尺法Z轴对刀

二、数控程序的相关操作

1. 新建程序

按操作面板上的编辑键，编辑状态指示灯变亮，此时已进入编辑状态。按MDI键盘上的PROG键，CRT界面转入编辑页面。利用MDI键盘输入“Ox”(x为程序号，但不能与已有程序号重复)，按INSERT键，CRT界面上将显示一个空程序，可以通过MDI键盘开始程序输入。

输入一段代码后，按INSERT键则数据输入域中的内容将显示在CRT界面上，按回车键EOB结束一行的输入后换行。

2. 编辑程序

(1)移动光标

按PAGE↑和PAGE↓主键用于翻页，按方位键↑、↓、←、→移动光标。

(2)插入字符

先将光标移到所需位置，按MDI键盘上的数字/字母键，将代码输入到输入域中，按INSERT键，把输入域的内容插入到光标位置所在代码后面。

(3)删除输入域中的数据

按CAN键用于删除输入域中的数据。

(4)删除字符

先将光标移到所需删除字符的位置，按DELETE键，删除光标所在位置的代码。

(5)查找

当输入需要搜索的字母或代码时(代码可以是一个字母或一个完整的代码,例如:"N0010""M"等),按↓键开始在当前数控程序中光标所在位置后搜索。如果此数控程序中有所搜索的代码,则光标停留在找到的代码处;如果此数控程序中光标所在位置后没有所搜索的代码,则光标停留在原处。

(6)替换

先将光标移到所需替换字符的位置,将替换成的字符通过 MDI 键盘输入到输入域中,按ALTER键,则输入域的内容替代光标所在位置的代码。

3. 保存程序

程序编辑好之后要进行保存。进入编辑状态后,按 MDI 键盘上的PROG键,CRT 界面转入编辑页面。按菜单软键[操作],在下级子菜单中按菜单软键[Punch],在弹出的对话框中输入文件名,选择文件类型和保存路径,按"保存"按钮(见图 1-4-11)。

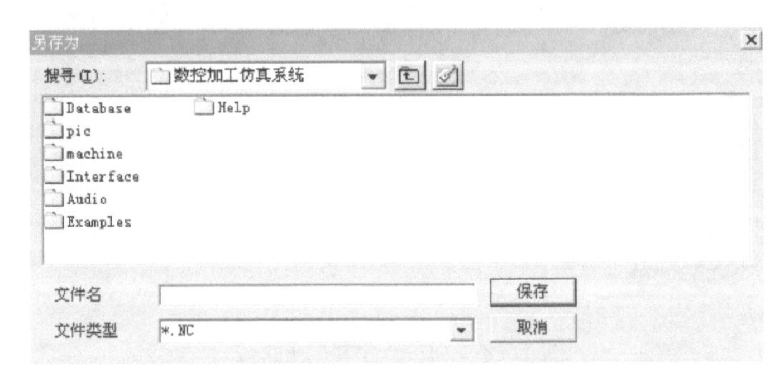

图 1-4-11　保存程序

4. 显示程序目录

进入编辑状态后,按 MDI 键盘上的PROG键,CRT 界面转入编辑页面。按菜单软键[LIB],则新建或经过 DNC 传送的数控程序名列表会显示在 CRT 界面上(见图 1-4-12)。

图 1-4-12　程序目录列表

5. 选择程序

进入编辑状态后,按 MDI 键盘上的PROG键,CRT 界面转入编辑页面。利用 MDI 键盘输入"Ox"(x 为数控程序目录中显示的程序号),按↓键开始搜索,搜索后"Ox"显示在屏幕首行程序号位置,NC 程序将显示在屏幕上。

6. 删除程序

进入编辑状态后,按 MDI 键盘上的PROG键,CRT 界面转入编辑页面。利用 MDI 键盘输入"Ox"(x 为要删除的数控程序在目录中显示的程序号),按DELETE键,程序即被删除。

7. 删除全部程序

进入编辑状态后,按 MDI 键盘上的PROG键,CRT 界面转入编辑页面。利用 MDI 键盘输入"O-9999",按DELETE键,全部数控程序即被删除。

8. 导入程序

数控程序可以直接用 FANUC 0i 系统的 MDI 键盘输入，也可以通过记事本或写字板等编辑软件输入并保存为文本格式(*. txt 格式)文件。保存好后的文本文件必须导入到数控仿真系统中。

进入编辑状态后，按 MDI 键盘上的 PROG 键，CRT 界面转入编辑页面。按菜单软键[操作]，在出现的下级子菜单中按软键▶，按菜单软键[READ]，转入如图 1-4-13 所示的界面。

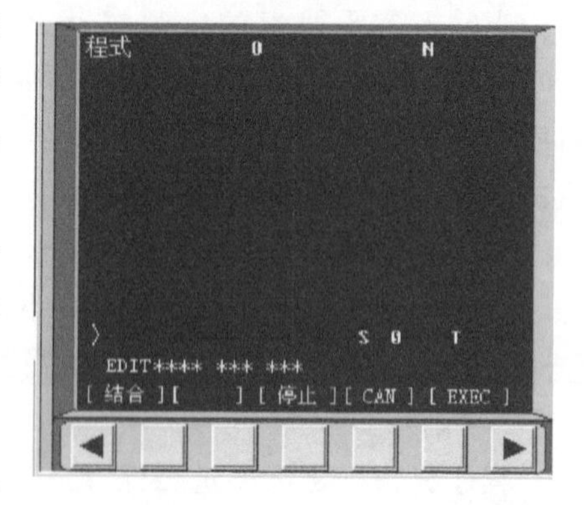

图 1-4-13 CRT 界面

单击菜单“机床/DNC 传送”，在弹出的对话框(见图 1-4-14)中选择所需的 NC 程序，再单击“打开”按钮。

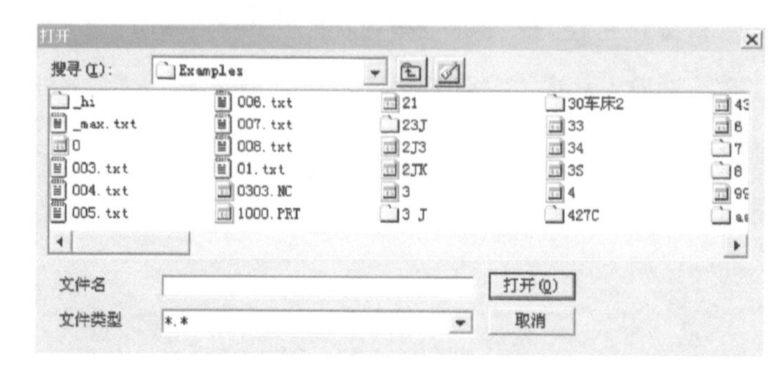

图 1-4-14 “打开”对话框

按 MDI 键盘上的数字/字母键，输入“Ox”(x 为任意不超过 4 位的数字)，按软键[EXEC]，则数控程序被导入并显示在 CRT 界面上。

技能训练

- 在教师的指导下，进行数控加工仿真系统的相关操作。
- 在教师的指导下，进行数控程序的输入与编辑。
- 在教师的指导下，进行数控加工仿真系统的对刀操作。

课后思考

知识拓展

一、刀位点

刀具在机床上的位置是由“刀位点”的位置来表示的，不同的刀具，刀位点不同。平头立铣刀、端铣刀类刀具，刀位点为其底面中心。钻头的刀位点为钻尖。球头铣刀的刀位点为球心。镗刀类刀具的刀位点为其刀尖。

对刀点找正的准确度直接影响加工精度。

对刀时，应使“刀位点”与“对刀点”一致。

二、换刀点

对数控镗铣床、加工中心等多刀加工数控机床，在加工过程中需要进行换刀，所以，在编程时，应考虑不同工序之间的换刀位置，即换刀点。

为避免换刀时刀具与工件、夹具等发生干涉，换刀点应设在工件的外部。

换刀点的选择主要根据加工操作的实际情况，考虑在不发生干涉的情况下使操作方便。

由于数控铣床采用手动换刀，换刀时操作人员的主动性较高，换刀点只要设在零件外面，不发生换刀阻碍即可。

任务五 工量具使用

教学目标

知识目标	掌握工量具的使用方法
能力目标	能用合适的工量具测量零件，提高测量的准确性和效率
情感目标	培养学生认真、细致的做事态度

任务描述

本任务就是掌握车间常见工量具的用途和使用方法，并能用合适的工量具进行零件测量，为保证零件加工精度奠定基础。

复习导入

- 学生进行数控铣床的操作练习。
- 根据实习指导教师的要求，进行坐标轴的移动，熟悉其运动方向。

相关知识

为了确保零件加工质量，应对被加工的零件进行尺寸、形状和位置精度的测量。用作测量的工具称为量具。量具的种类很多,下面介绍几种铣削加工中常用的量具。

一、钢直尺

钢直尺是最简单的长度量具,用不锈钢片制成,尺面上刻有尺寸。

如图 1-5-1 所示为常用的 150 mm 的钢直尺。

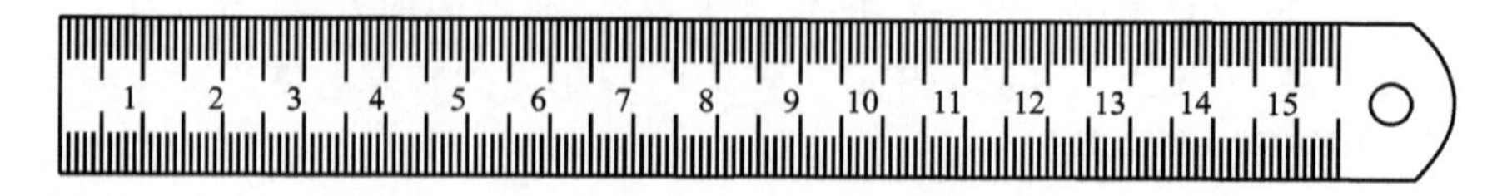

图 1-5-1　150 mm 钢直尺

钢直尺的长度规格一般有 150 mm、200 mm、300 mm 和 500 mm 等,其刻线本身的宽度有 0.1 ~ 0.2 mm,所以其测量零件长度尺寸的测量结果不太准确,其测量的读数误差比较大。一般用于零件尺寸的估计值。

二、游标卡尺

游标卡尺是一种常用的量具,具有结构简单、使用方便、精度中等和测量的尺寸范围大等特点,可以用它来测量零件的外径、内径、长度、宽度、厚度、深度和孔距等,应用范围很广。

1. 游标卡尺的结构

游标卡尺的种类很多,有普通游标卡尺、高度游标卡尺、深度游标卡尺、游标量角尺(如万能量角尺)和齿厚游标卡尺等。

游标卡尺的量程有 0 ~ 150 mm、200 mm 和 300 mm,测量精度一般为 0.05 mm,可以测量长度、外径、内径和深度。

如图 1-5-2 所示为常用游标卡尺的结构形式。测量范围为 0 ~ 125 mm 的游标卡尺,制成带有刀口形的上下量爪和带有深度尺的形式。

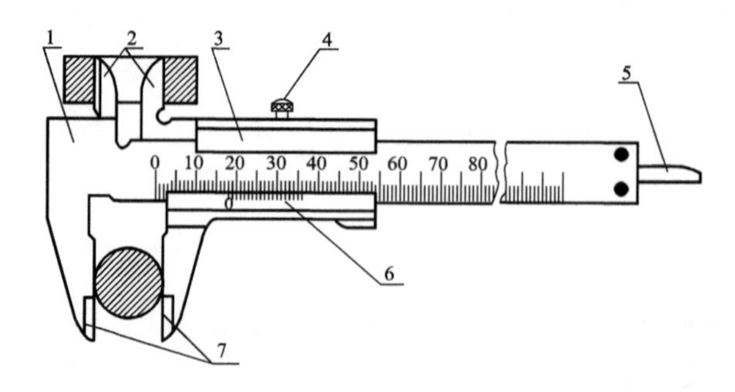

图 1-5-2　游标卡尺

1—尺身;2—上量爪;3—尺框;4—固定螺钉;5—深度尺;6—游标;7—下量爪

游标卡尺主要由下列几部分组成:

①具有固定量爪的尺身,尺身上有类似钢尺一样的主尺刻度,如图 1-5-2 中的 1。主尺上的刻线间距为 1 mm。主尺的长度决定于游标卡尺的测量范围。

②具有活动量爪的尺框,如图 1-5-2 中的 3。尺框上有游标,如图 1-5-2 中的 6,游标卡尺的游标读数值可制成为 0.1 mm;0.05 mm 和 0.02 mm 三种。游标读数值,就是指使用

这种游标卡尺测量零件尺寸时，卡尺上能够读出的最小数值。

③在0～125 mm的游标卡尺上，还带有测量深度的深度尺，如图1－5－2中的5。深度尺固定在尺框的背面，能随着尺框在尺身的导向凹槽中移动。测量深度时，应把尺身尾部的端面靠紧在零件的测量基准平面上。

④测量范围等于和大于200 mm的游标卡尺，带有随尺框做微动调整的微动装置。使用时，先用固定螺钉把微动装置固定在尺身上，再转动微动螺母，活动量爪就能同尺框做微量的前进或后退。微动装置的作用是使游标卡尺在测量时用力均匀，便于调整测量压力，减少测量误差。

目前我国生产的游标卡尺的测量范围及其游标读数值见表1－5－1。

表1－5－1　游标卡尺的测量范围和游标卡尺读数值　　mm

测量范围	游标读数值	测量范围	游标读数值
0～25	0.02;0.05;0.10	300～800	0.05;0.10
0～200	0.02;0.05;0.10	400～1 000	0.05;0.10
0～300	0.02;0.05;0.10	600～1 500	0.05;0.10
0～500	0.05;0.10	0 800～2 000	0.10

2. 游标卡尺的读数方法

游标卡尺的读数机构，是由主尺和游标两部分组成。当活动量爪与固定量爪贴合时，游标上的“0”刻线（简称游标零线）对准主尺上的“0”刻线，此时量爪间的距离为“0”。当尺框向右移动到某一位置时，固定量爪与活动量爪之间的距离，就是零件的测量尺寸。此时零件尺寸的整数部分，可在游标零线左边的主尺刻线上读出来，而比1 mm小的小数部分，可借助游标读数机构来读出。

3. 游标卡尺的使用方法

量具使用得是否合理，不但影响量具本身的精度，且直接影响零件尺寸的测量精度，甚至发生质量事故。所以，必须重视量具的正确使用方法，对测量技术精益求精，务必获得正确的测量结果，确保产品质量。

使用游标卡尺测量零件尺寸时，必须注意下列几点：

①测量前应把卡尺揩干净，检查卡尺的两个测量面和测量刃口是否平直无损，把两个量爪紧密贴合时，应无明显的间隙，同时游标和主尺的零位刻线要相互对准。这个过程称为校对游标卡尺的零位。如果没有对齐，应记下误差值，以便测量后修正读数。

②移动尺框时，活动要自如，不应有过松或过紧，更不能有晃动现象。用固定螺钉固定尺框时，卡尺的读数不应有所改变。在移动尺框时，不要忘记松开固定螺钉，亦不宜过松。

③当测量零件的外尺寸时：卡尺两测量面的连线应垂直于被测量表面，不能歪斜。测量时，可以轻轻摇动卡尺，放正垂直位置。

④用游标卡尺测量零件时，不允许过分地施加压力，所用压力应使两个量爪刚好接触零件表面。如果测量压力过大，不但会使量爪弯曲或磨损，还会使量爪在压力作用下产生弹性变形，使测量的尺寸不准确（外尺寸小于实际尺寸，内尺寸大于实际尺寸）。

⑤用游标卡尺读数，应水平拿着卡尺，朝着亮光的方向，使视线尽可能和卡尺的刻线表

面垂直，以免由于视线的歪斜造成读数误差。

⑥为了获得正确的测量结果，可以多测量几次，即在零件的同一截面上的不同方向测量。对于较长零件，则应当在全长的各个部位测量，务必获得一个比较正确的测量结果。

4. 游标卡尺应用实例（见图 1－5－3）

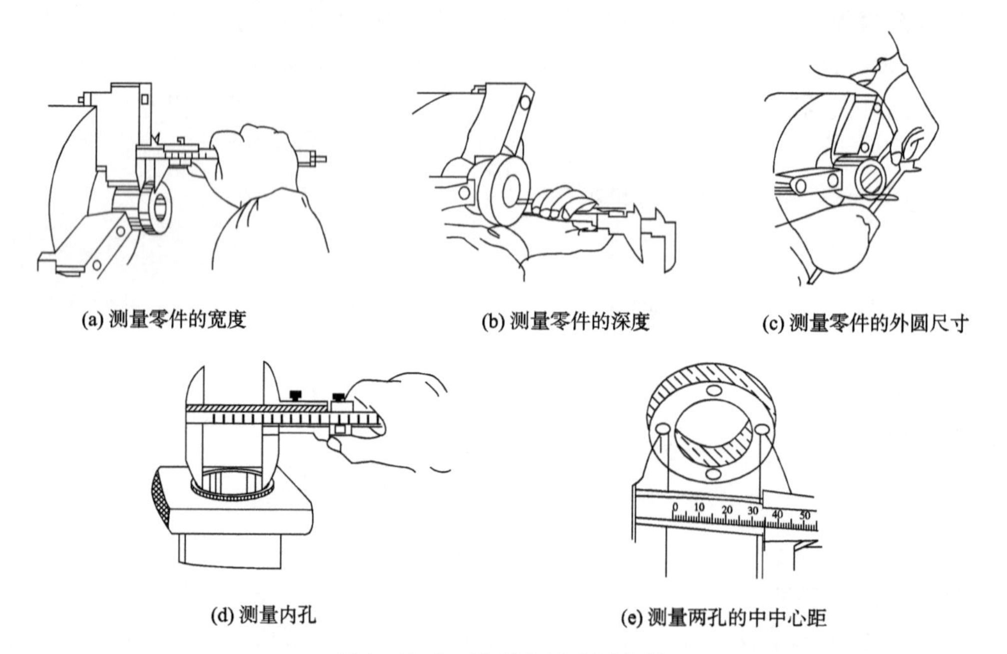

(a) 测量零件的宽度　(b) 测量零件的深度　(c) 测量零件的外圆尺寸

(d) 测量内孔　(e) 测量两孔的中中心距

图 1－5－3　游标卡尺应用实例

三、百分表

百分表（见图 1－5－4）是用来校正零件或夹具的安装位置，检验零件的形状精度和相互位置精度。

1. 百分表的结构

百分表是利用齿条齿轮传动，将测杆的直线位移变为指针的角位移的计量器具。

百分表主要由三个部分组成：表体部分、传动系统和读数装置。

百分表的工作原理，是将被测尺寸引起的测杆微小直线移动，经过齿轮传动放大，变为指针在刻度盘上的转动，从而读出被测尺寸的大小。

如图 1－5－5 所示为常用百分表的结构形式。

2. 百分表的读数方法

百分表的读数方法：先读小指针转过的刻度线（即毫米整数），再读大指针转过的刻度线（即小数部分），并乘以 0. 01，然后两者相加，即得到所测量的数值。

3. 百分表的应用实例

百分表是一种精度较高的比较量具，它只能测出相对数值，不能测出绝对数值，主要用于测量零件圆度、圆跳动、平面度、平行度和直线度等形状和位置误差，也可以用于机床上安装工件时的精密找正。如图 1－5－6 所示为检查外圆对孔的圆跳动，如图 1－5－7 所示为检查工件两面的平行度，如图 1－5－8 所示为找正外圆。

图 1－5－4　百分表

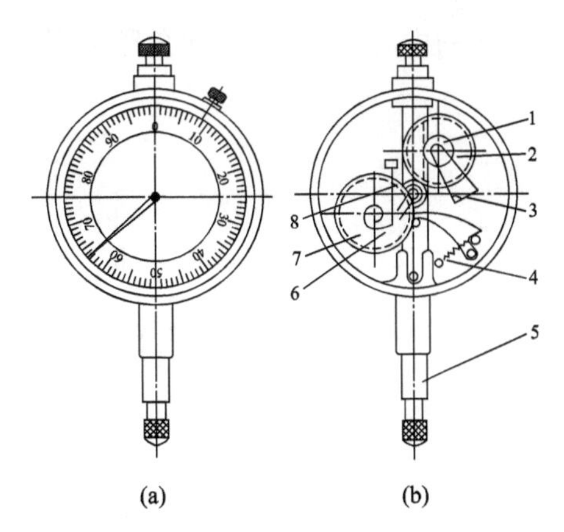

图 1－5－5　百分表的结构形式

1—小齿轮；2—大齿轮；3—中间齿轮；4—弹簧

5—测量杆；6—指针；7—圆表盘；8—游丝

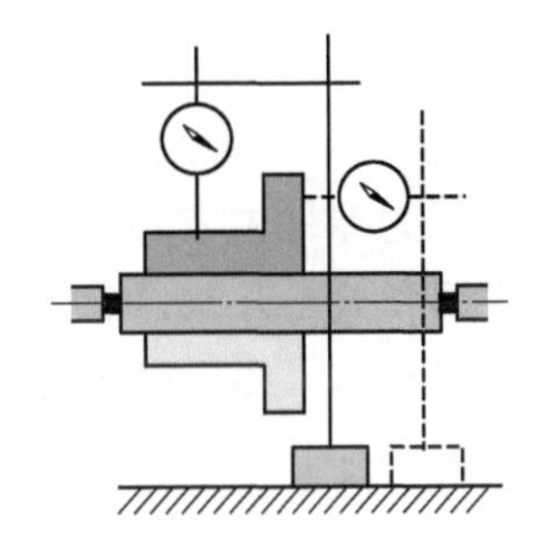

图1－5－6　检查外圆对孔的圆跳动

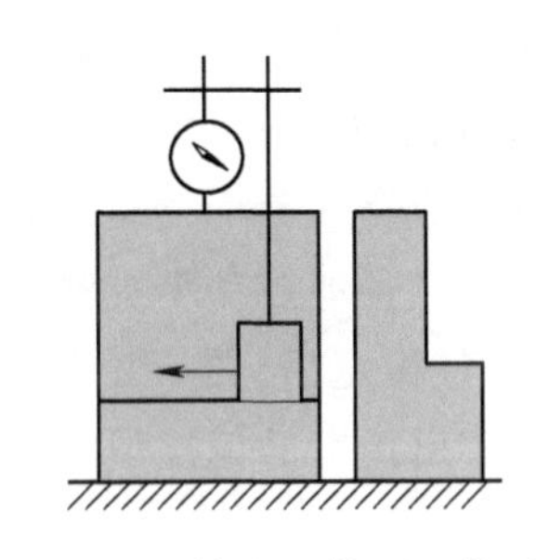

图 1－5－7　检查工件两面的平行度

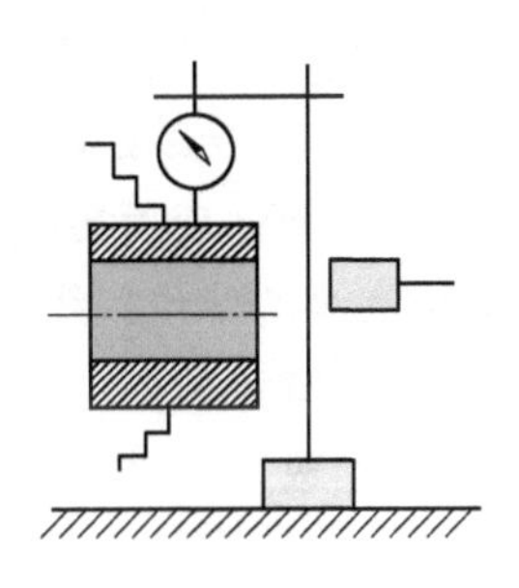

图 1－5－8　找正外圆

4. 百分表的使用注意事项

①使用前，应检查测量杆活动的灵活性。即轻轻推动测量杆时，测量杆在套筒内的移动要灵活，没有任何卡滞现象，且每次放松后，指针能回复到原来的刻度位置。

②使用时，必须把百分表固定在可靠的夹持架上（如固定在万能表架或磁性表座上，见图 1－5－9），夹持架要安放平稳，以免测量结果不准确或摔坏百分表。用夹持百分表的套筒来固定百分表时，夹紧力不要过大，以免因套筒变形而使测量杆活动不灵活。

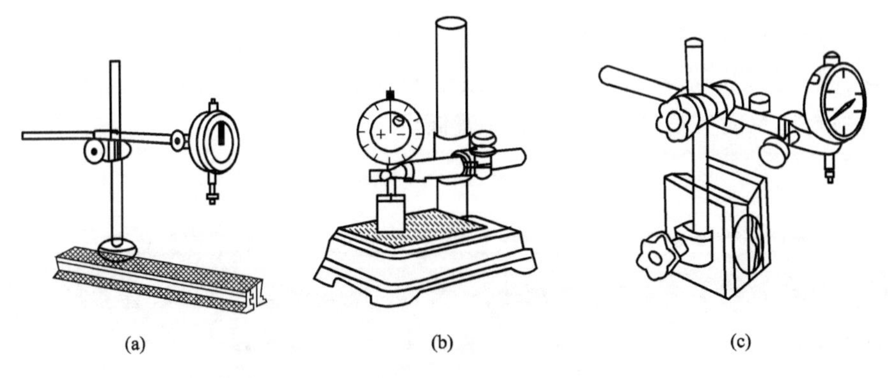

图 1－5－9　安装在专用夹持架上的百分表

③测量平面时，百分表的测量杆要与平面垂直（见图 1－5－10）。测量圆柱形工件时，测

量杆要与工件的中心线垂直，否则会导致测量杆活动不灵活或使测量结果不准确。

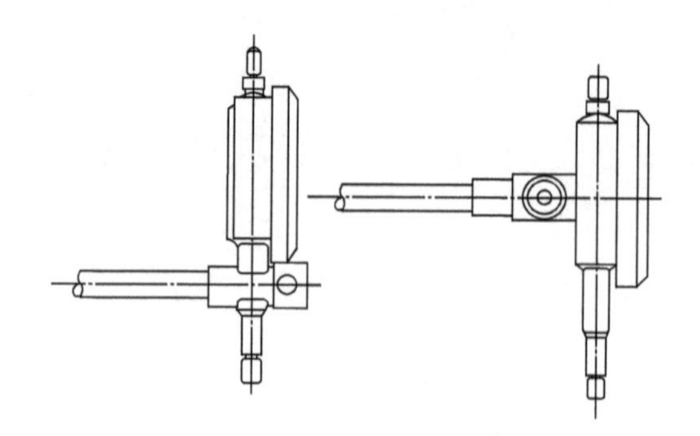

图 1－5－10 百分表安装方法

④测量时，不要使测量杆的行程超过其测量范围；不要使测量头突然撞在零件上；不要使百分表受到剧烈的振动和撞击；更不要把零件强迫推入测量头下免得损坏百分表的机件而失去精度。因此，用百分表测量表面粗糙或有显著凹凸不平的零件。

⑤用百分表校正或测量零件时(见图 1－5－11)，应当使测量杆有一定的初始测力。即在测量头与零件表面接触时，测量杆应有 0.3～1 mm 的压缩量，使指针转过半圈左右，然后转动表圈，使表盘的零位刻线对准指针。轻轻地拉动手提测量杆的圆头，拉起和放松几次，检查指针所指的零位有无改变。当指针的零位稳定后，再开始测量或校正零件的工作。如果是校正零件，此时开始改变零件的相对位置，读出指针的偏摆值，就是零件安装的偏差数值。

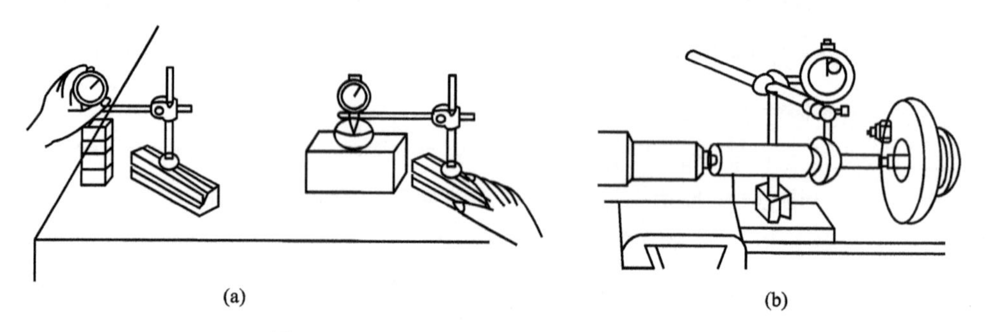

(a) (b)

图 1－5－11 百分表尺寸校正与检验方法

⑥检查工件平整度或平行度时，将工件放在平台上，使测量头与工件表面接触，调整指针使其摆动，然后把刻度盘零位对准指针，跟着慢慢地移动表座或工件，当指针顺时针摆动时，说明工件偏高，反时针摆动，则说明工件偏低。

注意：

- 为方便读数，在测量前一般都让百分表的大指针指到刻度盘的零位。
- 读数时，视线要垂直于表盘观读，任何偏斜观读都会造成读数误差。
- 百分表使用完毕后，应清洁干净，将表头放入盒内盖好。

5. 百分表的维护与保养

①百分表是比较精密的测量工具，要轻拿轻放，不得碰撞或跌落地下。

②应定期校验百分表的精准度和灵敏度。

③百分表使用完毕,用棉纱擦拭干净,放入卡尺盒内盖好。

④在使用百分表的过程中,要严格防止水、油和灰尘渗入表内,测量杆上也不要加油,免得粘有灰尘的油污进入表内,影响表的灵敏性。

⑤百分表不使用时,应使测量杆处于自由状态,以免表内的弹簧失效。

任务实施

正确使用游标卡尺读数

读数前,应先明确所用游标卡尺的读数精度。实训车间一般采用游标读数值为 0.02 mm 的游标卡尺,下面介绍其读数原理和读数方法。

读数时,先读出游标零线左边在尺身上的整数毫米数,然后在游标上找到与尺身刻线对齐的刻度,并读出小数值,最后将所读两数相加。

例 1:如图 1－5－12 所示读数值为 0.02 mm。

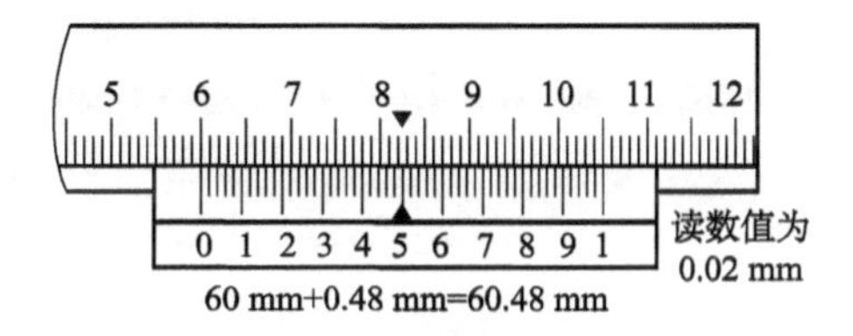

图 1－5－12　使用游标卡尺读数

例 2:如图 1－5－13(a)所示,主尺每小格 1 mm,当两爪合并时,游标上的 50 格刚好等于主尺上的 49 mm,则游标每格间距 =49 mm ÷50 =0.98 mm,主尺每格间距与游标每格间距相差 =1－0.98 =0.02(mm),0.02 mm 即为此种游标卡尺的最小读数值。

如图 1－5－13(b)所示,游标零线在 123 mm 与 124 mm 之间,游标上的 11 格刻线与主尺刻线对准。所以,被测尺寸的整数部分为 123 mm,小数部分为 11 ×0.02 =0.22(mm),被测尺寸为 123 十 0.22 =123.22(mm)。

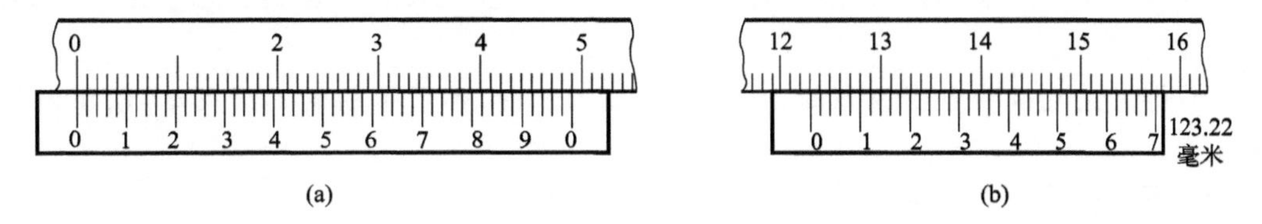

图 1－5－13　使用游标卡尺读数

技能训练

- 使用合适的量具测量工件。
- 测量工件,并读取其数值,提高测量的准确性和效率。

课后思考

知识拓展

一、工量具使用的安全操作规程

①使用工量具必须按操作规程办事，不可图省事而违章作业。

②掌握工量具的正确使用方法及读数原理，避免测错、读错现象。对于不熟悉的工量具，不要随便动用。测量时，应多测几次，取其平均值，并要练习用一只眼读数，视线应垂直对准所读刻度，以减少视差。在估读不足一格的数值时，最好使用放大镜。

③工量具的管理和使用，一定要落实到人，并制订维护保养制度，认真执行。仪器除规定专人使用外，其他人如要动用，需经负责人和使用者同意。

④仪器各运动部分，要按时加油润滑，但加油不宜过多。

⑤各种光学件不要用手去摸，因为手指上有汗、油和有灰尘。镜头脏了，应使用镜头纸、干净的绸布或麂皮擦拭。如果沾了油渍，可用脱脂棉蘸少许酒精（或酒精和乙醚混合液），把油渍轻轻擦去。如果蒙上了灰尘，则用软毛刷刷去就行。

⑥仪器必须严格调好水平，使仪器各部在工作时，不受重力的影响。

⑦仪器的某些运动部分，在停机时（非工作状态），应使其处于自由状态或正常位置，以免长期受力变形。

⑧仪器的运动部分发生故障时，在未查明原因之前，不可强行转动或移动，以免发生人为的伤损。

⑨仪器上经常旋动的螺钉，不可拧得太紧。

⑩以上仪器检测的零件必须清除掉尘屑、毛刺和磁性，非加工面要涂漆。

⑪工量具勿置于磁场附近，避免因磁化而使测量面吸附切屑，加大测量误差。例如磁性工作台、磁性卡盘都有磁场，卡尺、千分尺不要放在它的旁边。

⑫粗加工用一般量具，精加工用精密量具。

⑬测量前，工量具先要进行校对，如无问题，方可进行测量。同时，工量具的测量面与零件的被测面要擦拭干净，以免灰尘、切屑夹杂其中，加大测量误差。

⑭测量时切勿用力过猛，要让工量具的测量面轻轻接触零件。凡是有测力装置的量具，

应充分使用这种装置使测量面慢慢接触零件。

⑮在机床上测量零件时，应待机床停稳后，方可进行，以免损坏量具，并防止造成人身事故。

⑯工量具除用来检测零件外，不可作其他工具的代用品。例如不可用工量具代替划针、锤子、螺丝刀、扳手等。

⑰工量具应放置在平稳安全的地方，严防受压，切勿掉地。用过后的量具要及时擦干净，在测量面上涂上防锈油，然后放进量具包装盒内。两个测量面不要紧靠在一起，以防加速锈蚀。

⑱切勿将量具与其他工具混放。工具箱中，工量具与刃具、磨料、砂布等应分格存放。

⑲工量具要定期检定，并做好记录。每台仪器应建立周期鉴定卡。不合格的工量具坚决不用。

二、内径百分表

内径百分表（见图 1－5－14）是将测头的直线位移变为指针的角位移的计量器具。用比较测量法完成测量，用于不同孔径的尺寸及其形状误差的测量。

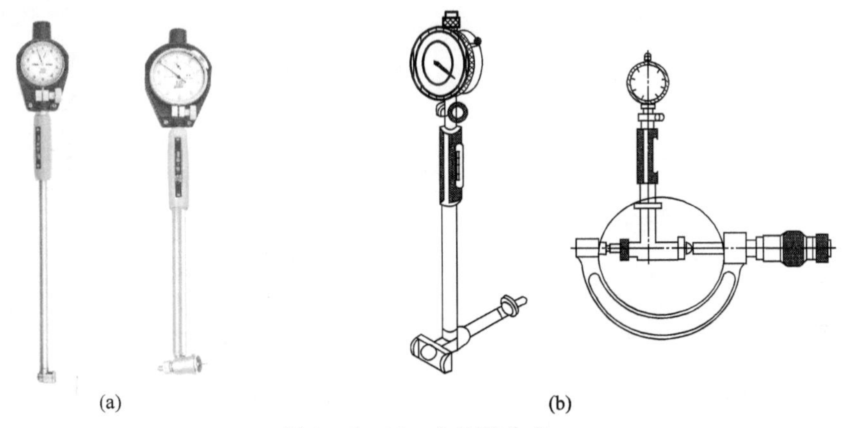

(a)　(b)

图 1－5－14　内径百分表

1. 内径百分表使用前的检查

①检查表头的相互作用和稳定性。

②检查活动测头和可换测头是否表面光洁，连接稳固。

2. 读数方法

测量孔径、孔轴向的最小尺寸为其直径，测量平面间的尺寸，任意方向内平均最小的尺寸为平面间的测量尺寸。

百分表测量读数加上零位尺寸，即为测量数据。

3. 内径百分表的使用

①把百分表插入量表直管轴孔中，压缩百分表一圈，紧固。

②选取并安装可换测头，紧固。

③测量时，手握隔热装置。

④根据被测尺寸调整零位。用已知尺寸的环规或平行平面（千分尺）调整零位，以孔

轴向的最小尺寸或平面间任意方向的内平均最小的尺寸对零位，然后反复测量同一位置 2 ~ 3 次后，检查指针是否仍与零位对齐，如不齐则重调。为读数方便，可用整数来定零位位置。

⑤测量时，摆动内径百分表，找到轴向平面的最小尺寸（转折点）来读数。

⑥测杆、测头、百分表等配套使用，不要与其他表混用。

4. 内径百分表的维护与保养

①远离液体，不使切削液、水或油与内径百分表接触。

②在不使用时，要摘下百分表，使表解除其所有负荷，让测量杆处于自由状态。

③成套百分表保存于盒内，避免丢失与混用。

三、杠杆百分表

杠杆百分表（见图 1 - 5 - 15）是利用杠杆齿轮传动将测杆的直线位移变为指针的角位移的计量器具。主要用于比较测量和产品形位误差的测量。杠杆百分表的结构如图 1 - 5 - 16 所示。

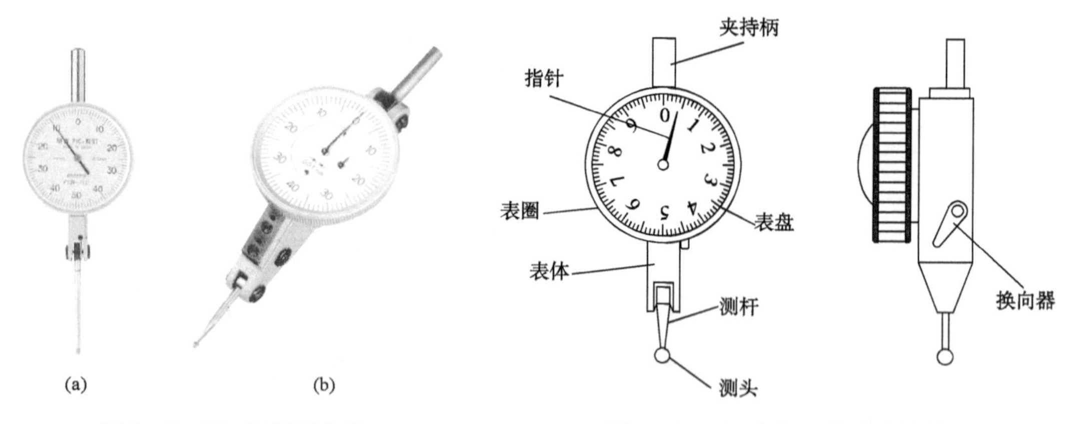

图 1 - 5 - 15　杠杆百分表

图 1 - 5 - 16　杠杆百分表的结构

1. 杠杆百分表使用前的检查

①检查相互作用。即轻轻移动测杆，表针应有较大位移，指针与表盘应无摩擦，测杆、指针无阻碍或跳动。

②检查测头。测头应为光洁圆弧面。

③检查稳定性。即轻轻拨动几次测头，松开后，指针均应回到原位。

④沿着测杆安装轴的轴线方向拨动测杆，测杆无明显晃动，指针位移应不大于 0.5 个分度。

2. 读数方法

读数时，视线要垂直于表针，防止偏视造成读数误差。

测量时，观察指针转过的刻度数目，乘以分度值得出测量尺寸。

3. 杠杆百分表的使用

①将表固定在表座或表架上，稳定可靠。

②调整表的测杆轴线垂直于被测尺寸线。对于平面工件，测杆轴线应平行于被测平面。对圆柱形工件，测杆的轴线要与过被测母线的相切面平行，否则会产生很大的误差。

③测量前调整零位。比较测量用对比物(量块)做零位基准。形位误差测量用工件做零位基准。调零位时,先使测头与基准面接触,压测头到量程的中间位置,转动刻度盘使零线与指针对齐,然后反复测量同一位置 2 ~ 3 次后,检查指针是否仍与零线对齐,如不齐则重调。

④测量时,用手轻轻抬起测杆,将工件放入测头下测量,不可把工件强行推入测头下。显著凹凸不平的工件禁止用杠杆百分表测量。

⑤禁止使杠杆表突然撞击到工件上,也不可强烈振动、敲打杠杆表。

⑥测量时,要注意表的测量范围,不要使测头位移超出量程。

⑦不使测杆做过多无效的运动,否则会加快零件磨损,使百分表失去应有的精度。

⑧当测杆移动发生阻碍时,须送计量室处理。

项目二 六面体的铣削加工

项目导入

使用数控铣床进行平面铣削加工。

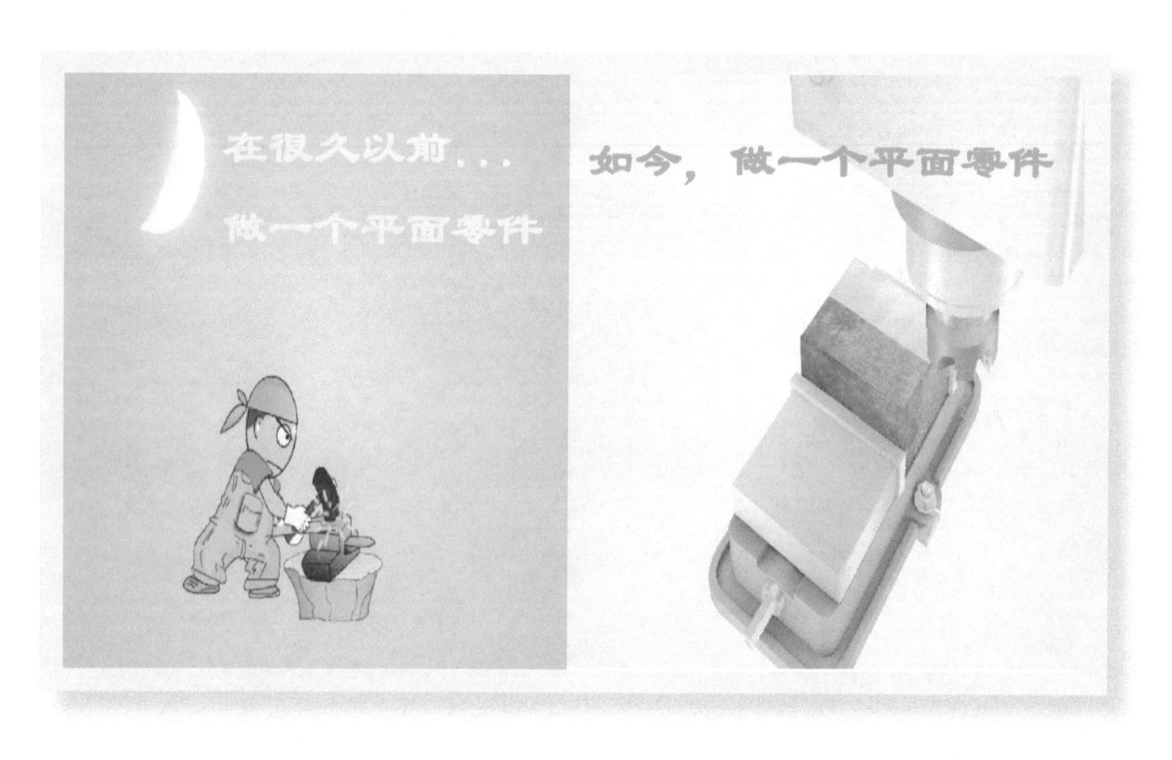

零件图和效果图如图 2－0－1 和图 2－0－2 所示。

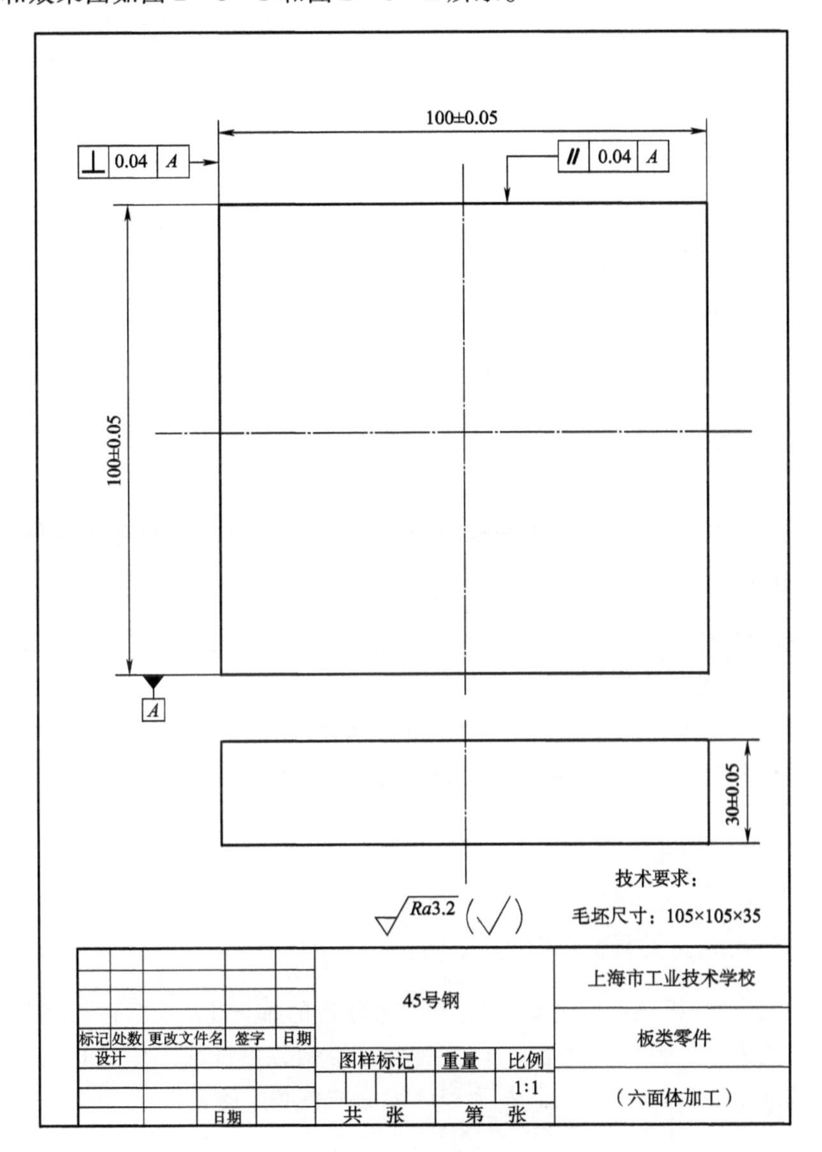

图 2－0－1　零件图

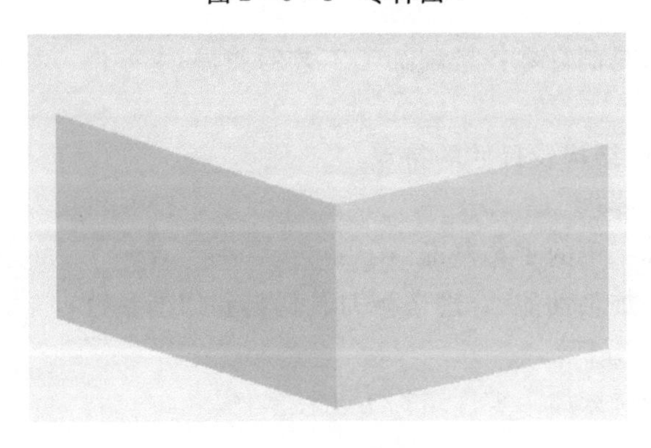

图 2－0－2　效果图

任务一　六面体加工工艺分析及其手动铣削

教学目标

知识目标	能正确识读简单零件的图样，熟悉工艺卡片的相关内容，掌握数控铣床平面铣削的操作方法
能力目标	掌握六面体的铣削加工方法
情感目标	激发学生的主观能动性

任务描述

本任务是了解六面体的工艺要求和铣削顺序，运用手轮和面板操作手动铣削平面，为零件的完整加工打好基础。

任务导入

数控铣削的工艺分析要考虑和利用数控铣床的特点，充分发挥其优势，合理安排工艺路线，确定数控铣削工序的内容和步骤，为程序的编制准备必要的条件。

相关知识

一、数控铣削加工工艺分析的步骤

数控铣削的工艺分析是在普通铣削加工工艺分析的基础上，考虑和利用数控铣床的特点，充分发挥其优势。关键在于合理安排工艺路线，协调数控铣削工序与其他工序之间的关系，确定数控铣削工序的内容和步骤，并为程序编制准备必要的条件。

二、数控铣削加工零件的工艺性分析

零件的工艺性分析是制订数控铣削加工工艺的前提，主要内容如下。

1. 零件图分析

①分析零件的形状、结构及尺寸的特点。

②检查零件的加工要求。

③着重考虑零件加工中的工艺基准。

④了解零件的切削加工性能、合理选择刀具材料和切削参数。

2. 零件结构工艺性分析

表 2－1－1 为数控铣床加工零件结构工艺性实例。

表 2-1-1　数控铣床加工零件结构工艺性实例

序　号	(A)工艺性差的结构	(B)工艺性好的结构	说　明
1	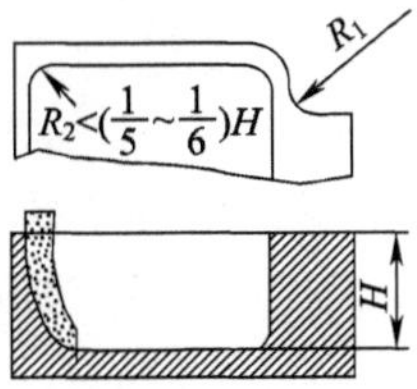 $R_2<(\frac{1}{5}\sim\frac{1}{6})H$ R_1 H	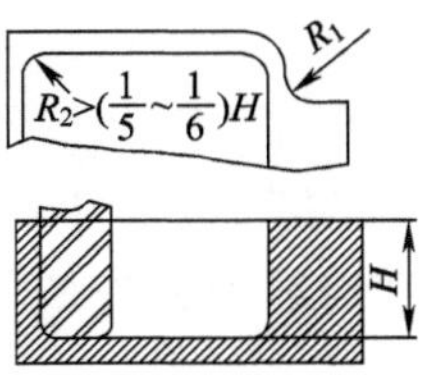 $R_2>(\frac{1}{5}\sim\frac{1}{6})H$ R_1 H	B 结构可选用较高刚性刀具
2	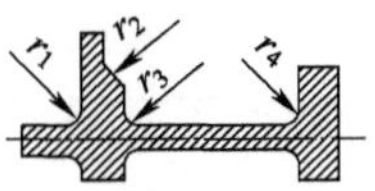 r_1 r_2 r_3 r_4	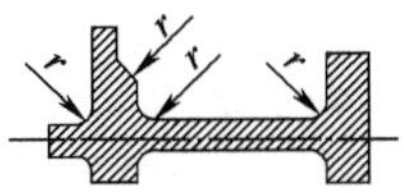 r r r r	B 结构需要刀具比 A 结构少，减少了换刀的辅助时间
3	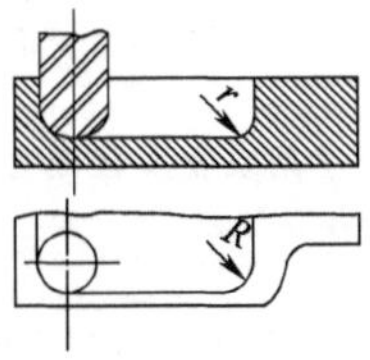 r R	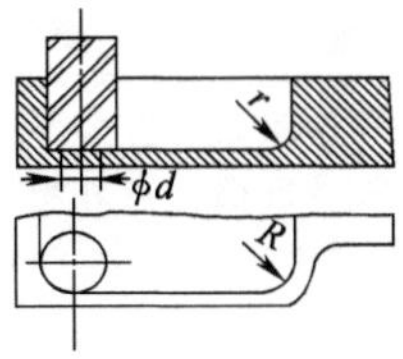 r ϕd R	B 结构 R 大，r 小，铣刀端刃铣削面积大，生产效率高
4	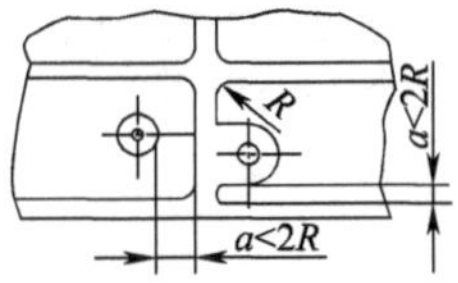 R $a<2R$ $a<2R$	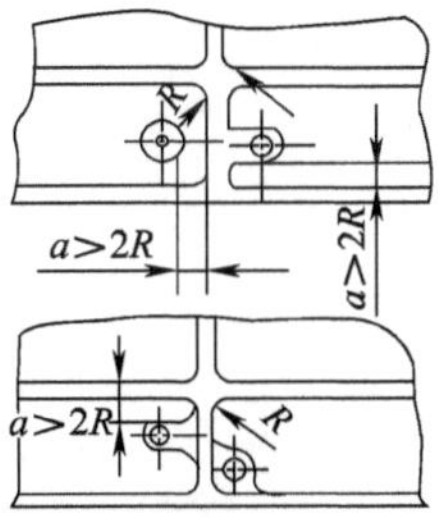 R $a>2R$ $a>2R$ $a>2R$ R	B 结构 $a>2R$，便于半径为 R 的铣刀进入，所需刀具少，加工效率高
5	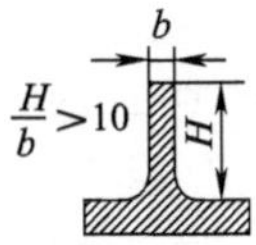 $\frac{H}{b}>10$ b H	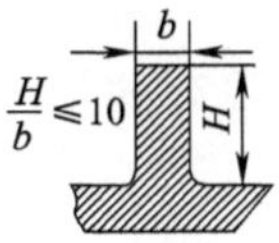 $\frac{H}{b}\leq 10$ b H	B 结构刚性好，可用大直径铣刀加工，加工效率高
6	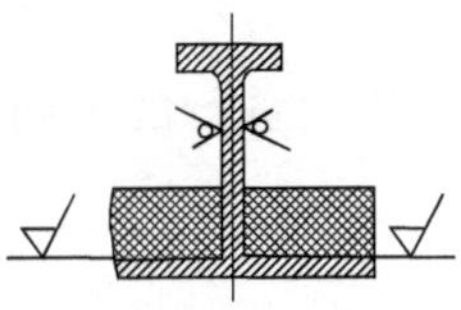	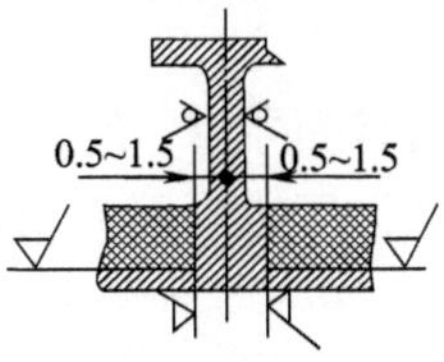 0.5~1.5　0.5~1.5	B 结构在加工面和不加工面之间加入过渡表面，减小了切削量
7		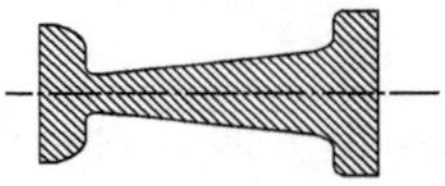	B 结构用斜面筋代替阶梯筋，节约材料，简化编程
8	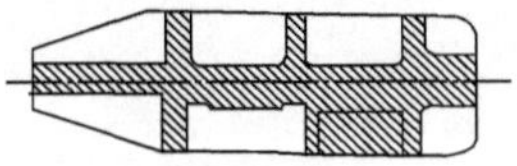	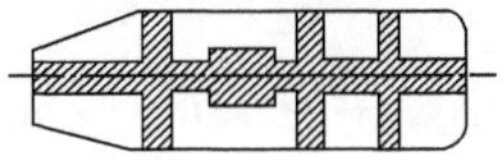	B 结构采用对称结构，简化编程

3. 零件毛坯的工艺性分析

①毛坯应有充分、稳定的加工余量。

②分析毛坯的装夹适应性。

③分析毛坯的余量大小及均匀性。

三、数控铣削加工工艺路线的拟订

随着数控加工技术的发展,在不同设备和技术条件下,同一个零件的加工工艺路线会有较大的差别。根据工件形状结构特点合理选择加工方法、划分加工工序、确定加工路线和工件各个加工表面的加工顺序,是非常重要的。

1. 加工方法的选择

数控铣削加工对象的主要加工表面一般可采用表 2-1-2 中的加工方案。

表 2-1-2　加工方法

序　号	加工表面	加　工　方　案	所使用的刀具
1	平面内外轮廓	X、Y、Z 方向粗铣→内外轮廓方向分层半精铣→轮廓高度方向分层半精铣→内外轮廓精铣	整体高速钢或硬质合金立铣刀,机夹可转位硬质合金立铣刀
2	空间曲面	X、Y、Z 方向粗铣→曲面 Z 方向分层粗铣→曲面半精铣→曲面精铣	整体高速钢或硬质合金立铣刀、球头铣刀,机夹可转位硬质合金立铣刀、球头铣刀
3	孔	定尺寸刀具加工	麻花钻、扩孔钻、铰刀、镗刀
		铣削	整体高速钢或硬质合金立铣刀,机夹可转位硬质合金立铣刀
4	外螺纹	螺纹铣刀铣削	螺纹铣刀
5	内螺纹	攻螺纹	丝锥
		螺纹铣刀铣削	螺纹铣刀

2. 工序的划分

根据加工部位的性质、刀具使用情况及现有的加工条件,将这些加工内容安排在一个或几个数控铣削加工工序中。

①当加工中使用的刀具较多时,为了减少换刀次数,缩短辅助时间,可以将一把刀具所加工的内容安排在一个工序(或工步)中。

②按照工件加工表面的性质和要求,将粗加工、精加工分为依次进行的不同工序(或工步),先进行所有表面的粗加工,然后再进行所有表面的精加工。

3. 加工顺序的安排

在确定了某个工序的加工内容后,要进行详细的工步设计,即安排这些工序内容的加工顺序,同时考虑程序编制时刀具运动轨迹的设计。

通常按照从简单到复杂的原则,先加工平面、沟槽、孔,再加工外形、内腔,最后加工曲面;先加工精度要求低的表面,再加工精度要求高的部位等。

4. 加工路线的确定

在确定走刀路线时,数控铣削重点要考虑以下几方面的内容:

①应能保证零件的加工精度和表面粗糙度要求。

②应使走刀路线最短,减少刀具空行程时间,提高加工效率。

③应使数值计算简单,程序段数量少,以减少编程工作量。

四、数控铣削加工工序的设计

（一）数控铣床工件的装夹方法和夹具的选择

1. 数控铣床工件的装夹方法

(1)用机用平口钳安装工件

机用平口钳(见图 2 - 1 - 1)适用于中小尺寸和形状规则的工件安装,它是一种通用夹具。

安装机用平口钳时必须先将底面和工作台面擦干净,利用百分表校正钳口,使钳口与横向或纵向工作台方向平行,如图 2 - 1 - 2 所示,以保证铣削的加工精度。

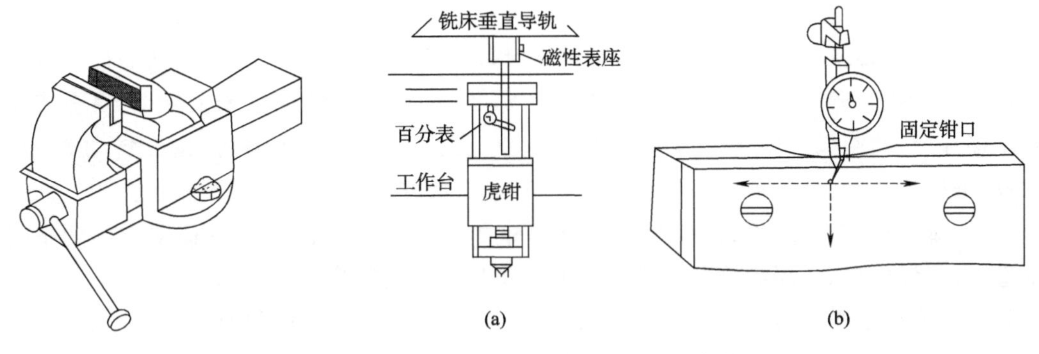

图 2 - 1 - 1　机用平口钳　　图 2 - 1 - 2　安装机用平口钳

装夹工件时,必须将工件的基准面紧贴固定钳口或钳身导轨面。因为承受铣削力最好的是固定钳口。

利用平口钳装夹的工件尺寸一般不超过钳口的宽度,所加工的部位不得与钳口发生干涉。工件应当紧固在钳口中间的位置,以使工件装夹稳定可靠,如图 2 - 1 - 3 所示。

安装工件时,还需考虑铣削时的稳定性,如图 2 - 1 - 4 所示。

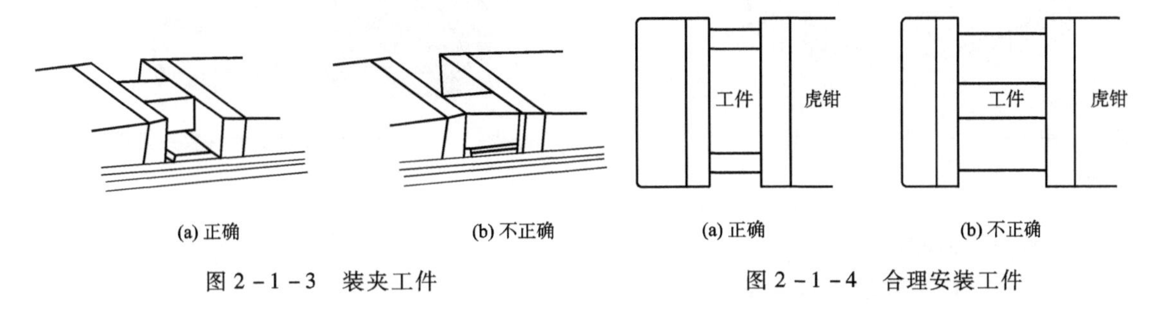

图 2 - 1 - 3　装夹工件　　图 2 - 1 - 4　合理安装工件

工件放入钳口内,装夹高度以铣削尺寸高出钳口平面 3 ~ 5 mm 为宜,以免损伤钳口和铣刀。如果工件低于钳口平面,可以在工件的下面垫上比工件窄、厚度适当且要求较高的等高垫块,然后把工件夹紧。

为了使工件紧密地靠在垫块上,应用铜锤或木锤轻轻地敲击工件,直到用手不能轻易推动等高垫块时,最后再将工件夹紧在平口钳内。

用平口钳装夹表面粗糙度较差的工件时,应在两钳口与工件表面之间垫一层铜皮,以免损坏钳口,并能增加接触面积。

(2)用三爪自定心卡盘安装工件

三爪自定心卡盘(见图 2－1－5)可以装夹结构尺寸不大、且零件外表面为圆柱形的零件,它也是铣床的通用夹具之一。

2. 夹具的选择

数控铣床可以加工形状复杂的零件,但数控铣床上所使用的夹具却并不复杂,只要求有简单的定位、夹紧机构就可以了,但要将加工部位敞开,不能因装夹工件而影响进给和切削加工。

选择夹具时,应注意减少装夹次数,尽量做到在一次安装中能把零件上所有加工表面都加工出来。

(二)数控铣床工件的找正方法

工件安装后必须进行找正(在安装时首先应目测工件,使其大致与坐标轴平行),找正一般用百分表与磁性表座配合来完成。根据找正需要,可将表座吸在机床主轴上,百分表安装在表座接杆上,使测头轴线与测量基准面相垂直,测头与测量面接触后,指针转动 2 mm 左右,移动机床工作台,校正被测量面相对于 X、Y 或 Z 轴方向的平行度或平面度。

利用平口钳装夹的工件,必须先校正平口钳固定钳口与工作台某一移动方向的平行度与垂直度,工件装夹后,还需校验工件上表面与工作台的平行度。

利用三爪自定心卡盘装夹的工件(见图 2－1－6),必须校正其圆周度和工件上表面。

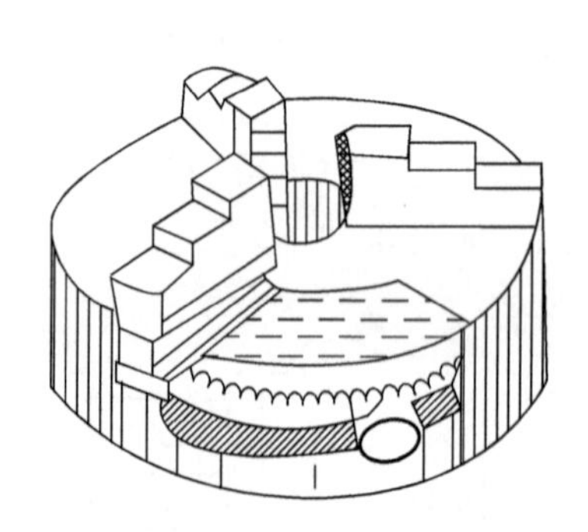

图 2－1－5　三爪自定心卡盘

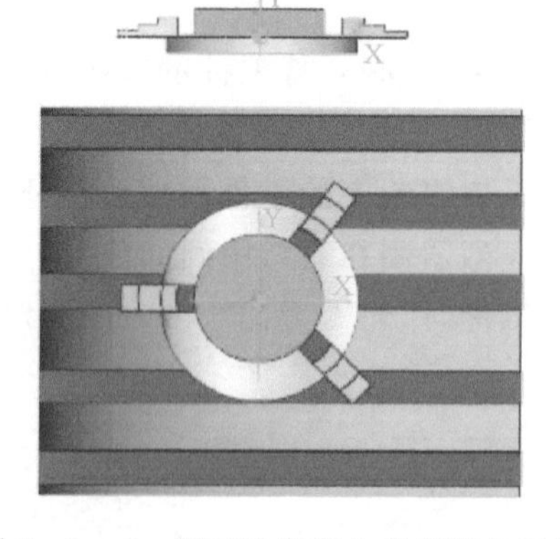

图 2－1－6　用三爪自定心卡盘装夹工件

(三)常用铣刀的种类和刀具的选择

1. 常用铣刀的种类

(1)面铣刀(也称端铣刀)

面铣刀的圆周表面和端面上都有切削刃,其主切削刃分布在圆柱面上,端面切削刃为副切削刃,如图 2－1－7 所示。

按刀齿材料可分为高速钢和硬质合金两大类,多制成套式镶齿结构。镶齿面铣刀刀盘直径一般为 ϕ75 ~ ϕ300 mm,最大可达 ϕ600 mm,刀体为 40Cr。主要用在立式或卧式铣床上铣削台阶面和平面,特别适合较大平面的铣削加工。

用面铣刀加工平面,如图 2－1－8 所示,同时参加切削刀齿较多,又有副切削刃的修光作用,使加工表面粗糙度值小。硬质合金镶齿面铣刀可实现高速切削(100 ~ 150 mm/min),生产效率高，应用广泛。

图 2-1-7　面铣刀

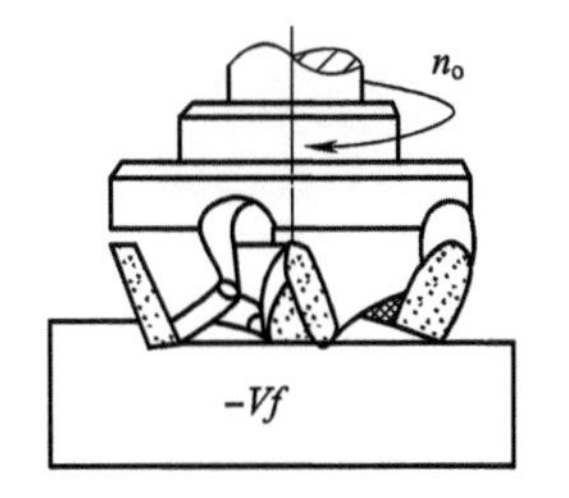

图 2-1-8　面铣刀加工

(2)立铣刀

立铣刀是数控机床上用得最多的一种铣刀，如图 2-1-9 所示。

立铣刀一般由 3～4 个刀齿组成，圆柱面上的切削刃是主切削刃，端面上分布着副切削刃。主切削刃一般为螺旋齿，这样可以增加切削平稳性，提高加工精度。

立铣刀工作时只能沿着刀具的径向进给，不能沿着铣刀轴线方向作进给运动，如图 2-1-10 所示。

它主要用于铣削凹槽、台阶面和小平面，还可以利用靠模铣削成形表面。

(3)模具铣刀

模具铣刀由立铣刀发展而成，如图 2-1-11 所示。它的结构特点是球头或端面上布满了切削刃，圆周刃与球头刃圆弧连接，可以作径向和轴向进给。

图 2-1-9　立铣刀

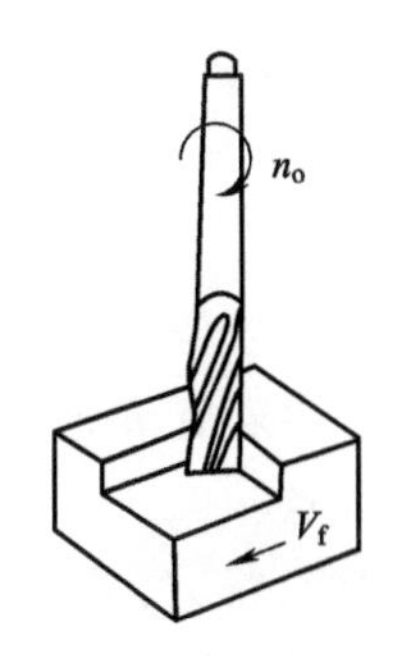

图 2-1-10　立铣刀加工

图 2-1-11　模具铣刀

(4)键槽铣刀

键槽铣刀(见图 2-1-12)的外形与立铣刀相似，不同的是它在圆周上只有两个螺旋刀齿，其端面刀齿的刀刃延伸至中心，既像立铣刀，又像钻头。

它主要用于加工圆头封闭键槽。铣削加工时，先轴向进给达到槽深，然后沿键槽方向铣出键槽全长，如图 2-1-13 所示。

(5)鼓形铣刀

鼓形铣刀(见图 2-1-14)的切削刃分布在半径为 R 的圆弧面上，端面无切削刃。加工时控制刀具上下位置，相应改变刀刃的切削部位，可以在工件上切出从负到正的不同斜角。R 越小，鼓形刀所能加工的斜角范围越广，但所获得的表面质量也越差。这种刀具的缺点是刃磨困难，切削条件差，而且不适合加工有底的轮廓表面。

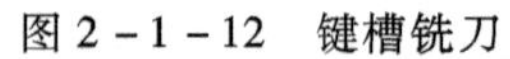
图 2-1-12　键槽铣刀

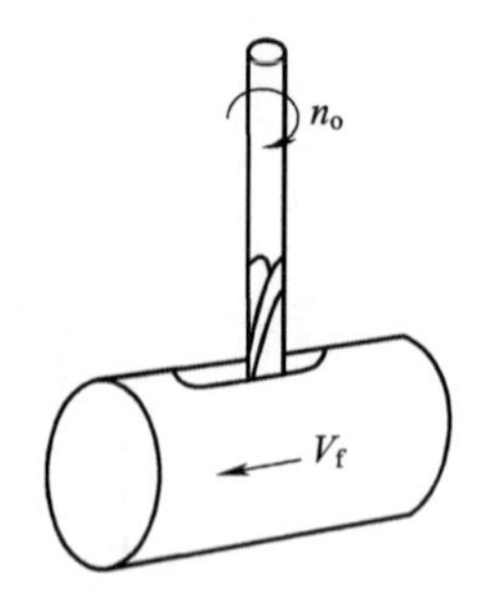

图 2-1-13　键槽铣刀加工

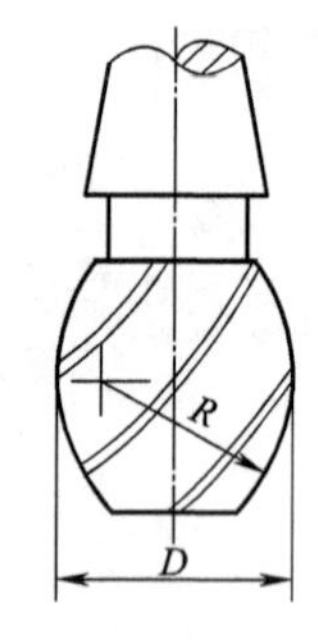

图 2-1-14　鼓形铣刀

(6)成形铣刀

成形铣刀一般都是为特定的工件或加工内容专门设计制造的,如角度面、凹槽、特形孔或台等,几种常见的成形铣刀如图 2-1-15 所示。

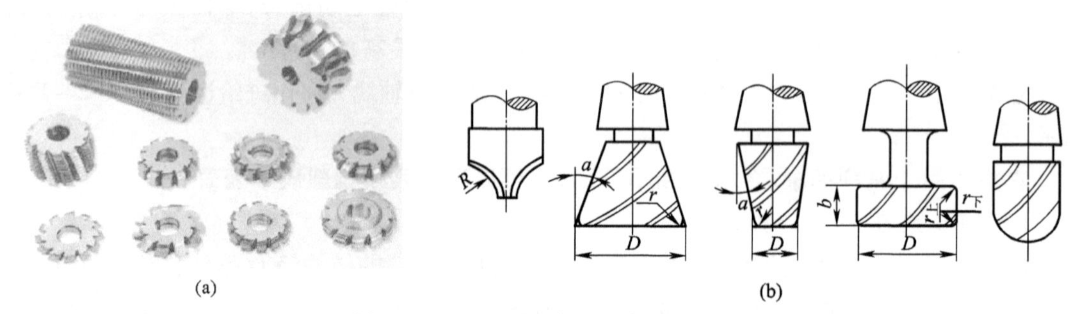

图 2-1-15　几种常见的成形铣刀

成形铣刀可以保证被加工工件的尺寸精度、形状一致和较高的生产率。成形铣刀加工如图 2-1-16 所示,在生产中应用比较广泛,尤其在涡轮机叶片加工中的应用更为普遍。

2. 数控铣床对刀具的基本要求

数控铣刀的选择与加工性质、工件材料、工件形状和精度、加工余量等因素有关,但其基本要求主要有以下两点:

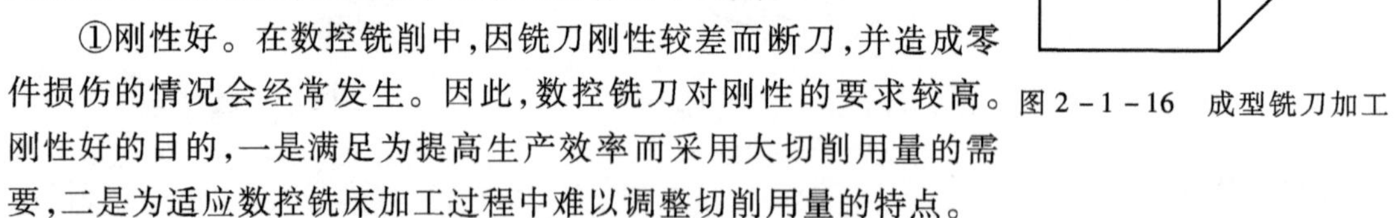

①刚性好。在数控铣削中,因铣刀刚性较差而断刀,并造成零件损伤的情况会经常发生。因此,数控铣刀对刚性的要求较高。刚性好的目的,一是满足为提高生产效率而采用大切削用量的需要,二是为适应数控铣床加工过程中难以调整切削用量的特点。

图 2-1-16　成型铣刀加工

②耐用度高。当一把铣刀加工的内容较多时,如果刀具磨损较快,不仅会影响零件的表面质量和加工精度,而且会增加换刀与对刀次数,从而导致零件加工表面留下因对刀误差而形成的接刀台阶,降低零件的表面质量。

除上述两点之外,铣刀切削刃的几何角度参数的选择与排屑性能等也非常重要。

总之,根据被加工工件材料的热处理状态、切削性能及加工余量,选择刚性好、耐用度高的铣刀,是充分发挥数控铣床的生产效率和获得满意加工质量的前提条件。

五、切削用量的选择

数控铣削加工的切削用量包括主轴转速、进给速度、背吃刀量和侧吃刀量。切削用量的大小对切削力、切削功率、刀具磨损、加工质量和加工成本均有显著影响。

数控加工中选择切削用量时，就是在保证加工质量和刀具耐用度的前提下，充分发挥机床性能和刀具切削性能，使切削效率最高，加工成本最低。

(1)粗加工时，切削用量的选择原则

首先选取尽可能大的背吃刀量；其次要根据机床动力和刚性的限制条件等，选取尽可能大的进给量；最后根据刀具耐用度确定最佳的切削速度。

(2)精加工时，切削用量的选择原则

首先根据粗加工后的余量确定背吃刀量；其次根据已加工表面的粗糙度要求，选取较小的进给量；最后在保证刀具耐用度的前提下，尽可能选取较高的切削速度。

任务实施

一、拟定零件加工工艺

1. 零件的结构、技术要求分析

经过对图纸的分析可以看出，毛坯材料为45号钢，毛坯尺寸为105 mm × 105 mm × 35 mm，车间现有机床能满足加工需求。

由图纸可以看出零件精度要求有三个：一是保证其各边的尺寸，二是保证相邻面的垂直度，三是保证对应面的平行度。

2. 切削工艺分析

(1)装夹工具(见图2-1-17)

由于是方形毛坯，所以采用机用平口钳夹紧零件的两个面，平口钳安装时需用百分表校正固定钳口，保证其直线度。

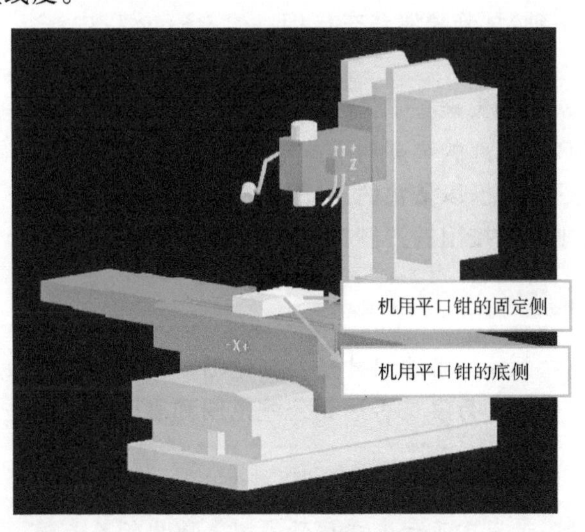

图2-1-17　装夹工具

注意：

夹持工件时，基准面务必位于机用平口钳的固定侧及底侧。

(2)加工方案的选择

①铣削第一面,铣完后做上记号。

第一面的选择原则:选择最大面;选择较不平的面(先以较平的面当底)。

②将第一面转到机用平口钳固定侧,铣削第二面。

注意:

将第二面铣平即可,不要铣太多,以免铣过头。

③翻转工件,使第一面仍然接触机用平口钳固定侧,第二面接触机用平口钳底侧,铣削第三面,根据图纸加工至尺寸。

④将铣过的三个面分别置于机用平口钳底侧、固定侧、活动侧,铣削第四面,根据图纸加工至尺寸。

⑤如此,可以得到互相垂直的四个面。接着,将另外两个面铣成垂直这四个面的面即可。

3. 刀具与切削用量选择

(1)刀具选择:材料为 HSS 的平底铣刀,直径 $\phi10$。

(2)切削用量选择:根据工件材料和工艺要求,加工该零件时,主轴转速取 $S=800$ r/min,进给量取 $f=80$ mm/min,Z 向下刀时进给量取 $f=30$ mm/min。

二、运用手轮和面板操作手动铣削平面

1. 校正方法如下:

方法一(精度较差):使用角尺使工件侧面(机用平口钳左边或右边方向)保持垂直。

方法二(精度较高):以百分表测工件侧面(机用平口钳左边或右边方向),将百分表接触到工件侧面,上下移动主轴,百分表误差在 0.01 ~0.03 mm 以内。

2. 校正步骤

当以橡胶锤或木头、铜榔头敲打工件时(工件底侧为铣过的平面),如果工件底部有垫高物,需敲打直到机用平口钳底部的垫高物不能抽动为止。如果以百分表测垂直度时,需以百分表的移动量来决定敲打力量,以最快的速度达到垂直度要求。

若工件为长条型,则可直接用铣刀侧铣第五、六面即可。

三、检测六面体的精度

①用游标卡尺检测六面体的各边尺寸是否到达图样要求。

②用量具检测垂直度和平行度是否达到公差范围和表面粗糙度是否达到 $Ra3.2$ μm。

注意:

- 铣削六面体时,每当加工一个面后必须把毛边用锉刀去掉,再加工下一个面。
- 加工过程中,要多次测量工件,保证该工件尺寸要求。
- 加工过程中,要注意做好眼睛等保护工作。
- 加工过程中应注意冷却。

技能训练

1. 根据所学知识，分组讨论、拟定六面体的加工工艺、优化方案，并填写数控铣削加工工艺卡片（见表2－1－3）和数控刀具卡片（见表2－1－4）。

表2－1－3　数控加工工艺卡片

零件编程与仿真单元数控加工工艺卡		零件代号		材料名称		零件数量
设备名称	系统型号		夹具名称		毛坯尺寸	
工序号	工序内容	刀具号	主轴转速（r·min^{-1}）	进给量（mm·min^{-1}）	背吃刀量（mm）	备注
编制	审核	批准	年　月　日		共1页	第1页

表2－1－4　数控刀具卡片

序号	刀具号	刀具名称	刀片/刀具规格	刀尖圆弧	刀具材料	备注
编制		审核	批准	年　月　日	共1页	第1页

2. 分组熟悉面板的操作，运用手轮进行平面的手动铣削。

课后思考

知识拓展

其他常见的工件装夹方法

一、工件直接装夹在铣床工作台上

在单件或少量生产和不便于使用夹具夹持的情况下，常常采用这种方法。

尺寸较大的工件往往直接装夹在工作台上，使用压板、螺母、螺栓压紧。为了确定加工面与铣刀的相对位置，一般用百分表校正；精度不高时，可以用划针来校正工件。

用压板装夹工件时应注意以下几点：

①螺栓要尽量靠近工件，这样可增大夹紧力。

②装夹薄壁工件和在悬空部位夹紧时，夹紧力的大小要适当，应尽可能把悬空处垫实，以免引起工件变形。

③使用压板的数量一般不少于两块。使用多块压板时，应注意工件上受压点的合理选择，在工件上的压紧点要尽量靠近加工部位。

④垫块的高度要适当，要防止压板和工件接触不良，以免工件在铣削力的作用下发生位移。

二、工件装夹在分度头上

分度头是铣床的重要附件。各种齿轮、正多边形、花键以及刀具开齿等需要分度铣削的工件，都可以装夹在分度头上。它主要有万能分度头（见图2－1－18）和等分分度头（见图2－1－19）两种，这里主要介绍万能分度头。

图2－1－18　万能分度头

图2－1－19　等分分度头

万能分度头最基本的功能是使装夹在分度头主轴顶尖与尾座顶尖之间或夹持在卡盘上的工件，依次转过所需的角度，以达到规定的分度要求。它可以完成以下工作：由分度头主轴带动工件绕其自身轴线回转一定角度，完成等分或不等分的分度工作，用以铣削方头、六角头、直齿圆柱齿轮、键槽、花键等的分度工作；通过配备挂轮，将分度头主轴与工作台丝杠联系起来，组成一条以分度头主轴和铣床工作台纵向丝杠为两末端件的内联系传动链，用以铣削各种螺旋表面、阿基米德旋线凸轮等；用卡盘夹持工件，使工件轴线相对于铣床工作台倾斜一定角度，以铣削与工件轴线相交成一定角度的沟槽、平面、直齿锥齿轮、齿轮离合器等。

此外，对于中、小型的轴类工件，有的虽不需要分度，但为了装夹方便，也可以使用分度头。

用分度头时应注意以下几点：

①使用分度头和分度头尾座顶尖安装轴类工件时，应使得前、后顶尖的中心线重合。

②使用分度头和分度头尾座顶尖安装较大的轴类工件时，可以加接延长板。

三、工件装夹在V形架上（见图2－1－20）

此方法适合于单件或小批量生产。

圆柱形工件（如轴类零件）通常用V形架装夹，利用压板将工件夹紧。V形架一方面有很好的对中性，另一方面比分度头装夹方法能承受更大的铣削力。

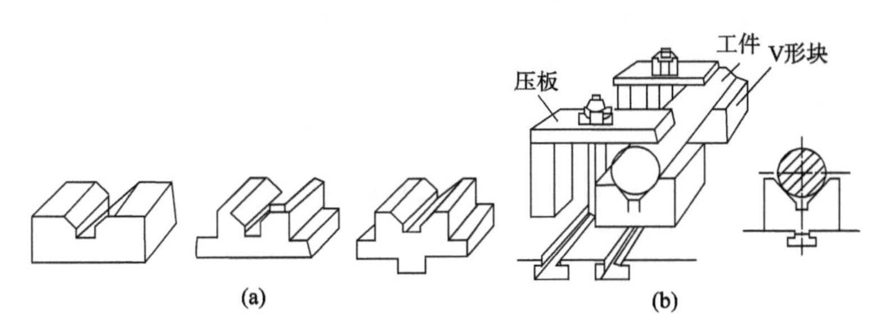

图2－1－20　工件装夹在V形架上

四、工件装夹在回转工作台上

回转工作台（见图2－1－21），简称转台，是指带有可转动的台面，用以装夹工件并实现回转和分度定位的机床附件。工作台有360°刻线，并有刻度值为1的刻度环和最小分划值为10的游标环。回转工作台具有刹紧和分度蜗杆副脱落机构。

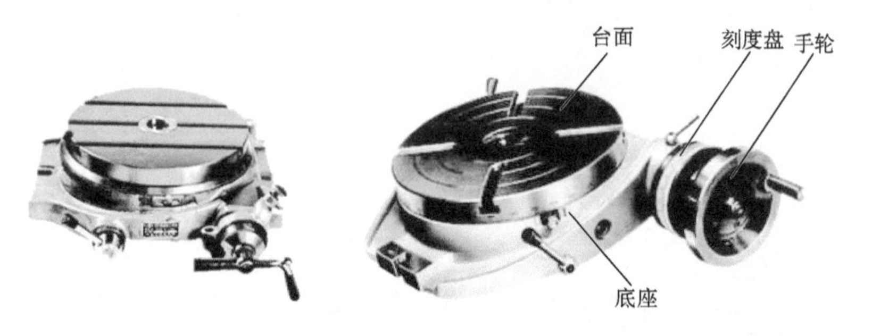

图2－1－21　回转工作台

回转工作台用来装夹铣削加工时比较规则的内外圆弧面零件。回转工作台的中心为一圆锥孔，作为工件定位，以使工件加工圆弧与回转工作台同心。

五、工件装夹在专用夹具上

在大批量生产中，常常采用专用夹具装夹工件。

采用专用夹具装夹工件，可以使工件迅速定位和夹紧，一般不需要再找正工件的位置，使用专用夹具既能保证加工精度，又能提高生产率。所以在成批、大量生产中广泛使用专用夹具。

任务二　数控铣削基本编程指令

知识目标	了解数控机床编程的格式

能力目标	掌握数控铣床基本的编程指令
情感目标	激发学生的学习热情,增强团队合作的能力

任务描述

本任务就是通过了解程序段的格式和含义,掌握 FANUC 系统的 G 指令、M 指令和选择工件坐标系指令,为今后的程序编制打下基础。

任务导入

数控机床是一种采用数字化信号以一定的编码形式通过数控系统来实现自动加工的机床。即按照事先编好的程序对机床进行控制与加工,所以要先了解程序的相关知识,并掌握好编程的基本指令,为今后的程序编制打好基础。

数控机床加工程序到底是以怎样的编码形式对机床运动及其加工过程进行控制的呢?

相关知识

一、程序段格式

一个完整的零件加工数控程序是若干个程序段的集合。每个程序段独占一行。程序段由若干个字组成。

字是指一套有规定次序的字符,可以作为一个信息单元而存储、传递和操作。字是程序字的简称,又称功能字、信息字,是机床数字控制的专业术语。每个字由地址符和跟随其后的数字组成。地址符是一个英文字母。

字按其功能的不同可以分为 7 种类型。

1. 顺序号字

它表示程序段的名称,位于程序段之首。

顺序号字的地址符是 N,后续数字一般为 1 ~ 4 位,且数字为正整数。

顺序号字不是程序段的必用字,但是有行号,在编辑时会方便些。行号最大为 9999。

选择跳过符号"/",只能置于某一程序的起始位置,如果有这个符号,并且机床操作面板上"选择跳过"打开,本条程序不执行。这个符号多用在调试程序,如在开冷却液的程序前加上这个符号,在调试程序时可以使这条程序无效,而正式加工时使其有效。

2. 准备功能字

它是建立机床工作方式或控制系统工作方式的一种指令。

准备功能字的地址符是 G,又称"G 指令"或"G 功能"。后续数字大多为两位正整数(包括 00)。随着数控机床功能的增加,G00 ~ G99(共 100 种)已经不够使用,所以有些数控系统的 G 指令后续数字已经使用三位数。

G 指令根据其功能分为若干个组,在同一条程序段中,如果出现多个同组的 G 功能,那么取最后一个有效。

3. 尺寸字

它主要用来指定机床的刀具运动后应达到的坐标位置。

该位置可以由直线坐标尺寸确定，也可以由角度坐标确定，所以，其地址符也各不相同。用的较多的有三组：

第一组地址符：X、Y、Z、U、V、W，主要用于指定到达点的直线坐标尺寸。

第二组地址符：A、B、C、D、E，主要用于指定到达点的角度坐标尺寸。

第三组地址符：I、J、K，主要用于指定零件圆弧轮廓的圆心坐标尺寸。目前，国内外均有部分数控系统规定采用圆弧半径尺寸字进行编程，即用地址符R来指定其圆弧半径，而不必采用I、J、K地址符指定其圆心坐标尺寸。

4. 进给功能字

主要用来指定切削的进给速度。

进给功能字的地址符是F，又称"F指令"或"F功能"。它的后续数字一般使用直接指定方式，即后续数字就是机床的进给速度。

但要注意，也有一些特殊情况。例如：车床中，加工螺纹时，F表示其螺纹导程（或螺距）。

5. 主轴转速功能字

主要用来指定机床主轴的转速，其单位为r/min。

转速功能字的地址符是S，又称"S指令"或"S功能"。它的后续数字一般使用直接指定方式，即后续数字就是机床的主轴转速。

6. 刀具功能字

主要用来指定加工中所用的刀具号。

刀具功能字的地址符是T，又称"T指令"或"T功能"。它的后续数字一般为2 ~ 4位，但车床、铣床的表示方式又各不相同。车床的后续数字一般为4位，前两位数表示刀具号，后两位数表示刀具补偿号。对于铣床，其后续数字一般为两位，只表示刀具号（刀具补偿号用其他地址符来表示）。

7. 辅助功能字

主要用来指定数控机床中辅助装置的开关动作或状态。

辅助功能字的地址符是M，又称"M指令"或"M功能"。它的后续数字一般为两位数，M00 ~ M99（共100种），也有少数的数控系统使用三位数。

注意：

在一个程序段中间如果有多个相同地址的字出现，或者同组的G功能，取最后一个有效。

二、基本指令

主要采用FANUC系统编程，所以在编程前必须掌握FANUC系统所用的指令格式。

下面介绍FANUC系统中常用的准备功能指令和辅助功能指令。

(一)常用的准备功能指令

1. 绝对值或相对值输入

格式:G90　　绝对值输入指令

　　G91　　相对值(增量值)输入指令

2. 快速点定位

格式:G00　X __ Y __ Z __

说明:该指令是以机床最快速度、最短距离到达目标点。

注意:

用 G00 指令不加工,不能碰到工件。

3. 直线插补

格式:G01　X __ Y __ Z __ F __

说明:该指令是以直线插补的形式移动到程序中的目标点。

注意:

其进给速度必须由 F 来指定。

4. 圆弧插补

格式:G02　X __ Y __ Z __ I __ J __ K __(R __)F __

　　G03　X __ Y __ Z __ I __ J __ K __(R __)F __

说明:

① G02 表示顺时针插补;G03 表示逆时针插补。

② I、J、K 为圆心相对于圆弧起点的矢量值。

③ R 为圆弧半径。

注意:

其进给速度必须由 F 来指定。

G 指令分为模态与非模态两类。一个模态 G 指令被指定后,直到同组的另一个 G 指令被指定才无效。而非模态的 G 指令仅在其被指定的程序段中有效。

例:

```
……
N10 G01 X250. Y300.
N11 G04 X100.
N12 G01 Z -120.
N13 X380. Y400.
……
```

在这个例子的 N12 这条程序中出现了“G01”指令,由于这个指令是模态的,所以尽管在 N13 这条程序中没有“G01”,但是其作用还是存在的。

(二)常用的辅助功能指令

1. 程序停止 M00、计划停止 M01

说明:两者的区别如下。

①M00——指定程序段完成后,使进给运动、主轴回转、切削液等都停止,以便进行手动换刀、手动变速等手动操作。

②M01——必须预先把机床面板上的选停按钮转到 M01 处,才能执行该指令。否则,程序不执行 M01 指令。

2. 主轴指令

主轴正转 M03

主轴反转 M04

主轴停止 M05

说明:主轴指令一般与主轴转速 S 指令配合使用。

3. 切削液指令

切削液开 M08

切削液关 M09

4. 程序结束

M02(M30)

说明:两者的区别如下。

①M02——程序全部执行结束,光标定在最后。

②M30——程序全部执行结束,光标自动返回到开始状态,以便进行下一个零件的加工。

三、选择工件坐标系指令(G54 ~ G59)

如果在工作台上同时加工多个相同零件或不同的零件,它们都有各自的尺寸基准,在编程过程中,有时为了避免尺寸换算,可以建立 6 个工件坐标系,其坐标原点设在便于编程的某一固定点上。当加工零件时,只要选择相应的工件坐标系编制加工程序。

在机床坐标系中确定 6 个工件坐标系坐标原点的坐标值后,通过 CRT/MDI 方式输入设定。

任务实施

在 2-2-1 图中,用 CRT/MDI 方式在设置参数方式下设定两个工件加工坐标系:

G54:X-50.0 Y-50.0 Z-10.0

G55:X-100.0 Y-100.0 Z-20.0

这时,建立了原点在 O′在 G54 工件加工坐标系和原点在 O″的 G55 工件加工坐标系,则执行下面程序段:

N20 G54 G90 G01 X50.0 Y0 Z0 F100

N30 G55 G90 G01 X100.0 Y0 Z0 F100

刀尖点的运动轨迹如图 2-2-1 中 *AB* 所示。

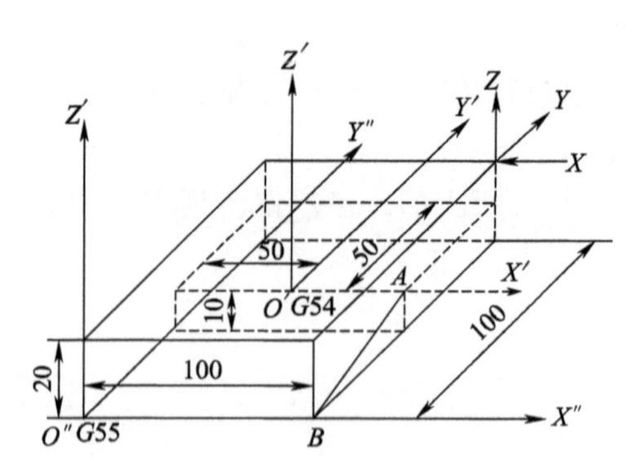

图 2-2-1 设定加工坐标系

注意：

G54 ~ G59 指令是通过 CRT/MDI 在设置参数下设定工件加工坐标系的，一旦设定，加工坐标原点在机床坐标系中的位置是不变的，它与刀具的当前位置无关，除非再通过 CRT/MDI 方式更改，在系统断电后并不破坏，再次开机回参考点后仍然有效。

技能训练

运用基本的 M 指令，结合 G 指令编写简单的数控程序。

课后思考

任务三 平面铣削加工

教学目标

知识目标	运用相应的指令编写平面铣削的加工程序，了解行切和环切的概念和进给路线

能力目标	熟练操作数控铣床，掌握数控仿真行切和环切的加工方法，并能熟练加工六面体零件
情感目标	培养学生认真、细致的做事态度

任务描述

本任务就是通过熟悉数控加工中行切和环切的进给路线和加工方法，并运用相应的指令编写平面铣削的加工程序，为零件的完整加工打好基础。

- 手动铣削平面。
- 简单编程指令的格式和参数设置。

任务导入

运用简单的指令编写平面铣削的加工程序，并操作机床进行零件的加工。

相关知识

一、行切和环切的概念、特点和应用范围

1. 概念

在数控加工中，行切和环切是典型的两种走刀路线。

所谓“行切法”是指刀具与零件轮廓的切点轨迹是一行一行平行的，而行间的距离是按刀具的直径来确定的。

环切加工是利用已有精加工刀补程序，通过修改刀具半径补偿值的方式，控制刀具从内向外或从外向内，一层一层去除工件余量，直至完成零件加工。

2. 特点

行切的优点是稳定性好、编程效率高、代码量小。但刀具抬刀频繁，影响加工效率。

环切加工方式具有刀轨连续性好、抬刀次数少、空行程短、大切削量等特点，同时保证了工件加工表面平整和边界光滑等。但环切法程序代码量大，运算效率低甚至影响计算精度，且刀位点计算稍微复杂一些。

根据加工方式的特点不同，其适用范围和工件的加工质量也各有优缺。

3. 应用范围

行切在手工编程时多用于规则矩形平面、台阶面和矩形下陷加工，对非矩形区域的行切一般用自动编程实现。

环切主要用于轮廓的半精、精加工及粗加工，用于粗加工时，其效率比行切低，但可方便地使用刀具半径补偿功能实现。

二、进给路线的确定

在实际加工中,进给路线对零件的加工精度和表面质量有直接的影响。因此,确定好进给路线是保证铣削加工精度和表面质量的工艺措施之一。

下面介绍行切和环切在加工中的应用。

如图 2-1-3(a)和(b)所示分别为用行切法和环切法加工内槽的进给路线示意图。

两种进给路线的共同点是都能切净内腔中的全部面积,不留死角,不伤轮廓,同时尽量减少重复进给的搭接量。

不同点是行切法的进给路线比环切法短,但行切法将在每两次进给的起点与终点间留下残留面积,而达不到所要求的表面粗糙度。用环切法获得的表面粗糙度要好于行切法,但环切法需要逐次向外扩展轮廓线,刀位点计算稍为复杂一些。

综合行切法和环切法的优点,采用图 2-1-3(c)所示的进给路线,即先用行切法切去中间部分余量,最后用环切法切一刀,这样既能使总的进给路线较短,又能获得较好的表面粗糙度。

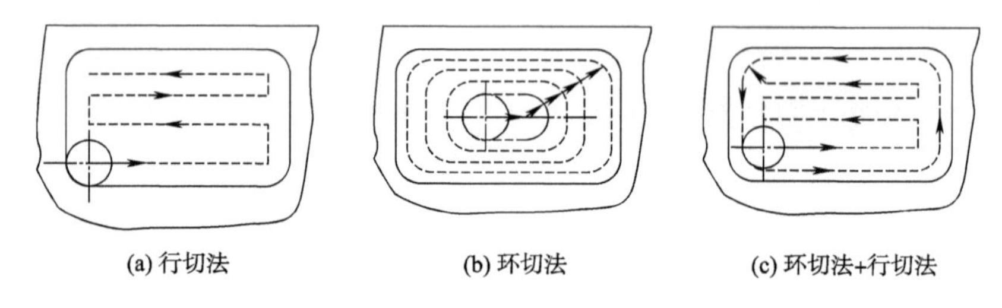
(a) 行切法　(b) 环切法　(c) 环切法+行切法

图 2-3-1　加工中的三种进给路线

在确定进给路线时,主要应遵循以下原则:

①保证产品质量,应将保证工件的加工精度和表面粗糙度要求放在首位。

②在保证工件加工质量的前提下,应力求走刀路线最短,并尽量减少空行程时间,提高加工效率。

③在满足工件加工质量、生产效率等条件下,尽量简化数学处理的数值计算工作量,以简化编程工作。

此外,在确定走刀路线时,还要综合考虑工件、机床与刀具。如确定一次走刀还是多次走刀,设计刀具的切入点与切出点,切入方向与切出方向等多方面因素。

总之,在数控机床上加工零件,每道工序中每道工步的走刀路线确定都十分重要,因为它不仅与被加工零件表面粗糙度有关,而且与加工精度和加工效率有关系。实际生产中,在不同的数控机床上加工相同的零件时,选择走刀路线所考虑的内容不完全一样,走刀路线的确定要根据零件的具体结构特点,综合考虑,灵活运用。

任务实施

一、编写程序

刀具运行轨迹如图 2-3-2 所示。表 2-3-1 为参考程序(毛坯尺寸:105 × 105 × 35 mm,刀具直径:$\phi10$)。

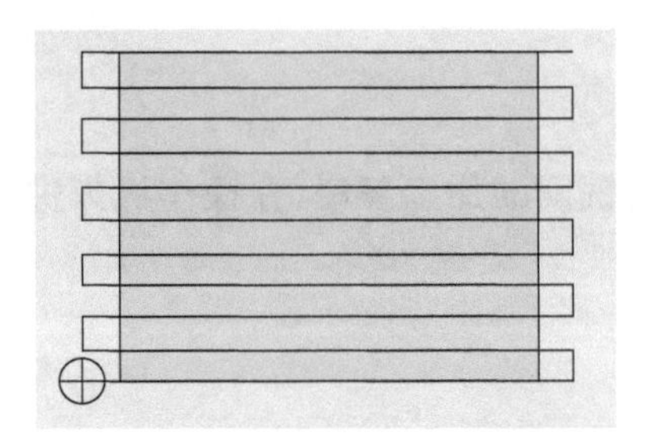

图 2－3－2　刀具运行轨迹

表 2－3－1　参考程序

程　序　名	程 序 说 明
O0001	
M03 S800	主轴正转，转速 800 r/min
G91 G01 X115 F80	增量编程，沿 X 正方向直线插补，进给速度 80 mm/min
Y8.	沿 Y 正方向直线插补
X－115	沿 X 负方向直线插补
Y8.	沿 Y 正方向直线插补
M99	

二、加工零件

1. 加工准备

①开机，机床回参考点。

②安装夹具，夹紧工件。

③装夹并安装刀具。

2. 对刀，并正确输入刀具补偿值

① X、Y 向对刀。

② Z 向对刀。

3. 程序输入与检验

将加工程序输入到数控系统中，在“图形模拟”功能下，实现图形轨迹的校验。

4. 加工零件

机床加工时，适当调整主轴转速和进给速度，保证加工正常。

5. 零件测量

程序执行完毕后，使用相关量具测量零件的尺寸和形位公差，根据测量结果，适当修改机床的相应参数，重新执行程序，直到完成六面体零件尺寸精度、平行度、垂直度的控制要求。

6. 结束加工

松开夹具，卸下工件，清理机床。

技能训练

运用简单的指令编写平面铣削的加工程序，并操作机床进行零件的加工。

课后思考

任务四　平面铣削质量分析与精度检验

教学目标

知识目标	掌握零件加工精度的相关内容
能力目标	能分析影响零件精度的因素，并能采取一定的措施
情感目标	培养学生积极动手的能力

任务描述

本任务就是通过研究机械加工精度来分析工艺系统中各种误差与加工精度之间的关系，寻求提高加工精度的途径，以保证零件的机械加工质量。

任务导入

在实际生产中经常遇到和需要解决的工艺问题，多数是加工精度问题。零件加工的精度好坏直接影响到零件的合格率，从而影响到零件的装配，甚至影响到企业的经济利益。因而，对零件进行加工精度分析非常重要。

相关知识

随着对零件要求的不断提高，保证零件具有更高的加工精度显得越来越重要。在实际生产中经常遇到需要解决的工艺问题，多数是加工精度问题。

研究机械加工精度的目的是分析工艺系统中各种误差与加工精度之间的关系，寻求提高加工精度的途径，以保证零件的机械加工质量。

一、机械加工精度概述

（一）加工精度

加工精度是指零件加工后实际几何参数（尺寸、形状和位置）与理想几何参数相符的程度。符合程度越高，加工精度越高。

零件的加工精度包括尺寸精度、形状精度、位置精度。

①尺寸精度：限制加工表面与其基准间的尺寸误差不超过一定的范围。

②形状精度：限制加工表面的宏观几何形状误差，如圆度、直线度、平面度等。

③位置精度：限制加工表面与其基准间的相互位置误差，如平行度、同轴度等。

（二）获得加工精度的方法

1. 获得尺寸精度的方法

①试切法：即试切—测量—再试切—直到测量结果达到图纸给定的要求，一般用于单件小批量生产。

②调整法：按照零件规定的尺寸预先调整好刀具与工件的相对位置来保证加工表面尺寸的方法，一般用于成批大量生产。

③定尺寸刀具法：用刀具的相应尺寸来保证加工表面的尺寸，其生产率高，但刀具制造复杂。

④自动控制法：即用切削测量补偿调整尺寸精度。

2. 获得形状精度的方法

①轨迹法：利用刀尖运动轨迹形成工件表面形状。

②成形法：由刀具刀刃的形状形成工件表面形状。

③展成法：由切削刃包络面形成工件表面形状。

3. 获得相互位置精度的方法

主要由机床精度、夹具精度和工件的装夹精度来保证。

（三）加工误差

实际加工不可能做得与理想零件完全一致，总会有大小不同的偏差，零件加工后的实际几何参数对理想几何参数的偏离程度，称为加工误差。

常用加工误差的大小来评价加工精度的高低。即加工误差越小，加工精度越高。实际生产中用控制加工误差的方法来保证加工精度。

（四）加工经济精度

由于在加工过程中有很多因素影响加工精度，所以同一种加工方法在不同的工作条件下所能达到的精度是不同的。任何一种加工方法，只要精心操作，细心调整，并选用合适的切削参数进行加工，都能使加工精度得到较大的提高，但这样会降低生产率，增加加工成本。因此，加工方法的加工经济精度不应理解为一个确定值，而是有一个范围的，在这个范围内都可以说是经济的。

(五)原始误差

工件和刀具安装在夹具和机床上,工件、刀具、夹具、机床构成了一个完整的工艺系统。工艺系统的种种误差,是造成零件加工误差的根源,凡是能直接引起加工误差的因素都称之为原始误差。

工艺系统的原始误差主要如图 2-4-1 所示。

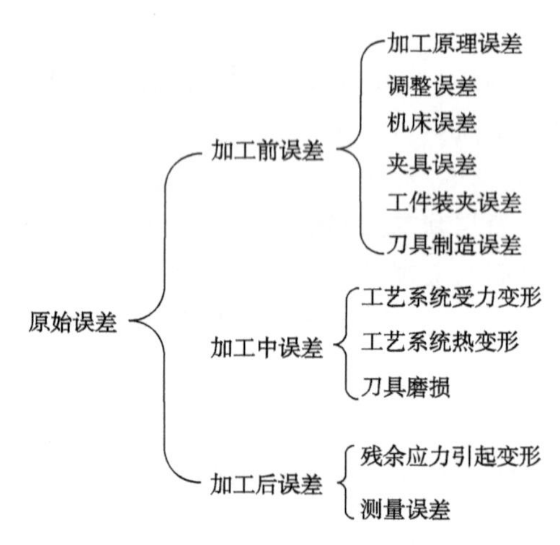

图 2-4-1 工艺系统的原始误差

二、影响加工误差的因素

(一)加工前误差

1. 加工原理误差

由于采用近似的加工运动或刃形所产生的加工误差,称为加工原理误差。例如:滚齿加工时,由于滚刀的制造而产生了加工原理误差。

2. 调整误差

是指使刀具的切削刃与定位基准保持正确位置的过程。例如:定位元件的制造误差和位置误差。

3. 机床误差

机械加工过程中,刀具相对于工件的成形运动一般都是通过机床完成的。因此,工件的加工精度在很大程度上取决于机床的精度。例如:机床导轨本身的制造误差、不均匀磨损、安装误差等都将使机床工作精度下降。

4. 夹具误差

夹具的作用是使工件相对于刀具和机床具有正确的位置,其误差对工件尺寸精度和位置精度影响很大。例如:夹具制造误差、安装误差及磨损。

5. 工件装夹误差

工件在装夹过程中产生的误差。装夹误差包括定位误差和夹紧误差。例如:如果选用的定位基准与设计基准不重合,就会产生基准不重合误差。

6. 刀具制造误差

刀具制造误差对加工精度的影响随刀具种类的不同而不同。例如:采用定尺寸刀具、成形刀具等加工时,刀具的制造误差会直接影响工件的加工精度。

(二)加工过程中的误差

1. 工艺系统受力变形

机械加工工艺系统在切削力、夹紧力、惯性力、重力、传动力等的作用下,会产生相应的变形,从而破坏工艺系统各组成部分的相互位置关系,产生加工误差并影响加工过程的稳定性。例如:车削细长轴时,工件在切削力的作用下会发生变形,从而使工件的加工精度降低。

2. 工艺系统热变形

工艺系统热变形对加工精度的影响比较大,特别是在精密加工和大件加工时,因为热变形所引起的加工误差有时可占工件总误差的40%~70%。

工艺系统的热源包括内部热源(如摩擦热、切削热等)和外部热源(如外部环境温度、阳光辐射等)。

机床、刀具、工件受到各种热源的作用,温度会逐渐升高,同时它们也通过各种传热方式向周围散发热量。当单位时间传入的热量与其散出的热量相等时,工艺系统就达到了热平衡状态。

3. 刀具磨损

任何刀具在切削过程中,由于摩擦,刀具不可避免的要产生磨损,并由此引起工件尺寸和形状的改变,而造成加工误差。正确选用刀具材料,合理使用刀具几何参数和切削用量,正确地刃磨刀具,采取必要的冷却液等,都可以有效地减少刀具的尺寸磨损。

(三)加工后误差

1. 残余应力引起变形

没有外力作用而存在于零件内部的应力,称为残余应力,又称内应力。

工件上一旦产生内应力之后,就会使工件金属处于一种不稳定状态,并伴随着变形发生,从而使工件丧失原有的加工精度。例如:热处理工序使工件产生内应力,对具有内应力的工件进行加工时,工件原有的内应力平衡状态被破坏,使工件产生了变形。

2. 测量误差

测量误差包括量具本身的制造误差和测量条件下引起的误差。例如:测量力的变化引起测量尺寸的变化。

三、提高加工精度的途径

1. 减少工艺系统受力变形的措施

①提高接触刚度,改善机床主要零件接触面的配合质量。例如:对机床导轨和装配面进行刮研。

②设置辅助支承,提高局部刚度。例如:加工细长轴时,采用跟刀架,以提高切削时的刚度。

③采用合理的装夹方法,在夹具设计或工件装夹时,必须尽量减少弯曲力矩。

④采用补偿或转移变形的方法。例如:镗孔时镗杆与主轴采用浮动连接,使用镗模将机床误差转移到新位置上加以控制。

2. 减少和消除内应力的措施

①合理设计零件结构。例如:设计零件时尽量简化零件结构,减小壁厚差,提高零件刚度等。

②合理安排工艺过程。例如:粗精加工分开,使粗加工后有充足的时间让内应力重新分布,保证零件充分变形,再经精加工后,就可减少变形误差。

③对工件进行热处理和时效处理。

3. 减少工艺系统受热变形的措施

①机床结构设计采用对称式结构。

②采用切削液进行冷却。

③加工前先让机床空转一段时间，使之达到热平衡状态后再加工。

④改变刀具和切削参数。

任务实施

一、填写数控实训加工质量评分表(见表2-4-1)表格

表2-4-1 数控实训加工质量评分表

班级：			姓名：		学号：	工种：
项目序号：			项目名称：			
分类	序号	检测内容	配分	学生自测	教师检测	得分
工艺分析与程序编制	1	工艺与刀具卡片填写完整	10			
	2	程序编制正确、简洁	10			
	3	零件仿真模拟加工	10			
加工操作	1	尺寸一：	8			
	2	尺寸二：	8			
	3	尺寸三：	8			
	4	尺寸四：	8			
	5	尺寸五：	8			
	6	表面粗糙度	8			
	7	零件加工完整性	7			
	8	工量具正确使用	5			
	9	设备正常操作、维护保养	5			
	10	文明生产和机床清洁	5			
评分教师		加工时间		总得分		

实训时间：________________

上海市工业技术学校

二、优化加工工艺练习铣削加工

1. 任务要求

在原有六面体零件的基础上，将各档尺寸减小2 mm，优化加工工艺进行加工，其余各项要求不变。

2. 加工零件

运用所学知识，根据零件图纸要求，进行零件的加工。

①分析零件加工工艺。

②编制程序。

③输入与校验程序。

④仿真模拟加工。

技能训练

测量与检验零件，并填写质量分析表。

课后思考

项目三

二维外轮廓零件铣削加工

项目导入

使用数控铣床进行二维外轮廓零件铣削加工。

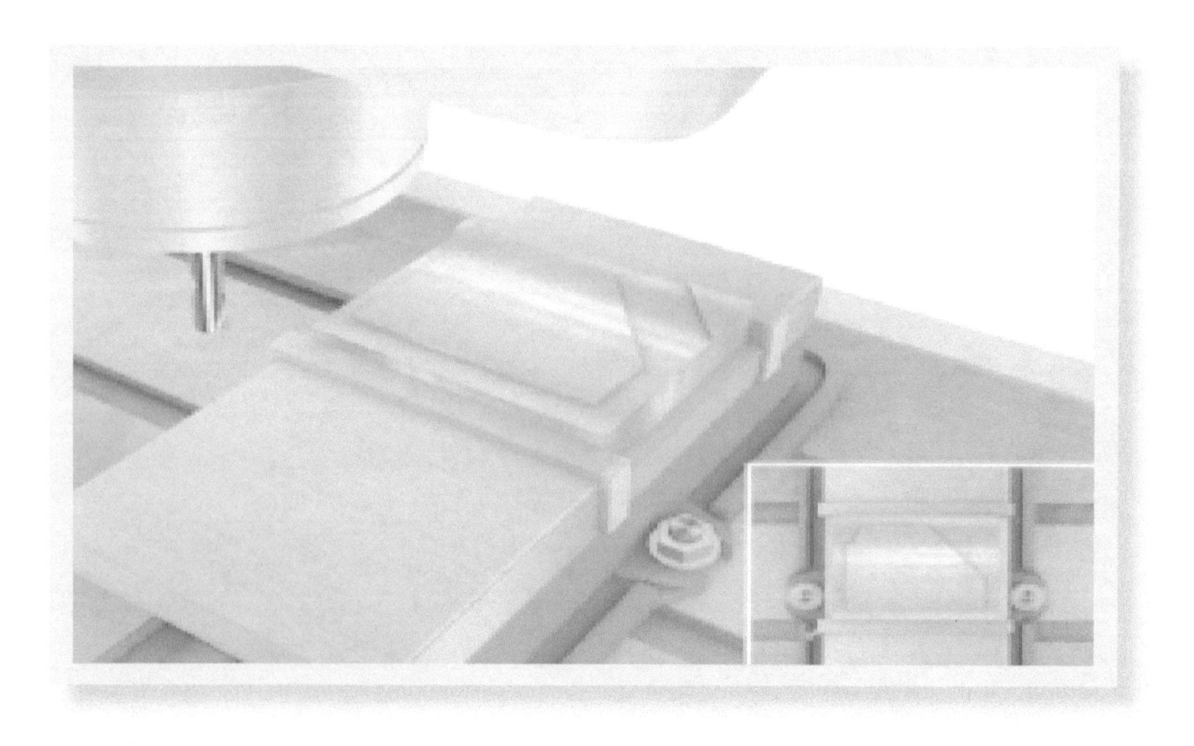

零件图和效果图如图 3－0－1 和图 3－0－2 所示。

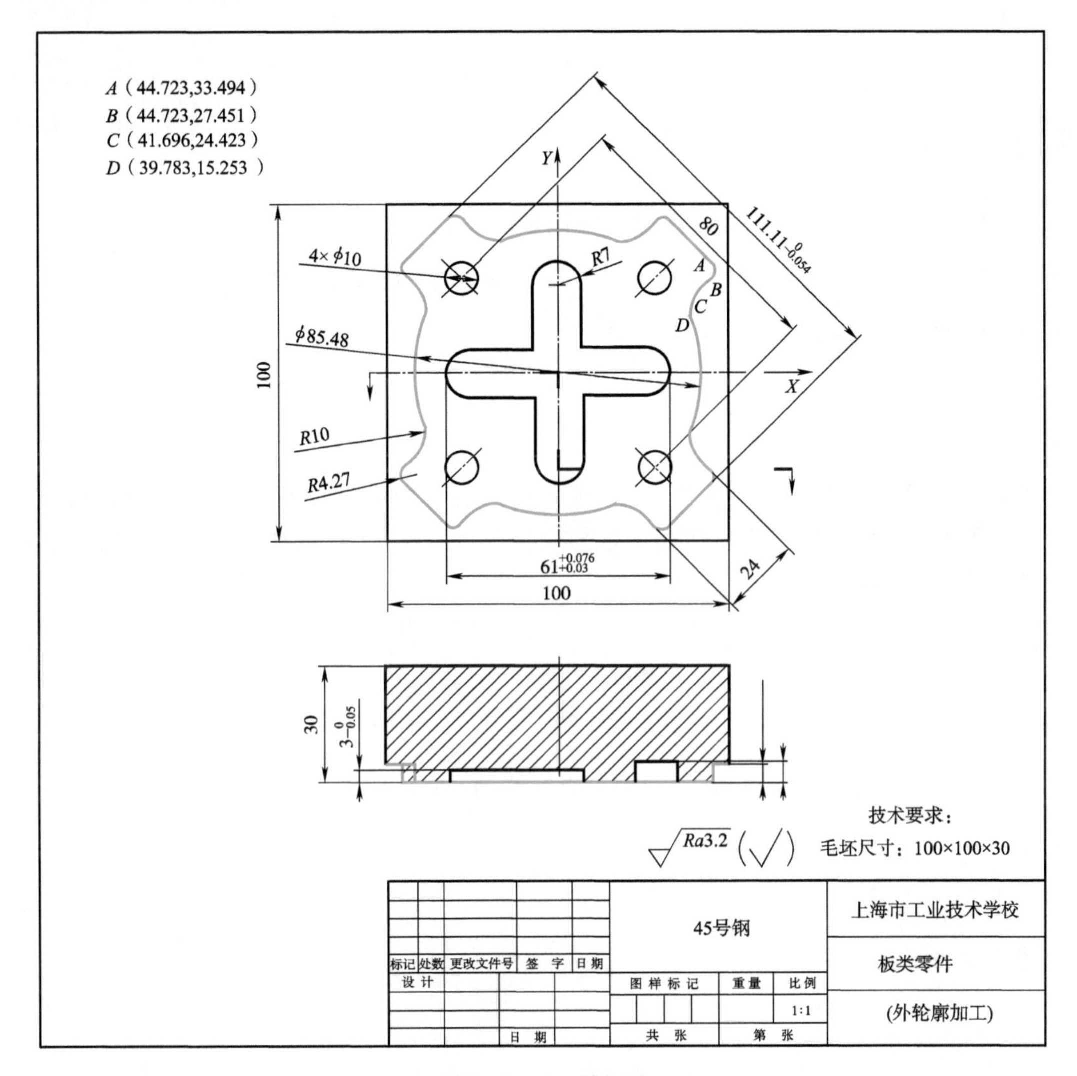

图 3－0－1　零件图

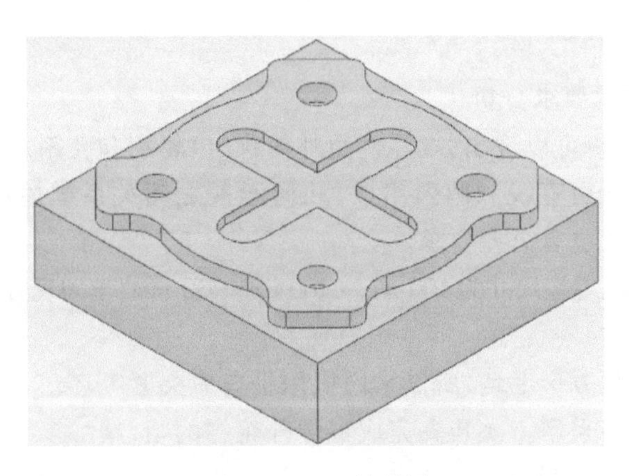

图 3－0－2　效果图

任务一　二维外轮廓零件加工工艺分析

教学目标

知识目标	了解二维外轮廓零件的铣削加工工艺
能力目标	能合理确定二维外轮廓零件的加工工艺路线及切削用量
情感目标	激发学生的主观能动性

任务描述

本任务就是以零件图纸为基础，对零件的结构、技术要求、坐标点的计算、切削加工工艺、加工顺序、走刀路线、刀具及切削用量的选择等进行全面、详细地分析，为后面的编程及加工活动作充分准备。

任务导入

根据数控铣削的特点，从最简单的平面类零件开始加工。平面类零件一般只需要用三坐标数控铣床的两坐标联动（即两轴半坐标联动）即可加工。

相关知识

参考项目二任务一。

任务实施

一、拟定零件加工工艺

1. 零件的结构、技术要求分析

经过对零件图的分析可以看出，本零件由外轮廓、内轮廓和孔系加工三部分组成。

外轮廓为对称轮廓，由直线和圆弧组成，几何元素之间关系描述清楚完整，其轮廓尺寸有公差要求，其深度尺寸也有公差要求。

毛坯材料为45号钢，毛坯尺寸为100 mm×100 mm×30 mm，车间现有机床能满足加工需求。

2. 切削工艺分析

①装夹工具：由于是方形毛坯，所以采用机用平口钳夹紧毛坯。

②加工方案的选择：采用一次装夹完成零件外轮廓的粗、精加工。

3. 确定加工顺序，走刀路线

①建立工件坐标系原点：工件坐标系原点建立在方形毛坯的上表面中心。

②确定加工原则：采用先粗后精的加工原则，粗加工后检测零件的几何尺寸，根据检测结果决定刀具的磨耗修正量，再分别对零件进行精加工。

③确定加工起刀点：加工起刀点设在工件的表面中心上方 100 mm. 。

④确定加工顺序：采用“先面后孔”“先外轮廓后内轮廓”的加工顺序。

⑤铣削外轮廓的进给路线

铣削平面零件外轮廓时，一般是采用立铣刀侧刃切削。刀具切入零件时，应避免沿零件外轮廓的法向切入，以避免在切入处产生刀具的刻痕，而应沿切削起始点延伸线或切线方向逐渐切入工件，保证零件曲线的平滑过渡。

同样，在切离工件时，也应避免在切削终点处直接抬刀，要沿着切削终点延伸线或切线方向逐渐切离工件，如图 3 – 1 – 1 所示.

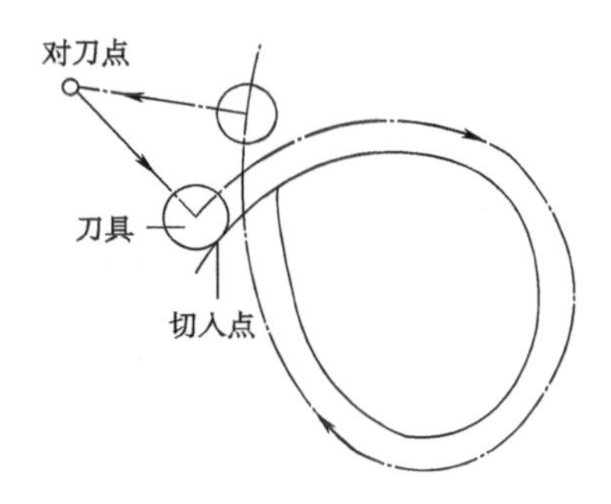

图 3 – 1 – 1　刀具切入和切出外轮廓的进给路线

如图 3 – 1 – 2 所示为圆弧插补方式铣削外整圆的进给路线。当整圆加工完毕后，不要在切点处直接退刀，而应让刀具沿切线方向多运动一段距离，如图 3 – 1 – 3 所示，以免取消刀补时，刀具与工件表面相碰，造成工件报废。

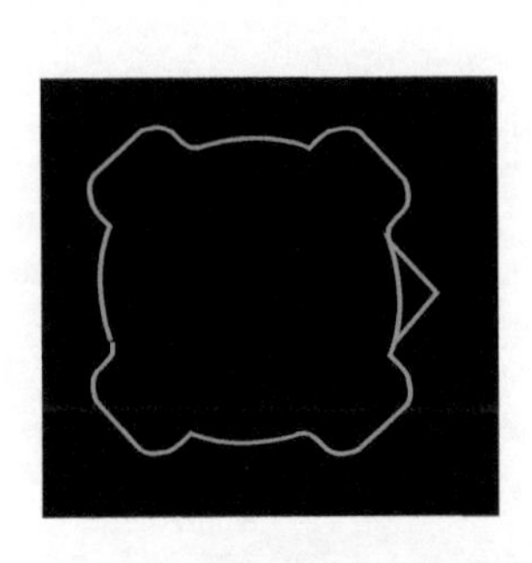

图 3 – 1 – 2　外整圆铣削进给路线

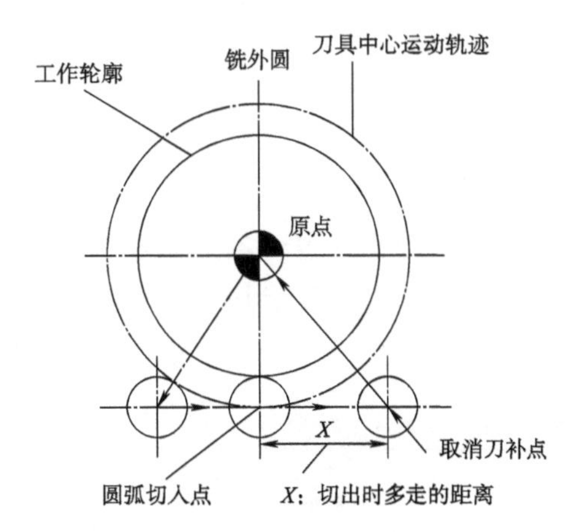

图 3 – 1 – 3　刀具沿切线方向多运动一段距离

4. 刀具与切削用量的选择

①刀具选择：根据零件的结构特点，铣削时采用 $\phi10$ 的键槽铣刀。

②切削用量选择：根据工件材料、工艺要求进行选择。主轴转速粗加工时取 $S=800$ r/min，精加工时取 $S=1\ 000$ r/min，进给量轮廓粗加工时取 $f=100$ mm/min，轮廓精加工时取 $f=80$ mm/min，Z 向下刀时进给量取 $f=30$ mm/min。

二、编写数控加工工艺卡片(见表3-1-1)和数控刀具卡片(见表3-1-2)

表3-1-1 数控加工工艺卡片

<table>
<tr><td colspan="4" rowspan="2">零件编程与仿真单元数控加工工艺卡</td><td colspan="2">零件代号</td><td colspan="2">材料名称</td><td>零件数量</td></tr>
<tr><td colspan="2"></td><td colspan="2">45号钢</td><td>1</td></tr>
<tr><td>设备名称</td><td>数控铣床</td><td>系统型号</td><td>FANUC</td><td colspan="2">夹具名称</td><td>机用
平口钳</td><td>毛坯尺寸</td><td>100×100×30</td></tr>
<tr><td>工序号</td><td colspan="3">工序内容</td><td>刀具号</td><td>主轴转速
(r·min⁻¹)</td><td>进给量
(mm·min⁻¹)</td><td>背吃刀量
(mm)</td><td>备 注</td></tr>
<tr><td rowspan="2">一</td><td colspan="3">1. 安装机用平口钳并用百分表校正固定钳口,以底面作为定位基准,机用平口钳夹紧工件,夹持工件高出机用平口钳10mm左右,在工件上表面中心建立工件坐标系原点</td><td></td><td></td><td></td><td></td><td></td></tr>
<tr><td colspan="3">2. 用ϕ10键槽铣刀粗精加工R10的外轮廓,保证尺寸1 11.11$_{-0.054}^{0}$,保证深度5$_{-0.05}^{0}$</td><td>T1</td><td>800/1 000</td><td>100/80</td><td>4/1</td><td>O0001</td></tr>
<tr><td>二</td><td colspan="3">检测,拆卸工件,去毛刺。</td><td></td><td></td><td></td><td></td><td></td></tr>
<tr><td></td><td colspan="3"></td><td></td><td></td><td></td><td></td><td></td></tr>
<tr><td></td><td colspan="3"></td><td></td><td></td><td></td><td></td><td></td></tr>
<tr><td>编制</td><td>审核</td><td></td><td>批准</td><td></td><td colspan="2">年 月 日</td><td>共1页</td><td>第1页</td></tr>
</table>

表3-1-2 数控刀具卡片

序号	刀具号	刀具名称	刀片/刀具规格	刀尖圆弧	刀具材料	备注
1	T1	键槽铣刀	ϕ10		高速钢	
编制		审核	批准	年 月 日	共1页	第1页

技能训练

根据所学知识,分组讨论、拟定二维外轮廓零件的加工工艺、优化方案,并填写(见表3-1-3)和数控刀具卡片(见表3-1-4)。

表3-1-3 数控加工工艺卡片

<table>
<tr><td colspan="3" rowspan="2">零件编程与仿真单元数控加工工艺卡</td><td colspan="2">零件代号</td><td colspan="2">材料名称</td><td>零件数量</td></tr>
<tr><td colspan="2"></td><td colspan="2"></td><td></td></tr>
<tr><td>设备名称</td><td>系统型号</td><td></td><td colspan="2">夹具名称</td><td></td><td>毛坯尺寸</td><td></td></tr>
<tr><td>工序号</td><td colspan="2">工序内容</td><td>刀具号</td><td>主轴转速
(r·min⁻¹)</td><td>进给量
(mm·min⁻¹)</td><td>背吃刀量
(mm)</td><td>备注</td></tr>
<tr><td></td><td colspan="2"></td><td></td><td></td><td></td><td></td><td></td></tr>
<tr><td></td><td colspan="2"></td><td></td><td></td><td></td><td></td><td></td></tr>
<tr><td></td><td colspan="2"></td><td></td><td></td><td></td><td></td><td></td></tr>
<tr><td></td><td colspan="2"></td><td></td><td></td><td></td><td></td><td></td></tr>
</table>

续表

工序号	工序内容					刀具号	主轴转速 (r·min⁻¹)	进给量 (mm·min⁻¹)	背吃刀量 (mm)	备注
编制		审核		批准			年　月　日		共1页	第1页

表 3-1-4　数控刀具卡片

序号	刀具号	刀具名称	刀片/刀具规格		刀尖圆弧		刀具材料	备注
编制		审核		批准		年　月　日	共1页	第1页

课后思考

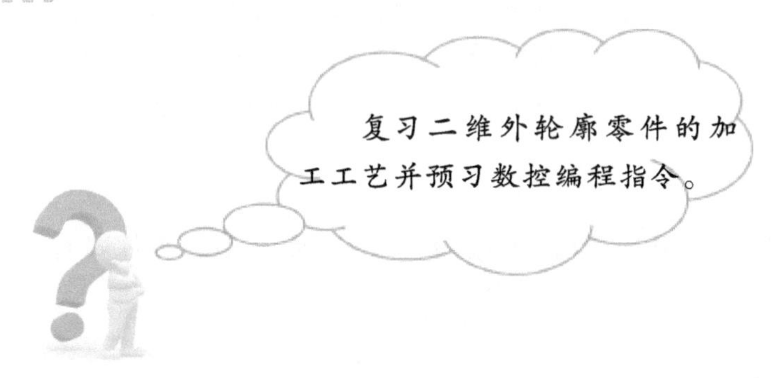

任务二　数控铣床对刀及参数设置

教学目标

知识目标	了解数控铣床的对刀方法
能力目标	进行数控铣床的对刀操作，设置相应的参数
情感目标	培养学生积极动手的能力

任务描述

要加工出合格的零件，在制订合理的加工工艺和程序的基础上，正确地找到机床的坐标系显得尤其重要。

本任务就是在充分了解对刀目的的基础上，进行数控铣床的对刀操作，并在数控铣床上进行相应的参数设置，为保证零件的加工精度做好准备。

任务导入

数控铣床的对刀目的是什么？如果刀位点是已知的，那么又如何去找程序原点呢？

相关知识

一、对刀的目的和分类

对刀的目的是通过刀具或对刀工具确定工件坐标系与机床坐标系之间的空间位置关系，并将对刀数据输入到相应的存储位置。它是数控加工中最重要的操作内容，对刀的准确程度将直接影响零件的加工精度。

对刀操作分为 X、Y 向对刀和 Z 向对刀。根据现有条件和加工精度要求不同选择对刀方法，常用的对刀方法有：试切对刀法；塞尺、标准芯棒和块规对刀法；采用寻边器、偏心棒和 Z 轴设定器等工具对刀法；百分表（或千分表）对刀法；专用对刀器对刀法等。

另外根据选择对刀点位置和数据计算方法的不同，又可分为单边对刀、双边对刀、转移（间接）对刀法和“分中对零”对刀法（要求机床必须有相对坐标及清零功能）等。

二、数控铣床的常用对刀方法

实训时，一般采用试切对刀法，这种方法简单方便，但会在工件表面留下切削痕迹，且对刀精度较低。

任务实施

如图 3－2－1 所示，以对刀点（此处与工件坐标系原点重合）在工件上表面中心位置为例（采用双边对刀方式），其对刀方法如下：

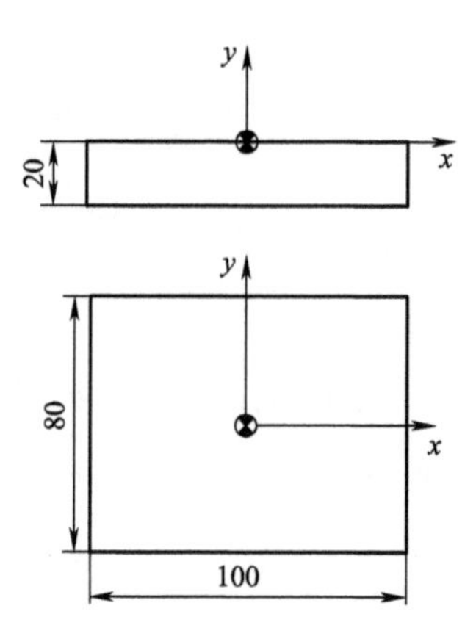

图 3－2－1　试切对刀法

1. X、Y 向对刀

①将工件用机用平口钳装夹，装夹时，工件的 4 个侧面都应留出对刀的位置。

②主轴正转，快速移动工作台和主轴，让刀具快速移动到靠近工件左侧有一定安全距离的位置，然后降低速度移动至接近工件左侧。

③靠近工件时，改用手轮进行微调操作（一般用 0.01 mm 来靠近），让刀具慢慢接近工件左侧，使刀具恰好接触到工件左侧表面（观察，听切削声音、看切痕、看切屑，只要出现其中一种情况即表示刀具接触到工件）。记下此时机床坐标系中显示的 X 坐标值，如 －240.500等。

④沿 Z 正方向退刀，至工件表面以上，用同样方法接近工件右侧，记下此时机床坐标系中显示的 X 坐标值，如 -340.500 等。

⑤由此可以算出工件坐标系原点在机床坐标系中的 X 坐标值为[-240.500 + (-340.500)]/2 = -290.500。

⑥将 X 值输入到机床工件坐标系存储地址 G54 中。

⑦同理，可测得工件坐标系原点在机床坐标系中的 Y 坐标值，并输入到 G54 中。

2. Z 向对刀

①将刀具快速移至工件上方。

②主轴正转，快速移动工作台和主轴，让刀具快速移动到靠近工件上表面有一定安全距离的位置，然后降低速度移动让刀具端面接近工件上表面。

③靠近工件时改用手轮进行微调操作(一般用 0.01 mm 来靠近)，使刀具端面慢慢接近工件表面(注意刀具特别是立铣刀最好在工件边缘下刀，刀的端面接触工件表面的面积小于刀具半径，尽量不要使立铣刀的中心孔在工件表面下刀)，使刀具端面恰好碰到工件上表面，(观察，听切削声音、看切痕、看切屑，只要出现其中一种情况即表示刀具接触到工件)。记下此时机床坐标系中的 Z 值，如 -140.400 等，则工件坐标系原点在机床坐标系中的 Z 坐标值为 -140.400。

④将 Z 值输入到机床工件坐标系存储地址 G54 中。

注意：

对刀时应注意的事项。

- 对刀过程中，可通过改变微调进给量来提高对刀精度。
- 对刀时需小心谨慎操作，尤其要注意移动方向，避免发生碰撞危险。
- 对刀数据一定要存入与程序对应的存储地址，防止因调用错误而产生严重后果。

技能训练

学生分组进行试切法的对刀练习，并设置机床参数。

复习归纳对刀的方法和注意事项，并预习仿真操作步骤。

任务三　二维外轮廓零件程序编制

教学目标

知识目标	了解刀具半径补偿的过程和指令格式，掌握数控铣床程序编制的格式
能力目标	掌握刀具半径补偿的判别和应用方法，能正确编制零件的程序，并在仿真软件中加以验证
情感目标	培养学生勤于思考的能力

任务描述

要加工出合格的零件，在制订合理的加工工艺的基础上，按照图纸及加工工艺编制数控程序就显得尤其重要。

本任务就是在充分掌握编程基本指令的基础上，认识刀具半径补偿的目的和过程，掌握刀具半径补偿指令的应用方法和判别，严格按图纸及加工工艺正确编写零件的加工程序，并能熟练修改程序，为在机床上加工出合格的零件打下基础。

复习导入

- 基本编程指令 G 指令。
- 基本编程指令 M 指令。

相关知识

在数控铣床零件加工过程中，由于刀具的磨损、现场实际刀具尺寸与编程时规定的刀具尺寸不一致和更换刀具等原因，都会直接影响最终加工尺寸，造成加工误差。为了最大限度地减少因刀具尺寸变化等原因造成的误差，目前数控铣床通常都具有刀具半径补偿功能，根据输入的修正补偿量和程序自动地加工出优质零件，否则，很难保证加工精度。同时，使用刀具半径补偿，实现了根据零件轮廓直接编程的巨变，大大简化了编程工作量。因此，理解刀具半径补偿并能正确灵活地使用刀具补偿功能，将起到事半功倍的效果，将刀具补偿和变量编程结合使用，还可实现一些复杂曲面的加工，在数控切削加工中有较强的实用价值。

一、建立刀具半径补偿的原因

在加工轮廓（包括外轮廓、内轮廓）时，由刀具的刃口进行切削，而在编制程序时，是以刀具中心来编制的，即编程轨迹是刀具中心的运行轨迹。这样，加工出来的实际轨迹与编程轨迹偏差为刀具半径，这是在进行实际加工时所不允许的。

将刀具在移动加工过程中，刀具中心与被加工工件的轮廓之间始终保持刀具的半径值，称为刀具半径偏置。加工前，将刀具的半径作为工件轮廓的偏置量，预先存入数控装置的指定存储器中。在执行加工程序时，由刀具半径补偿指令调出指定存储器中的偏置量，自动偏移刀具中心轨迹，形成正确的加工，刀具半径补偿示意图如图 3－3－1 所示。

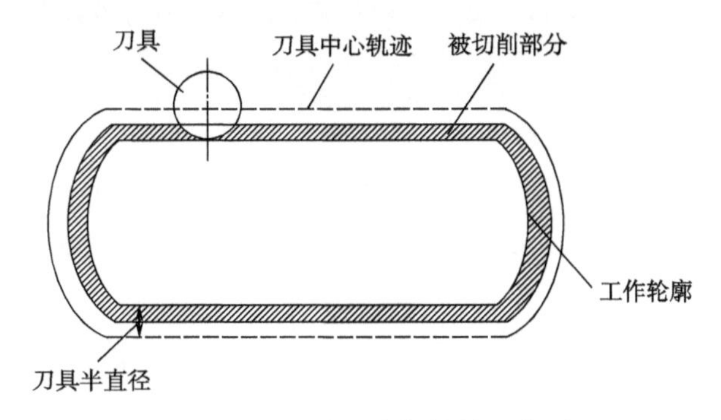

图 3－3－1　刀具半径补偿示意图

使用刀具半径补偿功能能避免繁琐的计算、简化编程。除此之外，如果使用的刀具半径改变时，不用改变加工程序，仅需修改指定存储器中存放的偏置量，就能使用新刀具加工工件。运用刀具半径自动补偿指令，还可以实现使用同一把刀具完成工件的粗、精加工。

二、判别左右刀补的方法

沿着刀具的前进方向，看刀具与工件的位置关系。如果刀具在工件的左侧，为左刀补，用指令 G41 表示。反之，用指令 G42 表示，如图 3－3－2 所示：

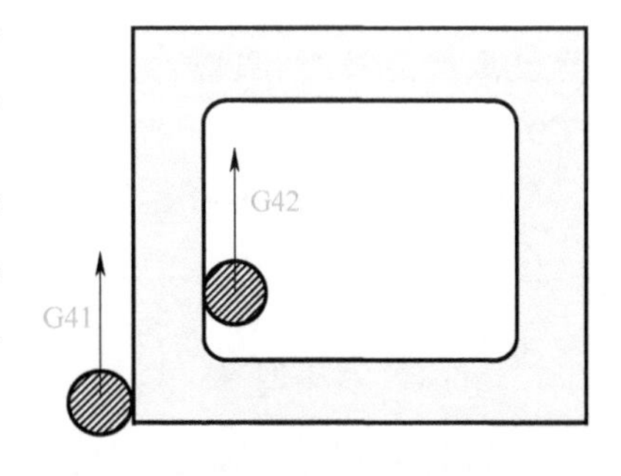

图 3－3－2　判别左右刀补的方法

数控机床上因具有滚珠丝杠副间隙补偿的功能，所以在不考虑丝杠间隙影响的前提下，从刀具寿命、加工精度、表面粗糙度而言，一般顺铣效果较好，因而 G41 指令使用较多。

用 G41 指令，相当于顺铣，常在精加工阶段采用。

用 G42 指令，相当于逆铣，常用于工件表面硬皮加工和粗加工。

三、刀具半径补偿指令

1. 建立刀具半径补偿的指令格式

$$\text{格式：}\begin{cases}\text{G41}\\\text{G42}\end{cases}\begin{cases}\text{G00}\quad \text{X}\_\ \text{Y}\_\ \text{D}\_\ \text{F}\_\\\text{G01}\quad \text{X}\_\ \text{Y}\_\ \text{D}\_\ \text{F}\_\end{cases}$$

说明：

① G41 表示刀具半径左补偿；G42 表示刀具半径右补偿。

② D 为刀具半径补偿寄存器地址字，刀具补偿的值在代码 D 中赋予。

③ X、Y 值是建立补偿直线段的终点坐标值。

注意：

★建立刀补时，只能在直线段建立，即使用 G00 或 G01，不能使用圆弧插补指令 G02 或 G03。

★刀具中心在 *XOY* 平面移动的过程中实现偏移，在 *Z* 方向移动时，不能建立刀具半径补偿。即建立补偿的程序段，必须是在补偿平面内不为零的直线移动。

★刀具半径补偿指令必须放在需加工轮廓的程序之前。即建立补偿的程序段，一般应在切入工件之前完成。

★刀补建立后，只能沿着单一方向加工，即顺时针或逆时针方向加工工件。

★当刀补数据为负值时，则 G41、G42 功效互换。

★G41、G42 指令不要重复规定，否则会产生一种特殊的补偿。

★G40、G41、G42 都是模态指令，可相互注销。

2. 取消刀具半径补偿的指令格式

格式：G40 G01/ G00　X __ Y __

说明：

① *X*、*Y* 值是刀具轨迹中取消刀具半径补偿点的坐标值。

②取消刀补时，只能在直线段建立，即使用 G00 或 G01，不能使用圆弧插补指令 G02 或 G03。

③建立刀补指令 G41/ G42 和取消刀补指令 G40 必须成对出现。

④撤销刀具半径补偿的程序段，一般应在切出工件之后完成。

四、刀具半径补偿过程

刀具半径补偿（下面简称刀补）的过程（见图 3－3－3）分为三步：

1. 刀补的建立

在刀具从起点接近工件时，刀心轨迹从与编程轨迹重合过渡到与编程轨迹偏离一个偏置量的过程。

2. 刀补进行

刀具中心始终与编程轨迹相距一个偏置量直到刀补撤销。

3. 刀补撤销

刀具离开工件，刀心轨迹要过渡到与编程轨迹重合的过程。

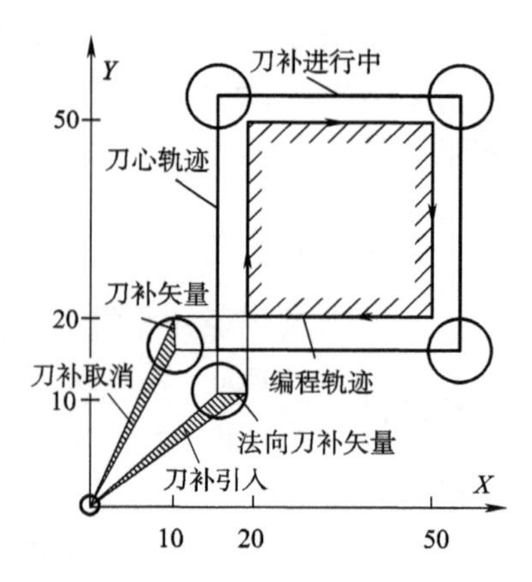

图 3－3－3　刀具半径补偿过程

任务实施

1. 确定零件的外轮廓进给路线(见图3-3-4)

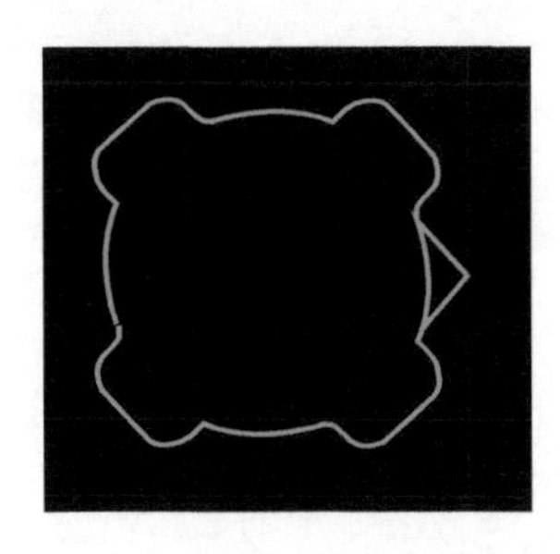

图3-3-4　零件的外轮廓进给路线

2. 编制程序(见表3-3-1)

表3-3-1　参考程序

程序名	程序说明
O0001	
G54 G90 G17 G00 Z100.	建立工件坐标系,绝对坐标编程,指定 *XY* 平面,快进到工件上方100 mm处
M03 S1000	主轴正转,转速1 000 r/min
G00 X60. Y0.	快速定位到 *X*60. Y0.
G00 Z5.	快进到工件上方5 mm处
G01 Z-4.95 F30	以进给速度30 mm/min,直线插补到工件表面下方4.95 mm处
G41 D01 G01 X39.783 Y15.253 F100	设置刀具半径左补偿
G02 X39.783 Y-15.253 R42.74	
G03 X41.696 Y-24.423 R10.	
G01 X44.723 Y-27.451	
G02 X44.273 Y-33.494 R4.274	
G01 X33.494 Y-44.273	
G02 X27.451 Y-44.723 R4.274	
G01 X24.423 Y-41.696	
G03 X15.253 Y-39.783 R10.	
G02 X-15.253 Y-39.783 R42.74	
G03 X-24.423 Y-41.696 R10.	
G01 X-27.451 Y-44.723	
G02 X-33.494 Y-44.273 R4.274	
G01 X-44.273 Y-33.494	
G02 X-44.723 Y-27.451 R4.274	
G01 X-41.696 Y-24.423	
G03 X-39.783 Y-15.253 R10.	
G02 X-39.783 Y15.253 R42.74	
G03 X-41.696 Y24.423 R10.	

续上表

程　序　名	程序说明
G01 X-44.723 Y27.451	
G02 X-44.273 Y33.494 R4.274	
G01 X-33.494 Y44.273	
G02 X-27.451 Y44.723 R4.274	
G01 X-24.423 Y41.696	
G03 X-15.253 Y39.783 R10.	
G02 X15.253 Y39.783 R42.74	
G03 X24.423 Y41.696 R10.	
G01 X27.451 Y44.723	
G02 X33.494 Y44.273 R4.274	
G01 X44.273 Y33.494	
G02 X44.723 Y27.451 R4.274	
G01 X41.696 Y24.423	
G03 X39.783 Y15.253 R10.	
G02 X39.783 Y-15.253 R42.74	
G40 G01 X60. Y0.	取消刀具半径补偿
G01 Z5.	抬刀至工件上表面 5 mm 处
G00 Z100.	快进定位到工件上方 100 mm 处
M30	

技能训练

根据图纸要求和加工工艺,独立编写数控程序。

课后思考

复习刀具半径补偿的指令格式和刀补建立的方法,并预习数控铣床操作步骤。

任务四　二维外轮廓零件仿真练习

教学目标

知识目标	熟练掌握二维外轮廓零件的仿真操作步骤
能力目标	掌握数控铣床仿真软件验证程序的方法
情感目标	培养学生独立思考的能力，增强工作责任意识

任务描述

本任务就是将编写好的零件加工程序在数控仿真系统中进行验证与修改，并用仿真操作步骤将零件模拟加工出来。

复习导入

- 零件加工工艺分析 → 零件编程 → 程序校验 → ？

相关知识

参考任务三。

任务实施

FANUC 0i 机床仿真操作步骤

1. 激活机床

打开数控仿真软件，选择 FANUC 0i 铣床（见图 3－4－1），单击“启动”按钮，松开“急停”按钮。

2. 机床回参考点

按“回原点”键，然后按“Z”“＋”、“X”“＋”、“Y”“＋”键，屏幕出现如图 3－4－2 所示图框，表示已回零。

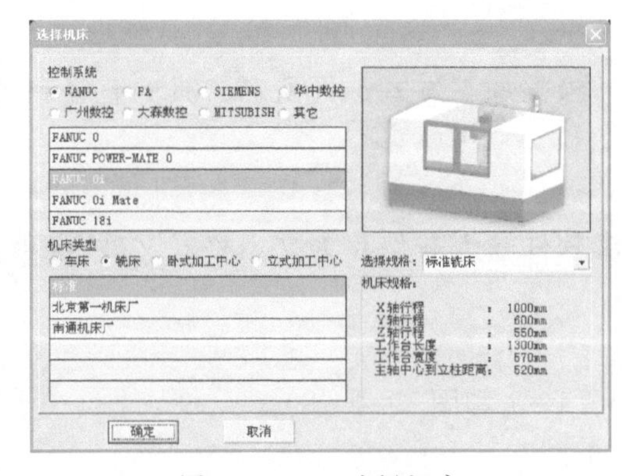

图 3－4－1　选择机床

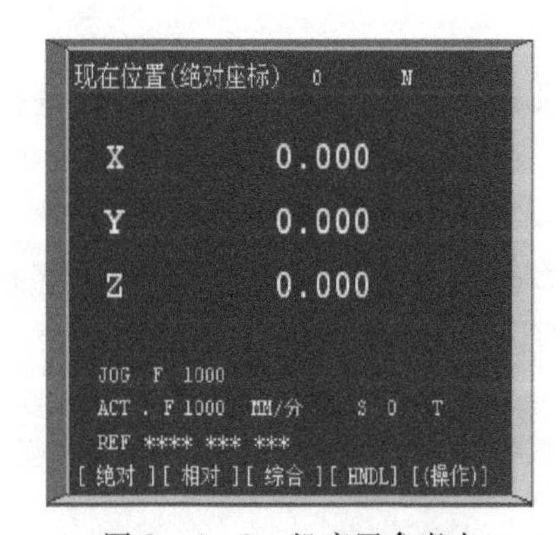

图 3－4－2　机床回参考点

3. 定义毛坯与选择刀具

①定义毛坯。单击菜单“零件/定义毛坯”，参数如图 3－4－3 所示，单击“确定”按钮。

②安装夹具。单击菜单“零件/安装夹具…”，在选择零件对话框中，选取名称为“毛坯1”的零件，在“选择夹具”对话框中，选取名称为“平口钳”的夹具，夹具尺寸用缺省值，可适当调整其上下位置，单击“确定”按钮，如图 3－4－4 所示。

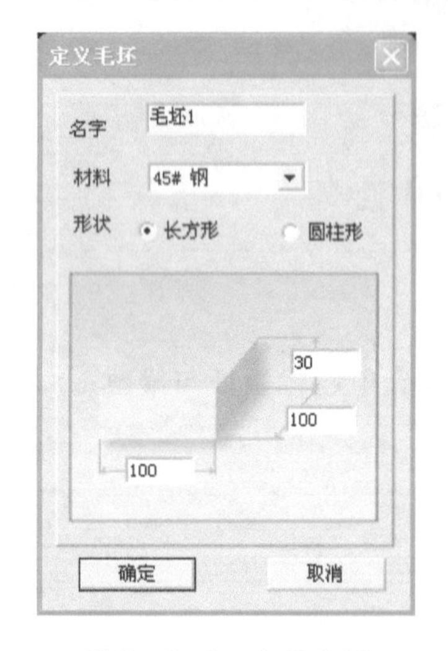

图 3－4－3　定义毛坯

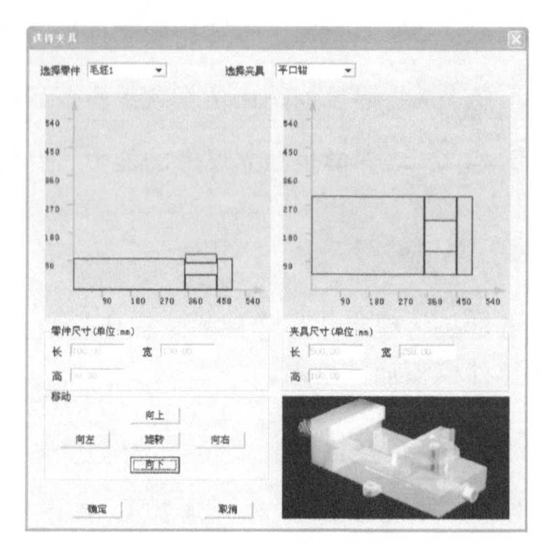

图 3－4－4　安装夹具

③放置零件。单击菜单“零件/放置零件…”，在选择零件对话框（见图 3－4－5）中，选取名称为“毛坯 1”的零件，单击“安装零件”按钮，界面上出现控制零件移动的面板，可以移动零件，也可按“退出”按钮。此时，零件已放置在机床工作台面上。

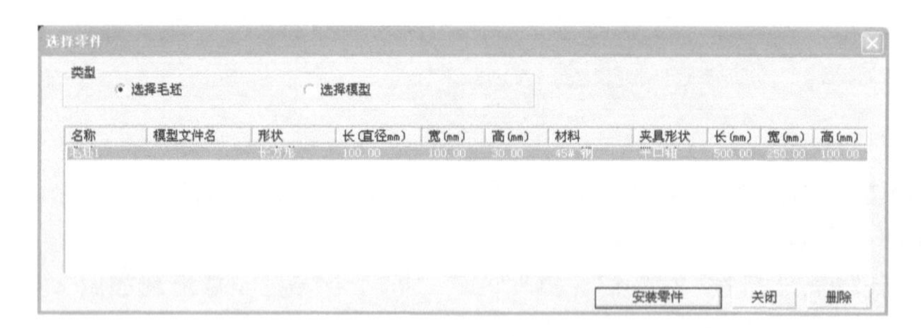

图 3－4－5　选择零件对话框

④选择刀具。单击菜单“机床/选择刀具”，根据加工方式选择所需刀具的直径和类型。然后单击“确认”按钮，如图 3－4－6 所示。

4. 输入（调用）程序

数控程序可以通过记事本或写字板等编辑软件输入并保存为文本格式文件，也可直接用 FANUC 系统的 MDI 键盘输入。

5. 检查运行轨迹

数控程序编完后，应检查运行轨迹（见图 3－4－7 和图 3－4－8）。

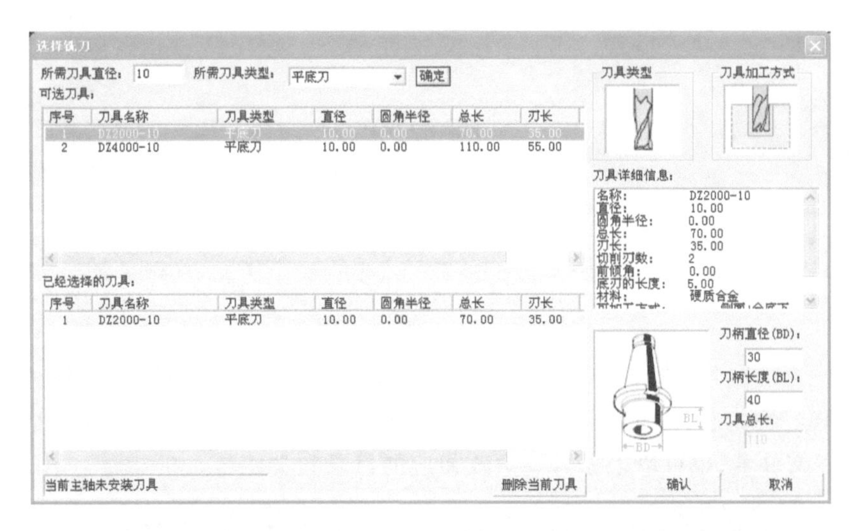

图 3-4-6　选择铣刀

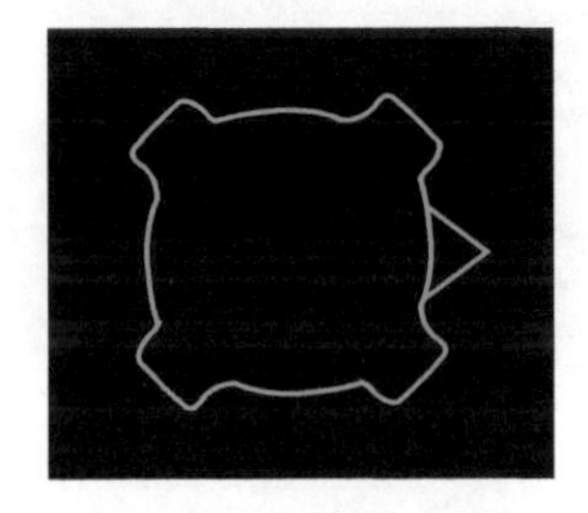

图 3-4-7　不加刀补

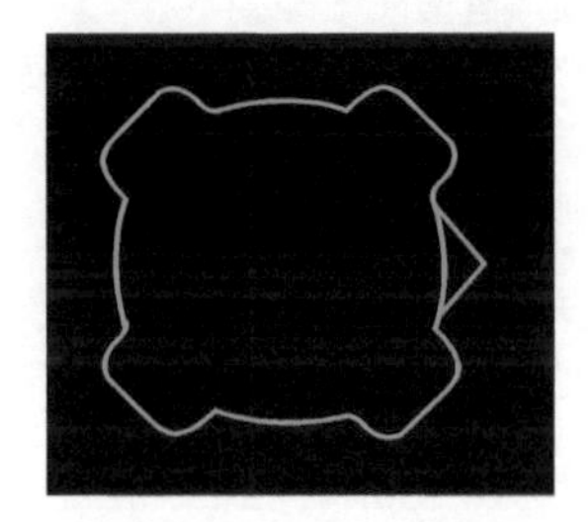

图 3-4-8　加刀补

6. 手动对刀，设置参数(见图 3-4-9)

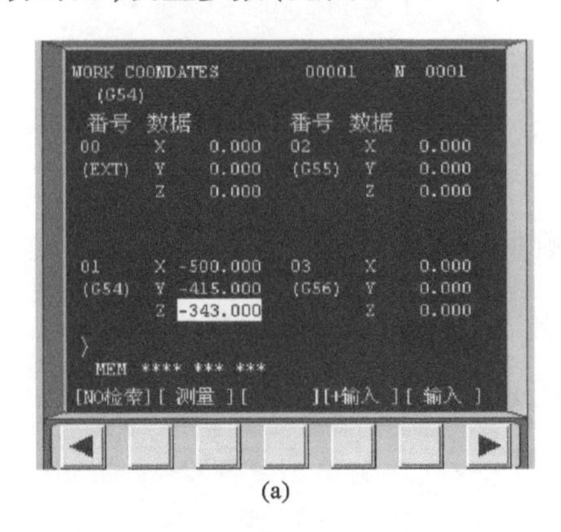

(a)

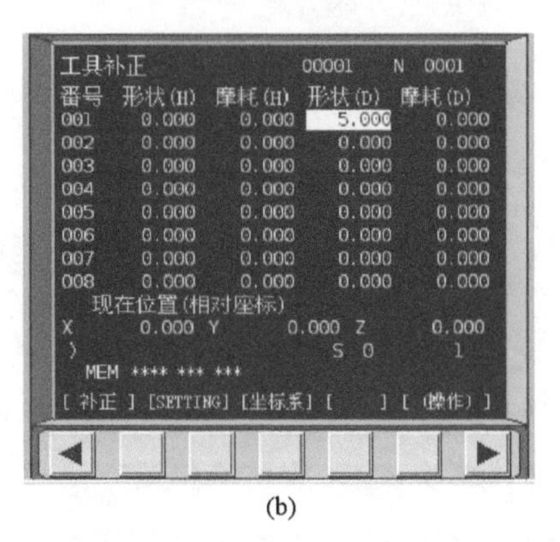

(b)

图 3-4-9　设置参数

7. 自动运行

机床位置确定和刀补数据输入后，就可以开始自动加工了。单击“自动运行”按钮，单击“循环启动”按钮，加工零件。加工完毕后切除多余材料，如图 3-4-10 和图 3-4-11 所示。

8. 保存文件

单击菜单“文件/保存项目”，出现如图 3-4-12 所示的对话框。选择相应的内容进行保存，也可以选中所有的内容进行保存。

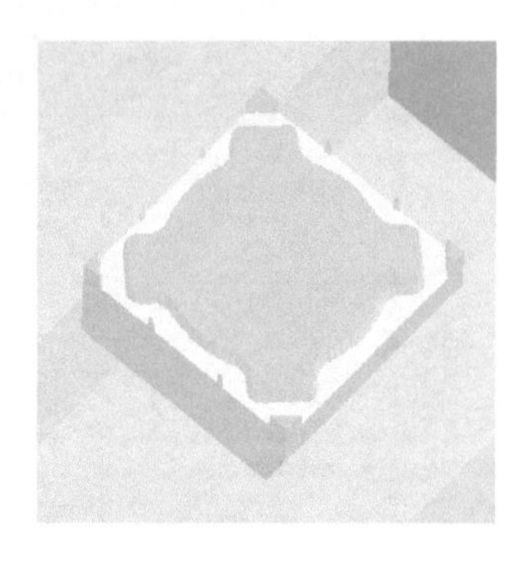

图 3－4－10　零件加工完毕

图 3－4－11　零件切除多余材料

单击“确定”按钮后，出现如下图 3－4－13 所示的“另存为”对话框。该对话框为默认的保存文件夹和文件名，也可以根据需要更改相应的目录和文件名。

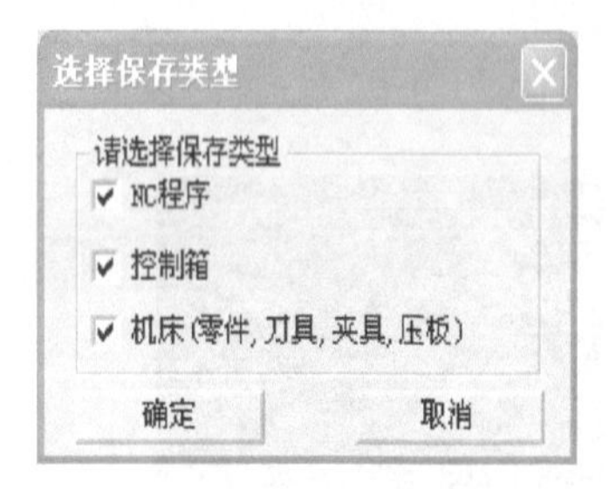

图 3－4－12　“选择保存类型”对话框

图 3－4－13　“另存为”对话框

注意：

以上的仿真加工操作需要保存，为后面的练习打下基础。

分析和讨论仿真加工不能顺利完成的原因。

- 打开仿真后不能动：急停是否弹开、电源是否打开、回零操作是否做过。
- 程序无法输入：功能按钮是否放在编辑状态，程序名是否输入。
- 撞刀：对刀操作是否做过或对刀是否准确无误、对刀的数值是否输入准确。
- 加工到一半停止并显示出错：程序编错或输入错。查程序时在停止段开始处往后查 3～5 段。
- 撞刀或误操作后无法继续操作：可将工件拆掉进行复位、回零操作后再装工件加工。
- 程序输错：检查时注意是否漏输、少输，是否漏掉小数点，是否由于手误造成指令格式错。

技能训练

进行数控仿真练习。

课后思考

任务五　二维外轮廓零件铣削练习

教学目标

知识目标	掌握数控铣床的铣削加工方法
能力目标	能正确操作数控铣床,合理设置参数,加工出合格零件
情感目标	培养学生积极动手的能力和独立思考的能力

任务描述

本任务是对零件进行仿真模拟加工,校验程序的基础上,熟练使用数控铣床进行二维外轮廓零件的铣削加工,并且加工出符合图纸要求的合格零件。

- 数控仿真软件。
- 零件仿真。

相关知识

参考任务一、任务二、任务三和任务四。

任务实施

一、加工准备

①阅读零件图,并按图纸要求检查坯料的尺寸。

②选择 FANUC 0i 机床,开机,机床回参考点。

③输入程序,并校验该程序。

④安装夹具,夹紧工件。

先将机用平口钳固定在铣床工作台上,用百分表校正钳口的平行度。然后将毛坯装夹在平口钳上,用百分表校正工件后,将其固定。

⑤准备刀具。根据加工工艺分析和加工程序,将所需的平底铣刀牢固地装在弹簧夹头刀柄上,然后将弹簧夹头刀柄安装到主轴锥孔中。安装刀具时要保证刀具伸出长度满足零件的厚度,还要考虑刀具的刚性。

二、对刀,并正确输入刀具补偿值

1. *X*、*Y* 向对刀

采用接触法对刀,并输入其值到 OFFSET 机能画面中的 G54 中。

2. *Z* 向对刀

采用接触法对刀,并输入其值到 OFFSET 机能画面中的 G54 中。

3. 刀具半径补偿输入

将刀具半径值输入到 OFFSET 机能画面中的刀具补正画面上的形状 D 中。

三、程序校验

锁住机床,将加工程序输入到数控系统中,在“图形模拟”功能下,实现图形轨迹的校验。

把工件坐标系的 *Z* 值朝正方向平移 50 mm,方法是在 G54 参数中输入 50,按下启动键,适当降低进给速度,检查刀具运动是否正确。

四、加工工件

把工件坐标系的 *Z* 值恢复原值,将进给速度打到低挡,单段执行,按下“启动”键。机床加工时,适当调整主轴转速和进给速度,保证加工正常。

五、尺寸测量

程序执行完毕后,用游标卡尺测量轮廓尺寸和长度尺寸,根据测量结果,修改相应刀具补偿值的数据,重新执行程序,精加工工件,直到加工出合格的产品。

六、结束加工

松开夹具,卸下工件,清理机床。

技能训练

在规定时间内，学生根据零件图（见图 3－5－1 和图 3－5－2）要求，填写数控铣削加工工艺卡片和刀具卡片，编制程序后进行零件的仿真加工。

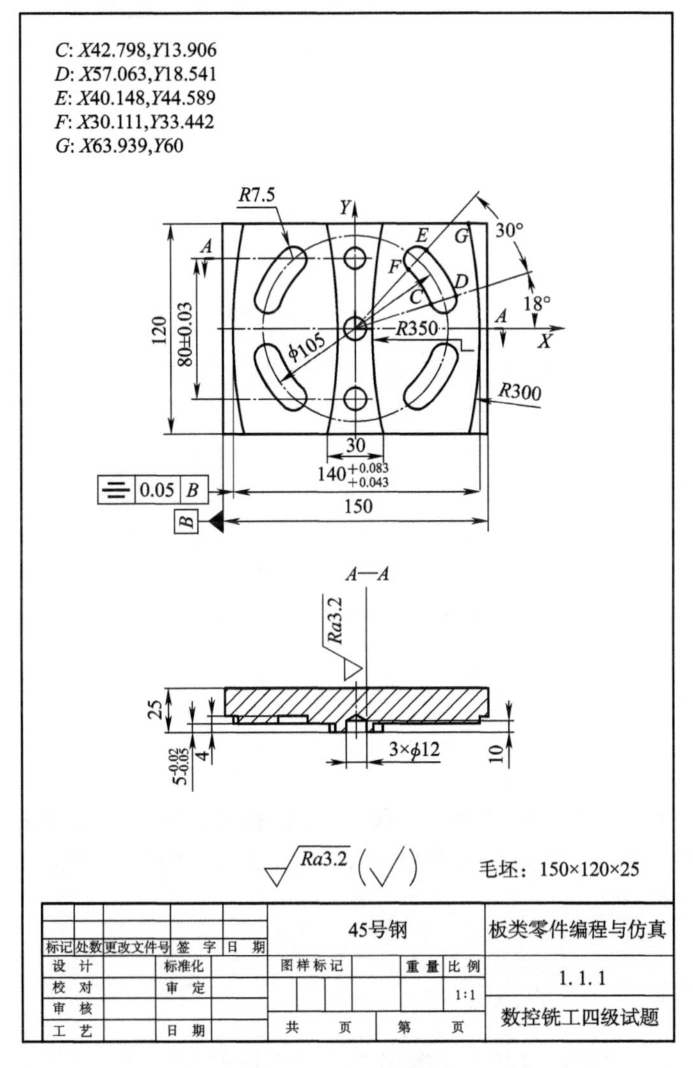

图 3－5－1　零件图

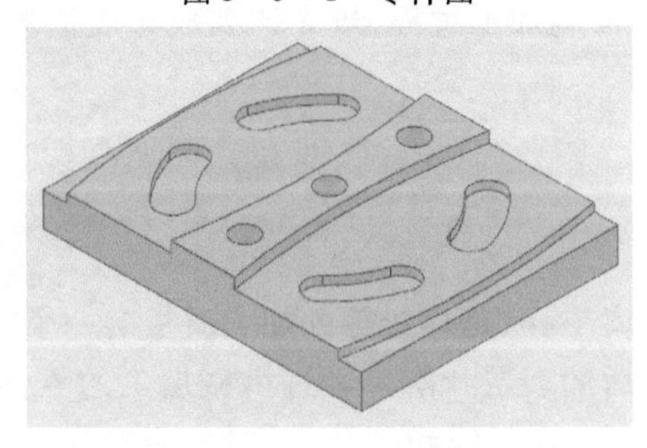

图 3－5－2　效果图

课后思考

任务六　二维外轮廓零件质量分析

教学目标

知识目标	了解零件表面质量的相关内容
能力目标	掌握影响表面粗糙度的因素及改进措施
情感目标	培养学生积极动手的能力

任务描述

本任务就是通过分析机械加工表面质量的含义、表面质量对使用性能的影响等，对实际生产中发生的表面质量问题从理论上作出解释，提出提高机械加工表面质量的途径，以帮助学生加工出合格的零件。

任务导入

研究机械加工表面质量就是为了掌握机械加工各种工艺因素对加工表面质量影响的规律，以便运用这些规律来控制加工过程，最终达到改善表面质量、提高零件使用性能的目的。

相关知识

表面质量与机械加工精度一样，是衡量零件加工质量的一个重要指标。

表面质量是指零件加工后的表层状态。经过机械加工的零件表面总是存在一定程度的微观不平、冷作硬化、残余应力、金相组织变化等，虽然只产生在很薄的表面层，但对零件的使用性能的影响很大。

一、基本概念

1. 表面粗糙度

是指加工表面的微观几何形状误差。

2. 表面波纹度

是指零件表面周期性的几何形状误差。

3. 表面层冷作硬化

是指在机械加工过程中，因塑形变形而引起的表面层金属硬度提高的现象。

4. 表面层金相组织变化

是指在机械加工过程中，由于切削热的作用而引起的表面层金属金相组织发生变化。

5. 表面层残余应力

是指在机械加工过程中，因塑形变形和金相组织的可能变化而产生的内应力。

二、表面质量对零件使用性能的影响

1. 表面质量对耐磨性的影响

(1)表面粗糙度对耐磨性的影响

零件的使用寿命常常是由耐磨性决定的。零件磨损一般可以分为三个阶段：初期磨损阶段、正常磨损阶段和剧烈磨损阶段。

表面粗糙度对零件表面磨损的影响很大。一般来说表面粗糙度值越小，其抗磨损性越好。但表面粗糙度值太小，润滑油不易储存，接触面之间容易发生分子黏结，磨损反而增加。表面粗糙度值与零件的工作情况也有关，工作载荷加大时，初期磨损量增大，表面粗糙度值也加大。

(2)表面冷作硬化对耐磨性的影响

加工表面的冷作硬化使摩擦副表面层金属的显微硬度提高，所以一般可使耐磨性提高。但也不是冷作硬化程度越高，耐磨性就越好，因为过分的冷作硬化会引起金属组织过度疏松，甚至出现裂纹和表层金属的剥落，使耐磨性下降。

2. 表面质量对疲劳强度的影响

金属受交变载荷作用后产生的疲劳破坏往往发生在零件表面和表面冷硬层下面。因此零件的表面质量对疲劳强度影响很大。

(1)表面粗糙度对疲劳强度的影响

在交变载荷作用下，表面上微观不平的凹谷处容易形成应力集中，产生和加剧疲劳裂纹从而导致疲劳损坏。表面粗糙度值越大，表面的纹痕越深，纹底半径越小，抗疲劳破坏的能力就越差。

(2)残余应力、冷作硬化对疲劳强度的影响

残余应力对零件疲劳强度的影响很大。表面层残余拉应力将使疲劳裂纹扩大，加速疲劳破坏，而表面层残余应力能够阻止疲劳裂纹的扩展，延缓疲劳破坏的产生。

零件表面的冷硬层，有助于提高疲劳强度，因为强化过的表面冷硬层具有阻碍裂纹继续扩大和新裂纹产生的能力。

3. 表面质量对配合质量的影响

表面粗糙度值的大小将影响配合表面的配合质量。在间隙配合中，如果配合表面粗糙，则在初期磨损阶段迅速磨损，使配合间隙增大，改变了配合性质。在过盈配合中，如果配合表面粗糙，则装配后一部分表面凸峰被挤平，实际过盈量减少，降低了配合件之间的连接强度。

4. 表面质量对耐蚀性的影响

零件的耐蚀性在很大程度上取决于表面粗糙度。表面粗糙度值越大，则凹谷中聚集腐蚀性的物质就越多，渗透与腐蚀作用越强烈。所以，减小表面粗糙度，可以提高零件的耐蚀性。

三、影响表面粗糙度的因素及改进措施

切削加工时，影响表面粗糙度的因素主要有以下几个方面：

1. 工件材料

加工塑形材料时，由于刀具对金属的挤压产生了塑形变形，刀具迫使切屑与工件分离的撕裂作用使表面粗糙度加大。工件材料的韧性越好，金属的塑形变形越大，加工表面就越粗糙。对于同种材料，其晶粒组织越大，加工表面粗糙度就越大。

加工脆性材料时，其切屑呈碎粒状，由于切屑的崩碎而在加工表面留下了许多麻点，从而使表面粗糙。

减小加工表面粗糙度的方法：在切削加工前对材料进行调质或正火处理，以获得均匀、细密的晶粒组织和较高的硬度。

2. 刀具几何参数

刀具相对于工件作进给运动时，会在加工表面留下切削层的残留面积。所以，刀具的主偏角、副偏角、刀尖圆弧半径等对零件表面粗糙度有直接影响。

减小加工表面粗糙度的方法：减小进给量、主偏角和副偏角，可以减小刀面间的摩擦；增大刀尖圆弧半径，可以减小残留面积的高度；适当增大前角和后角，可以减小切削时的塑形变形程度，抑制积屑瘤的产生。

3. 切削用量

进给量越大，残留面积高度越高，零件的表面越粗糙。在中速加工塑性材料时，容易产生积屑瘤，且塑性变形较大，加工后的零件表面粗糙度较大。

减小加工表面粗糙度的方法：减小进给量可以有效地减小表面粗糙度。切削速度通常采用低速或高速切削塑形材料，可以避免积屑瘤的产生，对减小表面粗糙度有积极的作用。

4. 切削液

切削液的冷却作用可以使切削温度降低，切削液的润滑作用可以使摩擦状况得到改善，从而使塑性变形程度下降，抑制积屑瘤的生长。所以，正确选用切削液对降低表面粗糙度有很大的作用。

任务实施

填写数控实训加工质量评分表 3－6－1。

表 3－6－1　数控实训加工质量评分表

班级：			姓名：	学号：		工种：
项目序号：			项目名称：			
分类	序号	检测内容	配分	学生自测	教师检测	得分
工艺分析与程序编制	1	工艺与刀具卡片填写完整	10			
	2	程序编制正确、简洁	10			
	3	零件仿真模拟加工	10			
评分教师		加工时间		总得分		
加工操作	1	尺寸一：	8			
	2	尺寸二：	8			
	3	尺寸三：	8			
	4	尺寸四：	8			
	5	尺寸五：	8			
	6	表面粗糙度	8			
	7	零件加工完整性	7			
	8	工量具正确使用	5			
	9	设备正常操作、维护保养	5			
	10	文明生产和机床清洁	5			
评分教师		加工时间		总得分		

实训时间：____________________

上海市工业技术学校

技能训练

测量与检验零件，并填写质量分析表。

课后思考

复习表面质量对零件加工的重要性及其影响因素。

项目四

二维内轮廓零件铣削加工

项目导入

使用数控铣床进行二维内轮廓零件铣削加工。

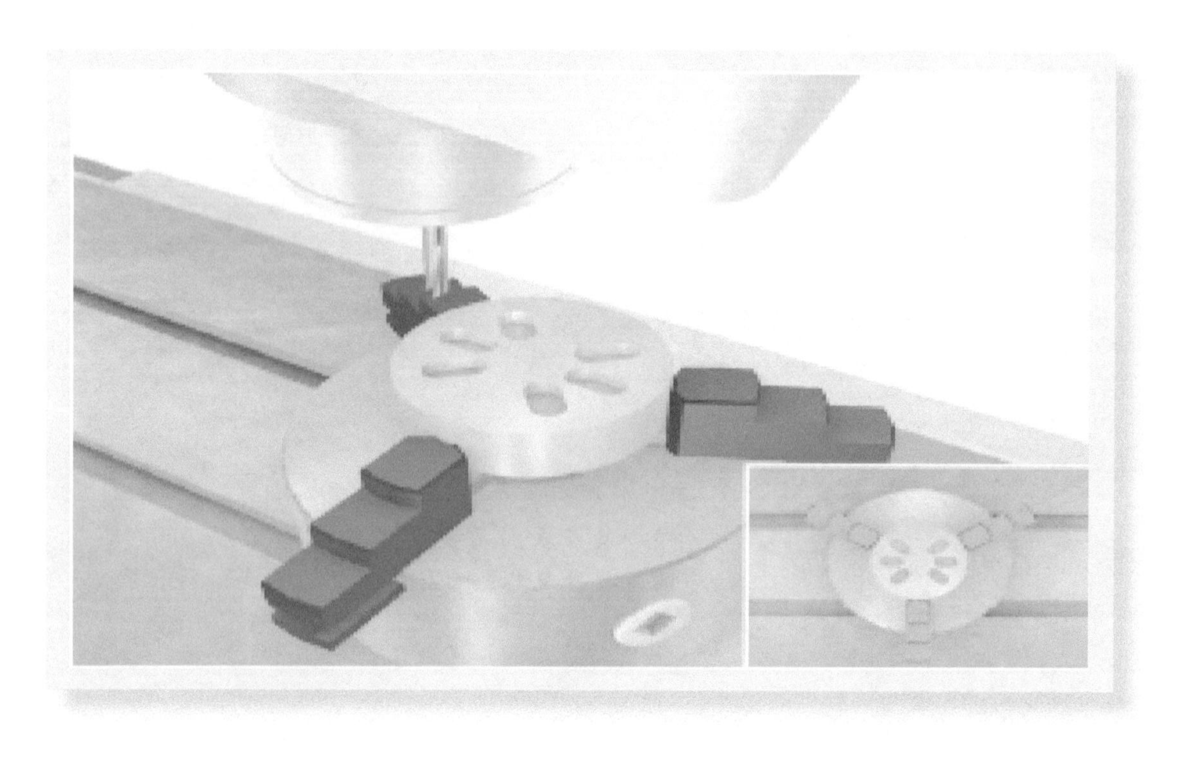

零件图和效果图如图 4－0－1 和图 4－0－2 所示。

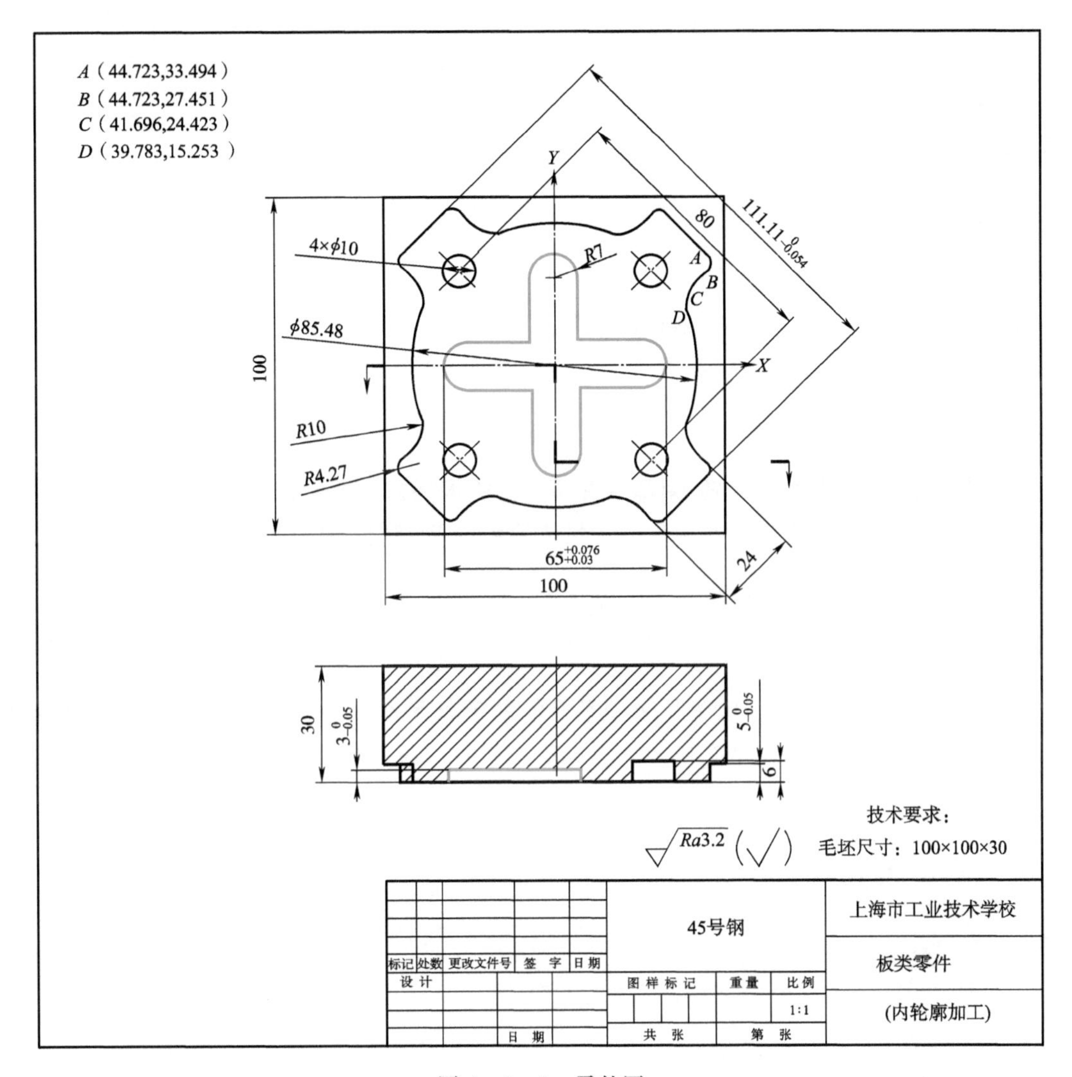

图 4－0－1　零件图

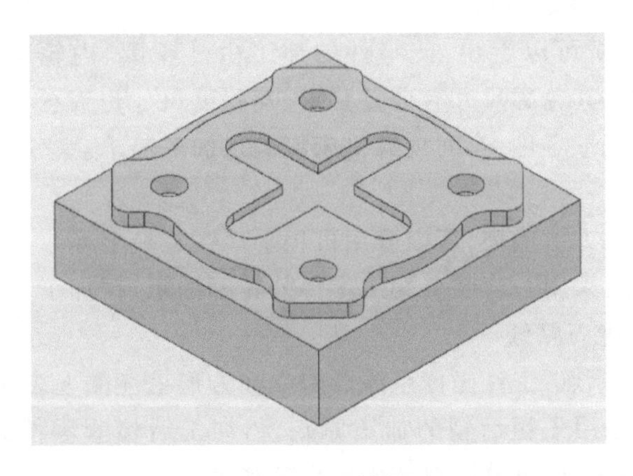

图 4－0－2　效果图

任务一　二维内轮廓零件加工工艺分析

教学目标

知识目标	了解二维内轮廓零件的铣削加工工艺
能力目标	能合理确定二维内轮廓零件的加工工艺路线及切削用量
情感目标	激发学生的主观能动性

任务描述

本任务就是以零件图为基础，对零件的结构、技术要求、坐标点的计算、切削加工工艺、加工顺序、走刀路线、刀具及切削用量的选择等进行全面、详细地分析，为后面的编程及加工活动作充分准备。

复习导入

在数控铣削加工工艺中，进给路线对零件的加工精度和表面质量有直接的影响。因此，确定好进给路线是保证铣削加工精度和表面质量的工艺措施之一。

相关知识

参考项目二任务一。

任务实施

一、拟定零件加工工艺

1. 零件的结构、技术要求分析

经过对零件图的分析可以看出，此零件的加工由外轮廓、内轮廓和孔系加工三部分组成。内轮廓为十字轮廓，其轮廓尺寸有公差要求，其深度尺寸也有公差要求。毛坯材料为45号钢，上道工序零件为成形零件，车间现有机床能满足加工需求。

2. 切削工艺分析

①装夹工具：由于是方形毛坯，所以采用机用平口钳装夹毛坯。

②加工方案的选择：采用一次装夹完成零件外轮廓的粗、精加工。

3. 确定加工顺序，走刀路线

①建立工件坐标系原点：工件坐标系原点建立在方形毛坯的上表面中心。

②确定加工原则：采用先粗后精的加工原则，粗加工后检测零件的几何尺寸，根据检测结果决定刀具的磨耗修正量，再分别对零件进行精加工。

③确定加工起刀点：加工起刀点设在工件的表面中心上方100 mm。

④确定加工顺序：采用“先面后孔”“先外轮廓后内轮廓”的加工顺序。

⑤铣削内轮廓的进给路线。

铣削封闭的内轮廓表面时，同铣削外轮廓一样，刀具同样不能沿轮廓曲线的法向切入和切出。如果内轮廓曲线允许外延，应沿着切线方向切入切出。如果内轮廓曲线不允许外延，刀具只能沿着内轮廓曲线的法向切入切出，此时刀具的切入切出点应尽量选在内轮廓曲线两几何元素的交点处。

铣削内圆弧时（见图4－1－1），也要遵循切向切入的原则，最好安排从圆弧过渡到圆弧的加工路线，这样可以提高内轮廓表面的加工精度和加工质量。

如图4－1－2所示为铣切内圆的进给路线。此时刀具沿一过渡圆弧切入和切出工件轮廓，这样可以提高内轮廓表面的加工精度和加工质量。图中 R_1 为零件圆弧轮廓半径，R_2 为过渡圆弧半径。

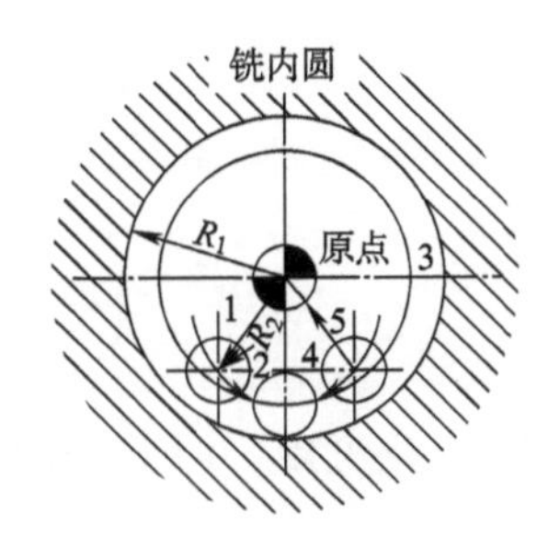

图4－1－1　内整圆铣削

图4－1－2　二维内轮廓零件的进给路线

4. 刀具与切削用量的选择

①刀具选择：根据零件的结构特点，铣削时采用 ϕ10 的键槽铣刀。

②切削用量选择：根据工件材料、工艺要求进行选择。主轴转速粗加工时取 $S=800$ r/min，精加工时取 $S=1\ 000$ r/min，进给量轮廓粗加工时取 $f=100$ mm/min，轮廓精加工时取 $f=80$ mm/min，Z 向下刀时进给量取 $f=30$ mm/min。

二、编写数控加工工艺卡片（见表4－1－1）和数控刀具卡片（见表4－1－2）

表4－1－1　数控加工工艺卡片

<table>
<tr><td colspan="4" rowspan="2">零件编程与仿真单元数控加工工艺卡</td><td colspan="2">零件代号</td><td colspan="2">材料名称</td><td>零件数量</td></tr>
<tr><td colspan="2"></td><td colspan="2">45号钢</td><td>1</td></tr>
<tr><td>设备名称</td><td>数控铣床</td><td>系统型号</td><td>FANUC</td><td colspan="2">夹具名称</td><td>机用平口钳</td><td>毛坯尺寸</td><td>100×100×30</td></tr>
<tr><td>工序号</td><td colspan="3">工序内容</td><td>刀具号</td><td>主轴转速（r·min⁻¹）</td><td>进给量（mm·min⁻¹）</td><td>背吃刀量（mm）</td><td>备注</td></tr>
<tr><td>一</td><td colspan="3">1. 安装平口钳并用百分表校正固定钳口，以底面作为定位基准，平口钳夹紧工件，夹持工件高出平口钳10mm左右，在工件上表面中心建立工件坐标系原点。</td><td></td><td></td><td></td><td></td><td></td></tr>
</table>

续表

工序号	工序内容					刀具号	主轴转速 (r·min⁻¹)	进给量 (mm·min⁻¹)	背吃刀量 (mm)	备注
	2. 用 ϕ10 键槽铣刀粗精加工十字内轮廓，保证尺寸 $64.96^{+0.076}_{+0.03}$，保证深度 $3^{\ 0}_{-0.05}$					T1	800/1 000	100/80	2/1	O0002
二	检测，拆卸工件，去毛刺。									
编制		审核		批准			年 月 日		共 1 页	第 1 页

表 4-1-2 数控刀具卡片

序号	刀具号	刀具名称	刀片/刀具规格	刀尖圆弧	刀具材料	备注
1	T1	键槽铣刀	ϕ10		高速钢	
编制		审核		批准		年 月 日	共 1 页	第 1 页

技能训练

根据所学知识，分组讨论、拟定二维内轮廓零件的加工工艺、优化方案，并填写数控铣削加工工艺卡片（见表 4-1-3）和数控刀具卡片（见表 4-1-4）。

表 4-1-3 数控加工工艺卡片

零件编程与仿真单元数控加工工艺卡						零件代号		材料名称		零件数量
设备名称		系统型号				夹具名称			毛坯尺寸	
工序号	工序内容					刀具号	主轴转速 (r·min⁻¹)	进给量 (mm·min⁻¹)	背吃刀量 (mm)	备注
编制		审核		批准			年 月 日		共 1 页	第 1 页

表 4－1－4　数控刀具卡片

序号	刀具号	刀具名称		刀片/刀具规格		刀尖圆弧	刀具材料	备注
编制		审核		批准		年　月　日	共1页	第1页

课后思考

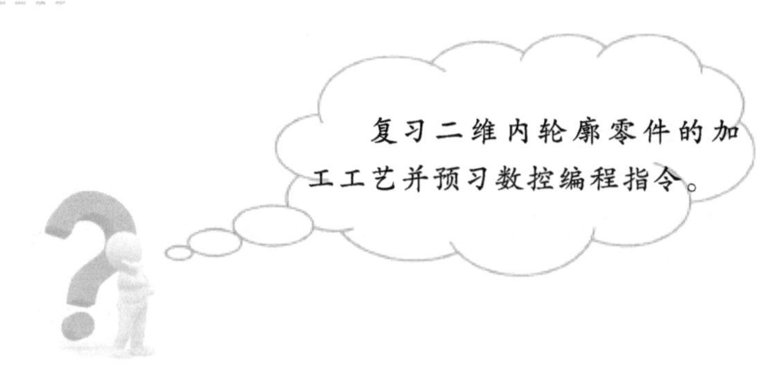

任务二　二维内轮廓零件程序编制

教学目标

知识目标	了解坐标平面选择和工件坐标系设定的指令格式，掌握数控铣床程序编制的格式
能力目标	掌握坐标平面选择指令的参数应用，能正确编制零件的程序，并在仿真软件中加以验证
情感目标	培养学生勤于思考的能力

任务描述

要加工出合格的零件，在制订合理的加工工艺的基础上，按照图纸及加工工艺编制数控程序就显得尤其重要。

本任务就是在充分掌握编程基本指令的基础上，掌握坐标平面选择指令和工件坐标系设定指令的格式和应用方法。严格按图纸及加工工艺正确地编写零件的加工程序，并能熟练修改程序，为在机床上加工出合格的零件打下基础。

复习导入

- 基本编程指令 G 指令。
- 基本编程指令 M 指令。

相关知识

一、坐标平面选择指令（G17;G18;G19）

坐标平面选择指令（见图 4－2－1）用于选择圆弧插补平面和刀具补偿平面。

1. 指令格式

格式：G17 / G18 / G19

说明：G17——选择 *XOY* 平面。（即指定 *X*、*Y* 平面上加工）

G18——选择 *XOZ* 平面。

G19——选择 *YOZ* 平面。

2. 坐标平面内的编程方法

由于数控铣床多数时候在 *XY* 平面内加工，数控系统默认 G17 指令，故 G17 指令一般可省略。

移动指令与平面选择无关，例如 G17 Z _，*Z* 轴不存在 *XOY* 平面上，但这条指令可使机床在 *Z* 轴方向上产生移动。

该组指令为模态指令，在数控铣床上，数控系统初使状态一般默认为 G17 状态。若要在其他平面上加工则应使用坐标平面选择指令。

平面选择的不同将影响到圆弧插补时圆弧方向的定义。例：在 G17 平面内，沿着 *Y* 轴，由正方向向负方向看去，顺时针方向为 G02，逆时针方向为 G03，G18、G19 平面依次类推，如图 4－2－2 所示。

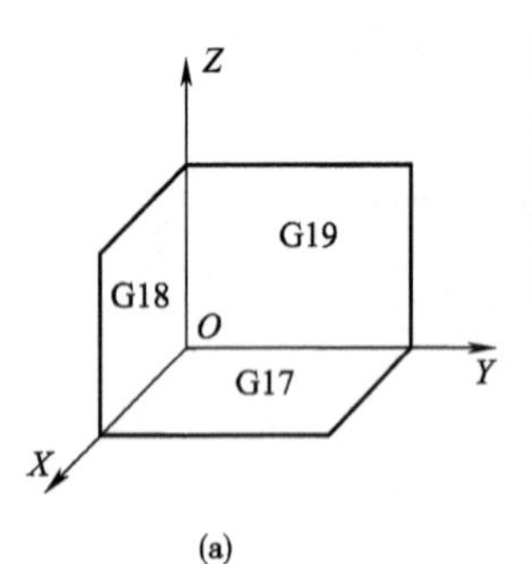

(a)

指令	加工平面	深度轴
G17	XY	Z
G18	ZX	Y
G19	YZ	X

注意：平面选择的不同，影响到圆弧插补时圆弧方向的定义。

(b)

图 4－2－1　坐标平面选择指令

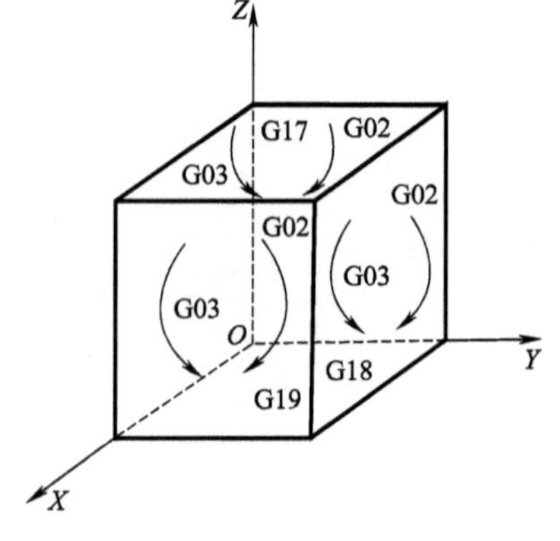

图 4－2－2

例如：G18 G02 X5.0 Z－10.0 R3.0 F200；

说明：在 *XOZ* 平面内进行圆弧插补，圆弧顺逆的判别方法为：顺着第三轴（*Y* 轴）的正方向向负方向看去，从而得出圆弧的顺逆。

二、工件坐标系设定指令（G92）

格式：G92　X＿Y＿Z＿

说明：

其中，X、Y、Z 表示刀具刀位点在工件坐标系中的坐标值。

该指令设定起刀点即程序开始运动的起点，从而建立工件坐标系。工件坐标系原点又称为程序零点，执行 G92 指令后，也就确定了起刀点与工件坐标系坐标原点的相对距离。

例如：

如图 4－2－3 所示，工件坐标系原点在 O 点，刀具起刀点在 A 点，则设定工件坐标系程序段为：G92 X30.0 Y40.0 Z20.0

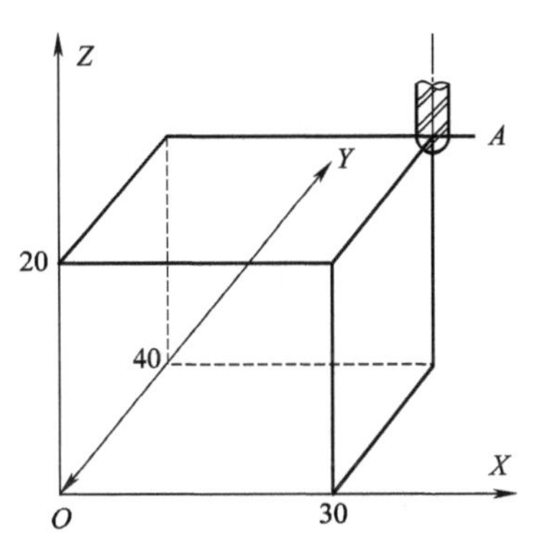

图 4－2－3　G92 设定工件坐标系

注意：

★ G92 指令只是设定工件坐标系，机床（刀具或工作台）并未产生任何移动。所以，G92 指令执行前的刀具位置，需放在程序所需要的位置上。如果刀具在不同的位置，则设定的工件坐标系的坐标原点位置也会不同。

★ 对于尺寸较复杂的工件，为了计算简单，在编程中可以任意改变工件坐标系的程序零点。

任务实施

1. 拟定零件的内轮廓进给路线（见图 4－2－4）

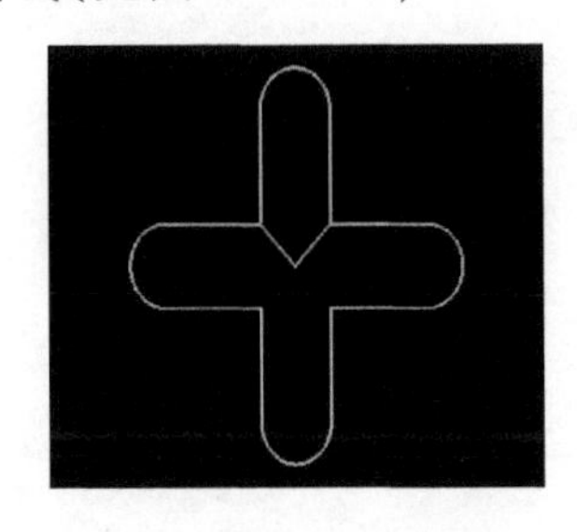

图 4－2－4　零件的内轮廓进给路线

2. 编制程序（参考程序见表 4－2－1）

表 4－2－1　参考程序

程　序　名	程 序 说 明
O0002	
G54 G90 G17 G00 Z100.	建立工件坐标系，绝对坐标编程，指定 XY 平面，快进到工件上方 100 mm 处

续表

程 序 名	程 序 说 明
M03 S1000	主轴正转,转速 1 000 r/min
G00 X0 Y0	快速定位到 X0Y0
G00 Z5.	快进到工件上方 5 mm 处
G01 Z -2.95 F30	以进给速度 30 mm/min,直线插补到工件表面下方 2.95 mm 处
G41 D02 G01 X6.84 Y6.84 F100	设置刀具半径左补偿
G01 X6.84 Y25.64	
G03 X -6.84 Y25.64 R6.84	
G01 X -6.84 Y6.84	
G01 X -25.64 Y6.84	
G03 X -25.64 Y -6.84 R6.84	
G01 X -6.84 Y -6.84	
G01 X -6.84 Y -25.64	
G03 X6.84 Y -25.64 R6.84	
G01 X6.84 Y -6.84	
G01 X25.64 Y -6.84	
G03 X25.64 Y6.84 R6.84	
G01 X6.84 Y6.84	
G01 X6.84 Y25.64	
G03 X -6.84 Y25.64 R6.84	
G01 X -6.84 Y6.84	
G40 G01 X0 Y0	取消刀具半径补偿
G01 Z5.	抬刀至工件上表面 5 mm 处
G00 Z100.	快进定位到工件上方 100 mm 处
M30	

技能训练

根据图纸要求和加工工艺,独立编写数控程序。

课后思考

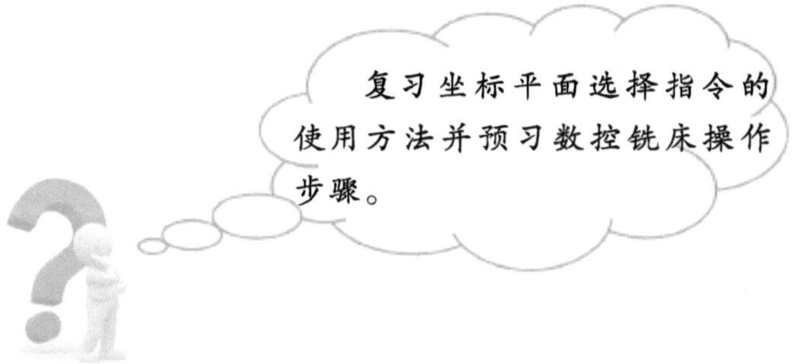

复习坐标平面选择指令的使用方法并预习数控铣床操作步骤。

任务三　二维内轮廓零件仿真练习

教学目标

知识目标	熟练掌握二维内轮廓零件的仿真操作步骤
能力目标	掌握数控铣床仿真软件验证程序的方法
情感目标	培养学生独立思考的能力，增强工作责任意识

任务描述

本任务就是将编写好的零件加工程序在数控仿真系统中进行验证与修改，并用仿真操作步骤模拟加工零件。

复习导入

零件加工工艺分析 → 零件编程 → 程序校验 → ？

相关知识

参考任务二。

任务实施

FANUC 0i 机床仿真操作步骤

1. 打开文件

单击菜单“文件/打开项目…”，出现如图 4－3－1 所示的对话框，单击“否”按钮。

在如图 4－3－2 所示的“打开”对话框中，选择前面项目文件保存的相应文件夹和文件名。

图 4－3－1　“请您决定！”对话框

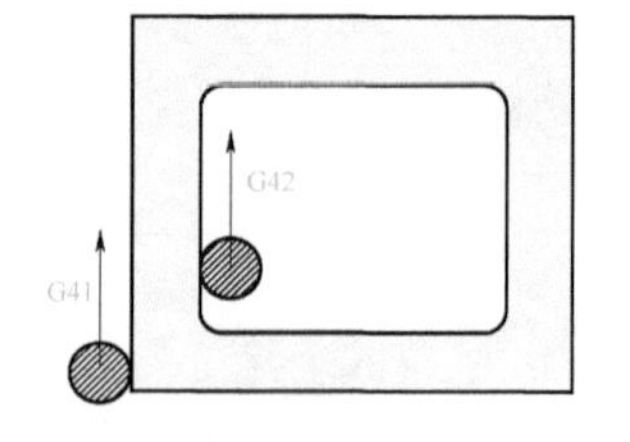

图4－3－2　“打开”对话框

数控加工仿真系统的项目文件扩展名为 MAC。单击“打开”按钮，如图 4－3－3 所示，即可以打开前面保存的项目文件。

2. 激活机床(见图 4－3－4)

单击“启动”按钮，松开“急停”按钮。

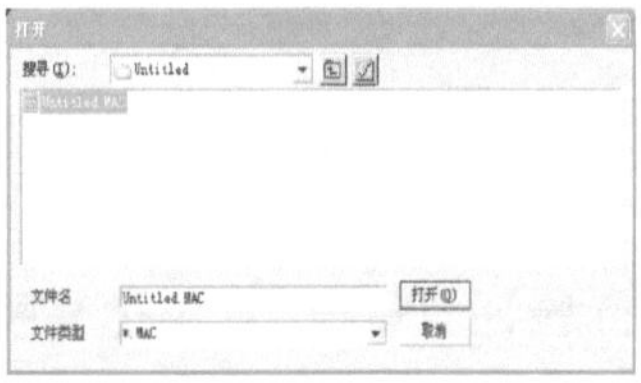

图 4－3－3　单击“打开”按钮

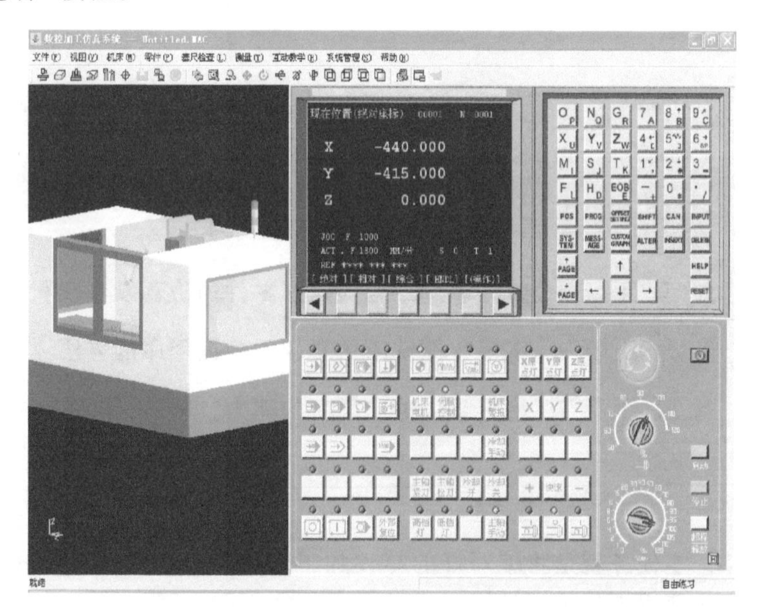

图 4－3－4　激活机床

3. 机床回参考点(见图 4－3－5)

按下“回原点”，然后按“Z”“＋”、“X”“＋”、“Y”“＋”，屏幕出现如图 4－3－5 所示图框，表示已回零。

4. 设置机床选项

单击菜单“视图/选项…”，在(图 4－3－6 所示的“视图选项”)对话框中，将“仿真加速倍率”进行相应的调整，并取消选择“显示机床罩子”单选按钮。前面保存的工件就出现了(包括夹具、刀具、坐标系等)，如图 4－3－7 所示。

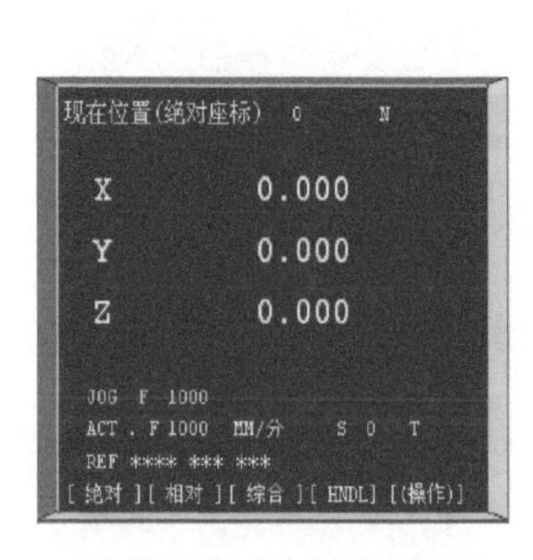

图 4－3－5　机床回参考点

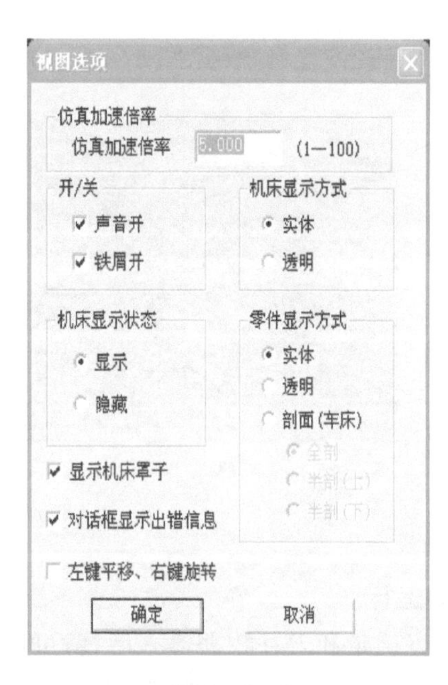

图 4－3－6

5. 输入(调用)程序

数控程序可以通过记事本或写字板等编辑软件输入并保存为文本格式文件,也可直接用 FANUC 系统的 MDI 键盘输入。

6. 检查运行轨迹

数控程序编完后,应检查运行轨迹(见图 4－3－8)。

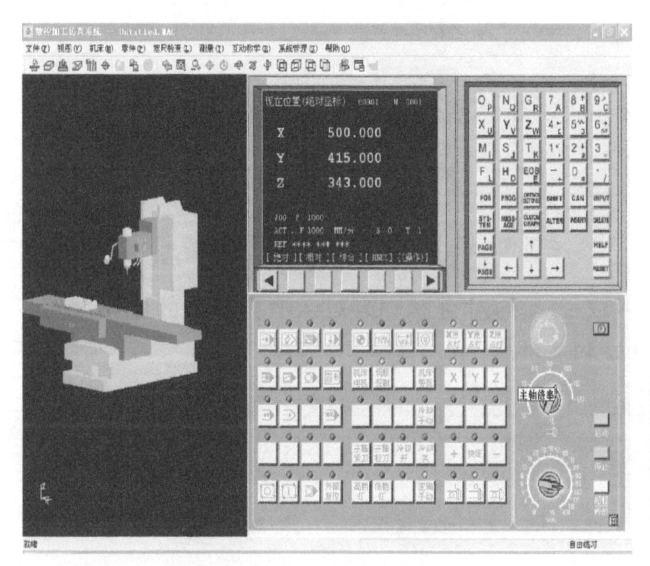

图 4－3－7　出现前面保存的工件

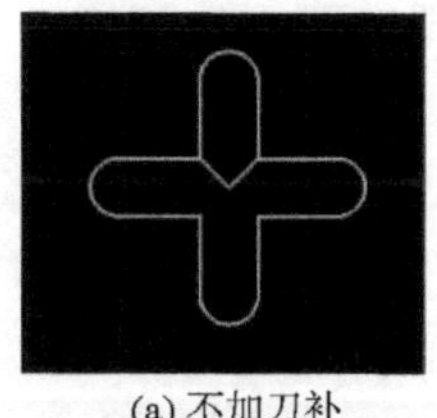

(a) 不加刀补

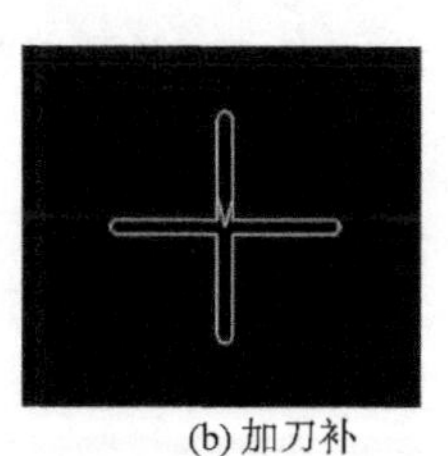

(b) 加刀补

图 4－3－8　运行轨迹

7. 手动对刀，设置参数（见图 4－3－9）

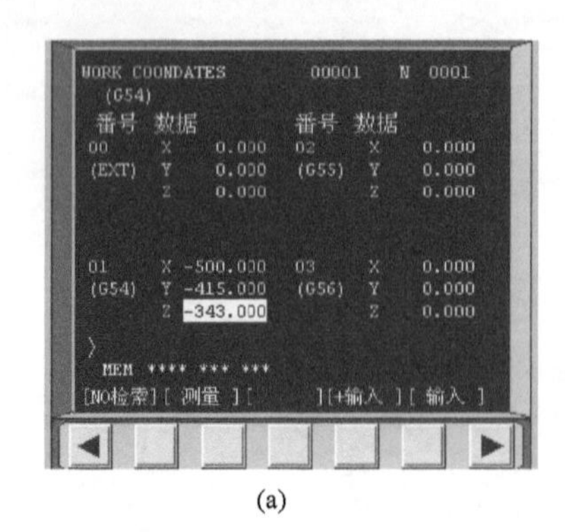

(a)

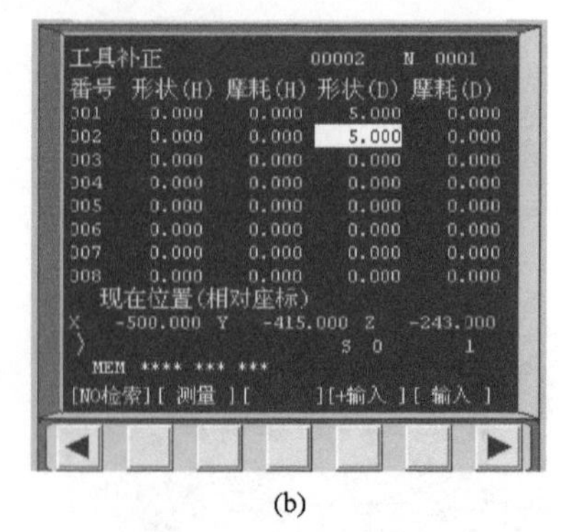

(b)

图 4－3－9 设置参数

8. 自动运行

机床位置确定和刀补数据输入后，就可以开始自动加工了。单击“自动运行”按钮，单击“循环启动”按钮，加工零件。加工完毕就会出现如图 4－3－10 所示的结果。

9. 保存文件

单击菜单“文件/保存项目”，出现如图 4－3－11 所示的对话框。选择相应的内容进行保存，也可以选中所有的内容进行保存。

图 4－3－10 效果图

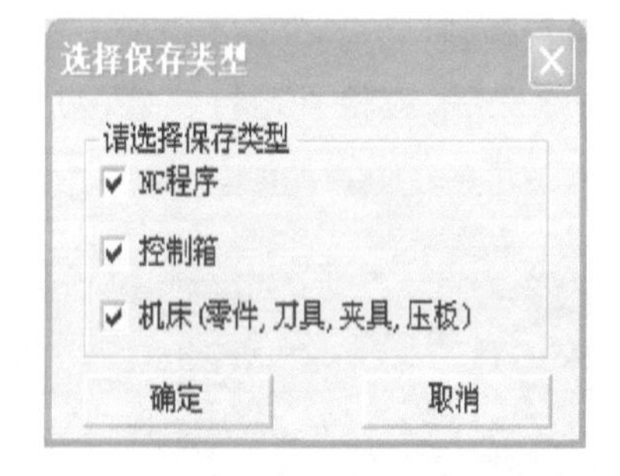

图 4－3－11 “选择保存类型”对话框

单击“确定”按钮后，出现如图 4－3－12 所示的对话框。该对话框为默认的保存文件夹和文件名，也可以根据需要更改相应的目录和文件名。

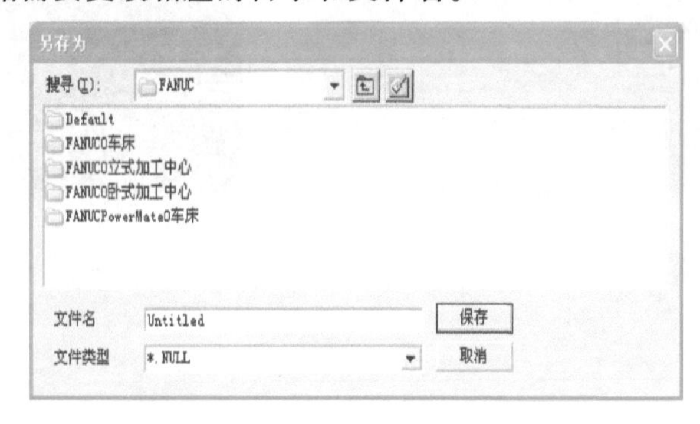

图 4－3－12 “另存为”对话框

注意：

以上的仿真加工操作需要保存，为后面的练习打下基础。

技能训练

进行数控仿真练习。

课后思考

任务四　二维内轮廓零件铣削练习

教学目标

知识目标	掌握数控铣床的铣削加工方法
能力目标	能正确操作机床，合理设置参数，加工出合格零件
情感目标	培养学生积极动手的能力和独立思考的能力

任务描述

本任务是对零件进行仿真模拟加工，校验程序的基础上，熟练使用数控铣床进行二维内轮廓零件的铣削加工，并且加工出符合图纸要求的合格零件。

复习导入

- 数控仿真软件。
- 零件仿真。

相关知识

参考任务一、任务二和任务三。

任务实施

一、加工准备

①阅读零件图,并按图纸要求检查坯料的尺寸。

②选择 FANUC 0i 机床,开机,机床回参考点。

③输入程序,并校验该程序。

④安装夹具,夹紧工件。

先将机用平口钳固定在铣床工作台上,用百分表校正钳口的平行度。然后将毛坯装夹在平口钳上,用百分表校正工件后,将其固定。

⑤刀具准备。

根据加工工艺和加工程序,将所需的平底铣刀牢固地装在弹簧夹头刀柄上,然后将弹簧夹头刀柄安装到主轴锥孔中。安装刀具时要保证刀具伸出长度满足零件的厚度,还要考虑刀具的刚性。

二、对刀,并正确输入刀具补偿值

1. *X*、*Y* 向对刀

采用接触法对刀,并输入其值到 OFFSET 机能画面中的 G54 中。

2. *Z* 向对刀

采用接触法对刀,并输入其值到 OFFSET 机能画面中的 G54 中。

3. 刀具半径补偿输入

将刀具半径值输入到 OFFSET 机能画面中的刀具补正画面上的形状 D 中。

三、程序校验

锁住机床,将加工程序输入到数控系统中,在“图形模拟”功能下,实现图形轨迹的校验。把工件坐标系的 *Z* 值朝正方向平移 50 mm,方法是在 G54 参数中输入 50,按下“启动”键,适当降低进给速度,检查刀具运动是否正确。

四、加工工件

把工件坐标系的 *Z* 值恢复原值,将进给速度打到低挡,单段执行,按下“启动”键。机床加工时,适当调整主轴转速和进给速度,保证加工正常。

五、尺寸测量

程序执行完毕后,用游标卡尺测量轮廓尺寸和长度尺寸,根据测量结果,修改相应刀具补偿值的数据,重新执行程序,精加工工件,直到加工出合格的产品。

六、结束加工

松开夹具,卸下工件,清理机床。

技能训练

在规定时间内，根据零件图 4－4－1 和效果图 4－4－2 的要求，填写数控铣削加工工艺卡片和刀具卡片，编制程序后进行零件的仿真加工。

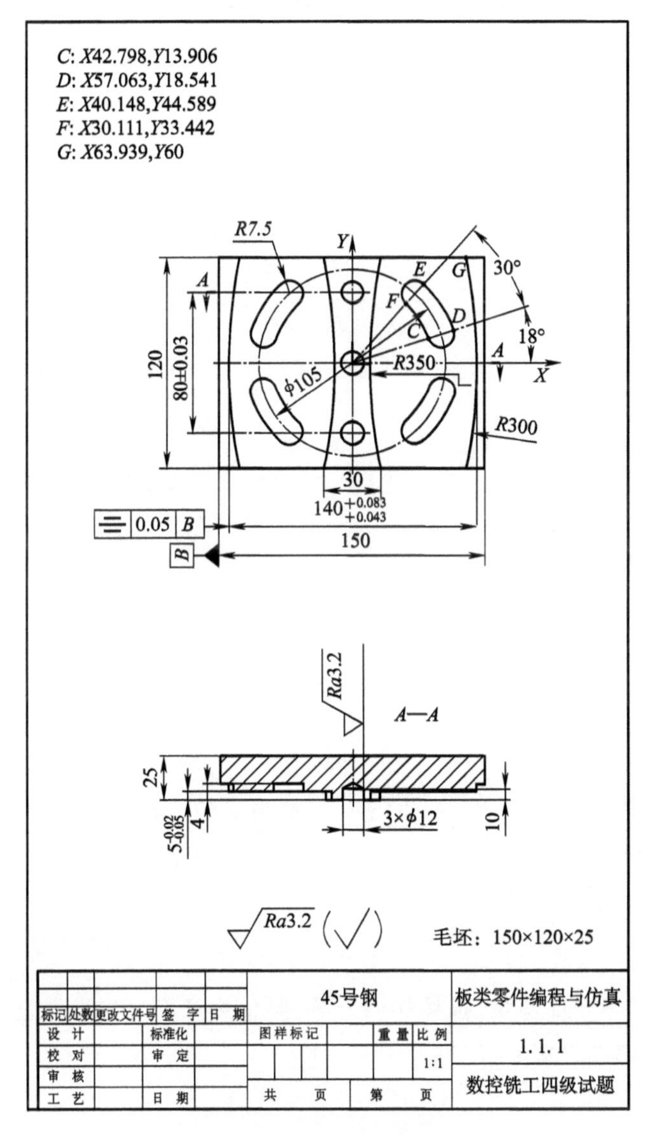

图 4－4－1　零件图

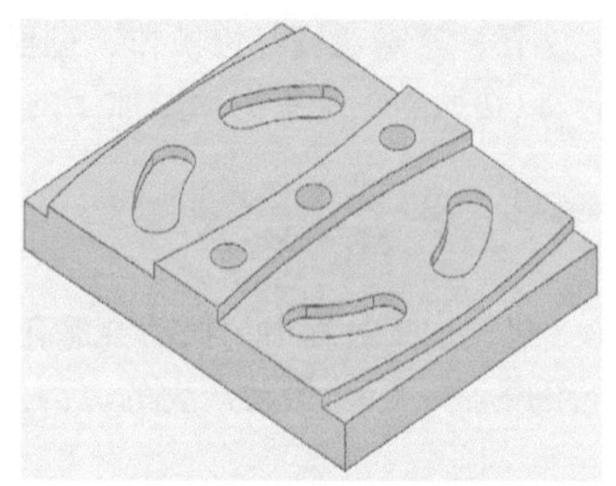

图 4－4－2　效果图

课后思考

任务五　二维内轮廓零件质量分析

教学目标

知识目标	了解机械加工过程中振动的类型
能力目标	掌握振动产生的原因及消除方法
情感目标	培养学生积极动手的能力

任务描述

本任务就是通过对机械加工过程中，振动的类型、产生的原因及消除的方法等内容进行分析，以帮助学生避免振动对加工的影响。

任务导入

机械加工过程中的振动会恶化加工表面质量，损坏切削刀具，降低生产率。这里着重介绍振动的类型、振动产生的原因及消除方法。

相关知识

在机械加工过程中，当振动发生时，加工表面将恶化，产生较明显的表面振痕。所以，机械加工过程中的振动是一种十分有害的现象，它对于加工质量和生产效率都有很大的影响。

一、振动的危害

1. 影响加工表面粗糙度

当振动频率较高时会产生微观不平度，振动频率较低时会产生波度。

2. 影响生产效率

为了避免在加工过程中发生振动或减小振动，有时不得不降低切削用量，致使机床和刀具的工作性能得不到充分发挥，限制了生产效率的提高。

3. 影响刀具寿命

振动会加速刀具磨损，甚至产生崩刃现象。

4. 影响机床、夹具的使用寿命

振动会使机床、夹具中的连接零件松动，间隙加大，缩短机床使用寿命，影响工件在夹具中的正确定位。

5. 产生噪声污染

机械加工中的振动所引起的噪声危害操作者的健康。

二、振动的类型

1. 自由振动

工艺系统受到初始干扰力而破坏了其平衡状态后，系统仅靠弹性恢复力来维持的振动，称为自由振动。

在切削过程中，由于材料硬度不均或工件表面有缺陷，工艺系统就会发生这种振动，但由于存在阻尼，自由振动将逐渐衰弱，对加工影响不大。

2. 强迫振动

强迫振动是指由于工艺系统外界周期性干扰力的作用而引起的振动。

强迫振动将激起机床各部件之间的相对振动幅值，影响机床加工工件的精度，如粗糙度和圆度。对于刀具或做回转运动的机床，振动还会影响回转精度。

(1)强迫振动产生的原因

强迫振动的振源包括来自机床内部的机内振源和来自机床外部的机外振源两大类。

机外振源：影响的因素比较多，但它们都是通过地基把振动传给机床的，所以可以通过加设隔振地基来进行隔离，消除其影响。

机内振源主要有：

①机床电机的振动

②机床高速回转零部件(如带轮、卡盘、砂轮等)因旋转不平衡引起的振动。

③机床传动机构缺陷引起的振动，如齿轮的侧隙、传动带张紧力的变化等。

④切削过程中的冲击引起的振动，如断续切削，车削加工外形不规则的毛坯工件等。

⑤往复运动部件的惯性力引起的振动，如平面磨削过程的方向改变、瞬时改变机床的回转方向等。

(2)强迫振动的特征

①强迫振动本身不能改变干扰力，干扰力一般与切削过程无关(除由切削过程本身所引起的强迫振动外)。干扰力消除，振动停止。如外界振源产生的干扰力，只要振源消除，导致振动的干扰力自然就不存在了。

②强迫振动的频率与外界周期干扰力的频率相同，或是它的整数倍。

③干扰力的频率与系统的固有频率的比值即是或接近与1时，产生共振，振幅达到最大值。此时对机床加工过程的影响最大。

④强迫振动的振幅与干扰力、系统的刚度以及阻尼大小有关。干扰力越大、刚度及阻尼越小，则振幅越大，对机床的加工过程影响也就越大。

(3)减少强迫振动的途径

①对工艺系统中的回转零件进行平衡处理或设置自动平衡装置。

②提高工艺系统中传动件的精度，以减小冲击。如在车床或磨床上采用少接头、无接头传动带。用斜齿轮代替直齿轮，在主轴上安装飞轮等。

③提高工艺系统的刚度。如刮研接触面，进步接触刚度；采用跟刀架、中心架等增强工艺系统刚度等。

④隔震，即隔离机外振源对工艺系统的干扰。如在磨床砂轮电动机底座和垫板之间垫上具有弹性的木板或硬胶皮等。

3. 自激振动

机械加工过程中，在没有周期性外力作用下，由系统内部激发反馈产生的周期性振动，称为自激振动，简称颤振。

自激振动是由振动系统本身在振动过程中激发产生的交变力所引起的。即使不受到任何外界周期性干扰力的作用，振动也会发生。如在磨削过程中砂轮对工件产生的摩擦会引起自激振动。或由于刀具刚性差、刀具几何角度不正确引起的振动，都属于自激振动。

(1)自激振动的原因

①切削过程中，切屑与刀具、刀具与工件之间摩擦力的变化。

②切削层金属内部的硬度不均匀。如在车削补焊后的外圆或端面而出现的硬度不均现象，经常引起刀具崩刀及车床自振现象。

③刀具的安装刚性差。如刀杆尺寸太小或伸出过长，会引起刀杆颤抖。

④工件刚性差。如加工细长轴等刚性较差工件时，会导致工件表面出现波纹或锥度。

⑤积屑瘤的时生时灭，使切削过程中刀具前角及切削层横截面积不时改变。

⑥切削量不合适引起的振动。如切削宽而薄的工件易振动。

(2)自激振动的特征

与强迫振动相比，自激振动具有以下特征：

①自激振动是在没有周期性外力(相对于切削过程而言)干扰下所产生的振动运动。这一点与强迫振动有原则区别。

②自激振动的频率等于或接近于系统的固有频率，即自激振动的频率取决于振动系统的固有特性。这一点与强迫振动根本不同，强迫振动的频率取决于外界干扰力的频率。

③自激振动能否产生、振幅的大小取决于振动系统在每一个周期内获得和消耗的能量对比情况。

三、控制机械加工振动的途径

当机械加工过程中出现影响加工质量的振动时，首先应该判别这种振动是强迫振动还是自激振动，然后再采取相应措施来消除或减小振动。

消除振动的途径有三个：

(一)消除或减弱产生振动的条件

1. 消除或减弱产生强迫振动的条件

(1)减小机内外干扰力

机床上高速回转的零部件必须满足动平衡要求;提高传动元件及传动装置的制造精度和装配精度,保证传动平稳;使动力源与机床本体分离。

(2)调整振源频率

由强迫振动的特征可知,当干扰力的频率接近系统某一固有频率时,就会发生共振。因此,可通过改变电机转速或传动比,使激振力的频率远离机床加工薄弱环节的固有频率,以避免产生共振。

(3)采取隔热措施。

使振源产生的部分振动被隔振装置所隔离或吸收。隔振方法有两种:一种是主动隔振,阻止机内振源通过基地外传;另一种是被动隔振,阻止机外干扰力通过地基传给机床。

常用的隔振材料有橡皮、金属弹簧、空气弹簧、木屑等。

2. 消除或减弱产生自激振动的条件

(1)减小重叠系数

重叠系数值大小取决于加工方式、刀具的几何形状及切削用量等。适当增大刀具的主偏角和进给量,都可以使重叠系数减小。

(2)减小切削刚度

减小切削刚度可以减小切削力。改善工件材料的可加工性、增大前角、增大主偏角和适当提高进给量等,都可以使切削刚度下降。

(3)增加切削阻尼

(4)调整振动系统小刚度主轴的位置

如镗孔时采用削扁镗杆,车外圆时车刀反装。

(二)改善工艺系统的动态特性

1. 提高工艺系统的刚性

提高工艺系统薄弱环节的刚度,可以有效地提高机床加工系统的稳定性。例如:提高各结合面的接触刚度,对主轴支承施加预载荷等。

2. 增大工艺系统的阻尼

增大工艺系统的阻尼,可以通过多种方法实现。例如:使用高内阻材料制造零件,增加运动件的相对摩擦,在主振方向安装阻振器等。

(三)采用消振减振装置

1. 动力式减振器

它是用弹性元件把一个附加质量块连接到振动系统中,使附加质量作用在系统上的力与系统的激振力大小相等、方向相反,从而达到消振、减振的作用。

2. 摩擦式减振器

它是利用摩擦阻尼消耗振动能量。

3. 冲击式减振器

它是利用两物体相互碰撞要损失动能的原理,消耗振动体的能量,达到减振目的。

机械加工过程产生的振动非常复杂,是需要日常的不断分析和总结,根据不同情况分析原因,采取措施加以消除和控制,以保证加工工件的质量要求,提高生产效率,创造良好工作环境。

任务实施

填写数控实训加工质量评分表(见表 4－4－1)。

表 4－4－1　数控实训加工质量评分表

班级：		姓名：		学号：		工种：
项目序号：			项目名称：			
分类	序号	检测内容	配分	学生自测	教师检测	得分
工艺分析与程序编制	1	工艺与刀具卡片填写完整	10			
	2	程序编制正确、简洁	10			
	3	零件仿真模拟加工	10			
评分教师		加工时间		总得分		
加工操作	1	尺寸一：	8			
	2	尺寸二：	8			
	3	尺寸三：	8			
	4	尺寸四：	8			
	5	尺寸五：	8			
	6	表面粗糙度	8			
	7	零件加工完整性	7			
	8	工量具正确使用	5			
	9	设备正常操作、维护保养	5			
	10	文明生产和机床清洁	5			
评分教师		加工时间		总得分		

实训时间：________________

上海市工业技术学校

技能训练

测量与检验零件，并填写质量分析表。

课后思考

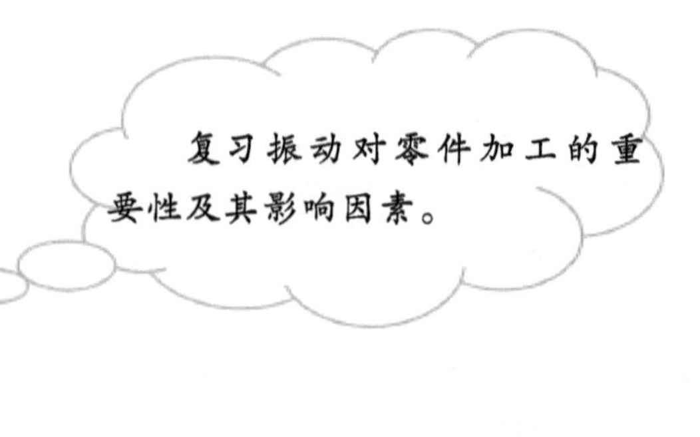

项目五

孔系零件的铣削加工

项目导入

使用数控铣床进行孔系零件的铣削加工。

零件图和效果图如图 5－0－1 和图 5－0－2 所示。

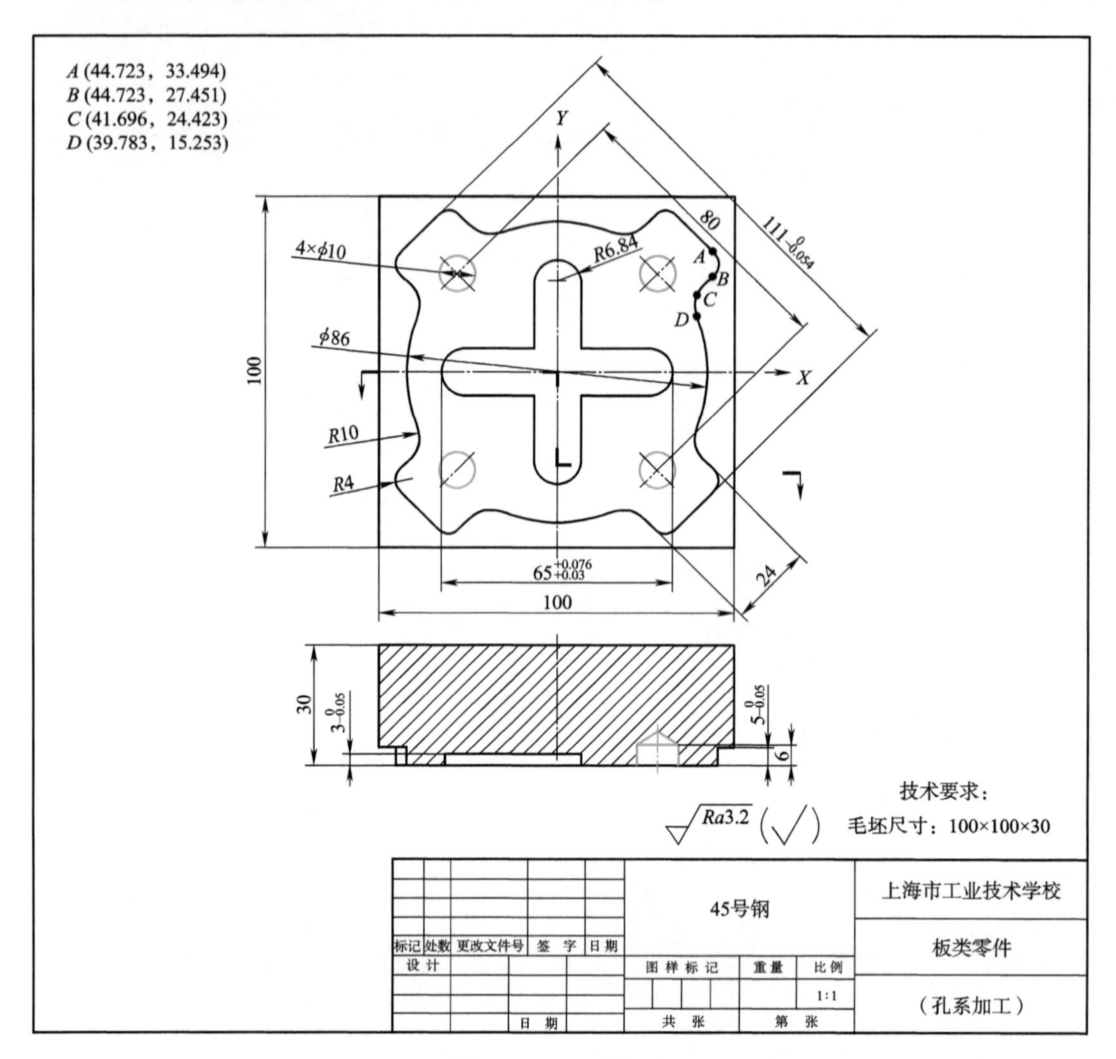

图 5－0－1 零件图

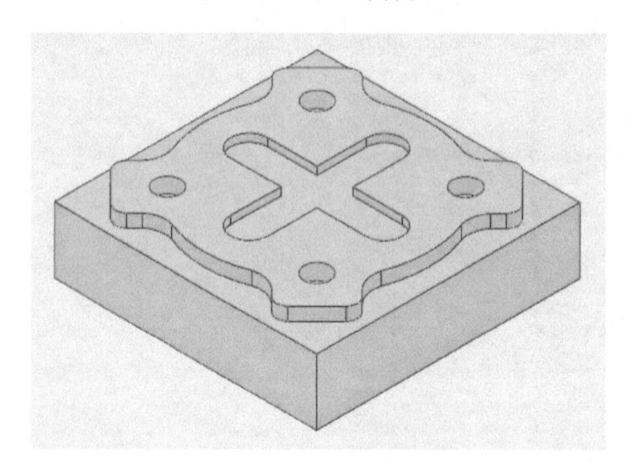

图 5－0－2 效果图

任务一　孔系零件加工工艺分析

教学目标

知识目标	了解孔类零件常用的加工方法及刀具，了解孔系零件的铣削加工工艺
能力目标	能合理确定孔系零件的加工工艺路线及切削用量
情感目标	激发学生的主观能动性

任务描述

孔加工在金属切削中占有很大的比重，应用广泛。数控铣床上加工孔的方法很多，本任务就是要了解孔类零件常用的加工方法，根据孔的各项要求，以零件图为基础，对零件的结构、技术要求、坐标点的计算、切削加工工艺、加工顺序、走刀路线、刀具及切削用量的选择等进行全面、详细地分析，为后面的编程及加工活动作充分准备。

相关知识

一、孔的分类

孔是组成机械零件的主要部分之一，在机械零件中有多种多样的孔。

按照孔与其他零件相对连接关系的不同，可分为配合孔与非配合孔；按其几何特征的不同，可分为通孔、盲孔、阶梯孔、锥孔等；按其几何形状不同，可分为圆柱形孔、圆锥形孔、螺纹孔和成形孔等。

常见的圆柱形孔有一般孔和深孔之分，长径比（孔深度与直径之比）>5 的孔为深孔，深孔很难加工。常见的成形孔有方孔、六边形孔、花键孔等。

根据零件在机械产品中的作用不同，不同结构的孔有不同的精度和表面质量要求。

二、孔的加工方法

（一）根据孔的结构和技术要求分类

在机械加工中，根据孔的结构和技术要求的不同，可采用不同的加工方法，这些方法归纳起来可以分为两类：

1. 对实体工件进行孔加工，即从实体上加工出孔。
2. 对已有的孔进行半精加工和精加工。

非配合孔一般是采用钻削加工在实体工件上直接把孔钻出来；对于配合孔则需要在钻孔的基础上，根据被加工孔的精度和表面质量要求，采用铰削、镗削、磨削等精加工的方法作进一步的加工。

铰削、镗削是对已有孔进行精加工的典型切削加工方法。要实现对孔的精密加工，主要的加工方法就是磨削。当孔的表面质量要求很高时,还需要采用精细镗、研磨、珩磨、滚压等表面光整加工方法;对非圆孔的加工则需要采用插削、拉削及特种加工等方法。

(二)根据孔的尺寸精度、位置精度及表面粗糙度等要求分类

孔加工在金属切削中占有很大的比重,应用广泛。在数控铣床上加工孔的方法很多,根据孔的尺寸精度、位置精度及表面粗糙度等要求,一般有点孔、钻孔、扩孔、铰孔、镗孔及铣孔等。

1. 点孔

点孔用于钻孔加工之前,由中心钻或定心钻来完成,定心钻外形如图 5-1-1 所示。由于麻花钻的横刃具有一定的长度,引钻时不易定心,加工时钻头旋转轴线不稳定,因此利用定心钻在平面上先预钻一个凹坑,便于钻头钻入时定心。由于定心钻的直径较小,加工时主轴转速应不得低于 1 000 r/min。

2. 钻孔

钻孔是用钻头在工件实体材料上加工孔的方法。麻花钻是钻孔最常用的刀具,一般用高速钢制造,钻削较硬材料时可使用硬质合金麻花钻,如图 5-1-2 所示。钻孔精度一般可达到 IT10~11 级,表面粗糙度 *Ra* 为 50~12.5μm,钻孔直径范围为 0.1~100 mm,钻孔深度变化范围也很大,广泛应用于孔的粗加工,也可作为不重要孔的最终加工。

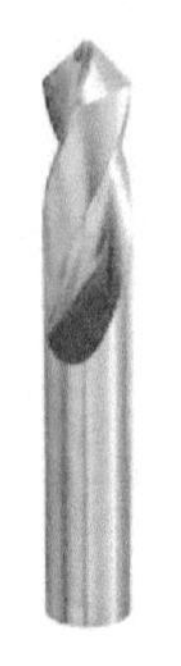

图 5-1-1　定心钻

图 5-1-2　麻花钻

3. 攻丝

攻丝用丝锥如图 5-1-3 所示,加工工件内螺纹的方法称为攻螺纹(俗称攻丝)。丝锥是攻丝并能直接获得螺纹尺寸的刀具,一般由合金工具钢或高速钢制成。丝锥的基本结构如左图所示,是一个轴向开槽的外螺纹。丝锥前端切削部分制成圆锥,有锋利的切削刃;中间为导向校正部分,起修光和引导丝锥轴向运动的作用;柄部都有方头,用于连接工具。常用的丝锥分为机用丝锥和手用丝锥两种,手用丝锥由两支或三支(头锥、二锥和三锥)组成一种规格,机用丝锥每种规格只有一支。

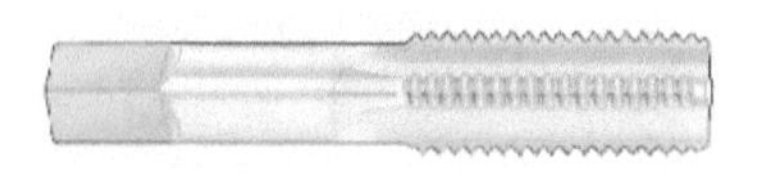

图 5-1-3　丝锥

4. 镗孔

镗孔是利用镗刀对工件上已有尺寸较大孔的加工,特别适合于加工分布在同一或不同表面上的孔距和位置精度要求较高的孔系。镗孔加工精度等级可达到 IT7 级,表面粗糙度为 *Ra*1.6~0.8μm,应用于高精度加工场合。镗孔时,要求镗刀和镗杆必须具有足够的刚性;镗刀夹紧牢固,装卸和调整方便;具有可靠的断屑和排屑措施,确保切屑顺利折断和排出,精镗

孔的余量一般单边小于 0.4 mm。镗刀的种类很多，如图 5－1－4 所示为常用单刃镗刀。

图 5－1－4　单刃镗刀

5. 铰孔

铰孔是利用铰刀从工件孔壁上切除微量金属层，以提高其尺寸精度和表面粗糙度值的方法。铰孔精度等级可达到 IT7～8 级，表面粗糙度 Ra 为 1.6～0.8 μm，适用于孔的半精加工及精加工。铰刀（见图 5－1－5）是定尺寸刀具，有 6～12 个切削刃，适合加工中小直径孔。铰孔之前，工件应经过钻孔、扩孔等加工，铰孔的加工余量参考见表 5－1－1。

表 5－1－1 铰孔余量（直径值）

孔的直径	<ϕ8 mm	ϕ8～ϕ20 mm	ϕ21～ϕ32 mm	ϕ33～ϕ50 mm	ϕ51～ϕ70 mm
铰孔余量（mm）	0.1～0.2	0.15～0.25	0.2～0.3	0.25～0.35	0.25～0.35

图 5－1－5　铰刀

6. 铣孔

在加工单件产品或模具上某些孔径不常出现的孔时，为节约定型刀具成本，利用铣刀进行铣削加工。铣孔也适合于加工尺寸较大孔，对于高精度机床，铣孔可以代替铰削或镗削。

三、孔加工的刀具

1. 麻花钻

麻花钻是最常用的孔加工刀具，一般用于实体材料上孔的粗加工，如图 5－1－6 所示。

图 5－1－6　麻花钻

钻孔的尺寸精度为 IT13～IT11，表面粗糙度 Ra 值为 50～12.5 μm。

它的结构由柄部、颈部和工作部分组成，如图 5－1－7 所示。柄部是钻头的夹持部分，有直柄和锥柄两种型式，钻头直径大于 12 mm 时常做成锥柄，小于 12 mm 时做成直柄。颈部位于柄部和工作部分的过渡部分，是磨削柄部时砂轮的退刀槽，当柄部和工作部分采用不同材料制造时，颈部就是两部分的对焊处，钻头的标注也常注于此。

钻头的工作部分包括导向部分和切削部分。导向部分有两条螺旋槽和两条棱边，螺旋槽起排屑和输送切削液的作用，棱边起导向、修光孔壁的作用。导向部分有微小的倒锥度，以减少与孔壁的摩擦。切削部分由两条主切削刃、两条副切削刃、一条横刃、两个前刀面和两个后刀面组成。

2. 扩孔钻

扩孔钻是用来对工件上已有的孔进行扩大加工的刀具，如图 5－1－8 所示。

扩孔后，孔的精度可达到 IT10～IT9，表面粗糙度 Ra 值为 6.3～3.2 μm。

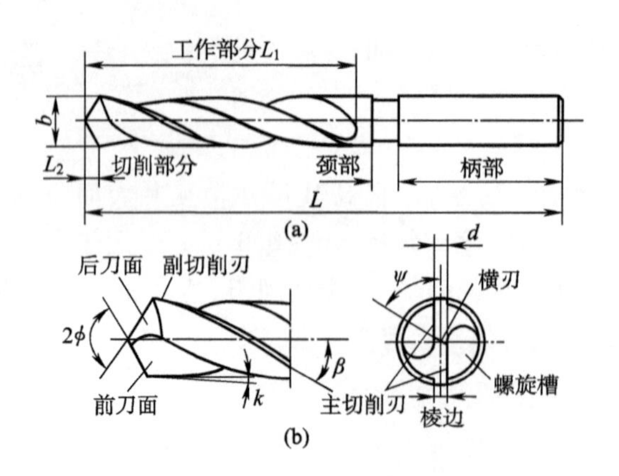

图 5－1－7　麻花钻的结构

图 5－1－8　扩孔钻

扩孔钻的结构如图 5－1－9 所示，扩孔钻没有横刃，加工余量小，刀齿数多(3～4 个齿)，刀具的刚性及强度好，切削平稳。

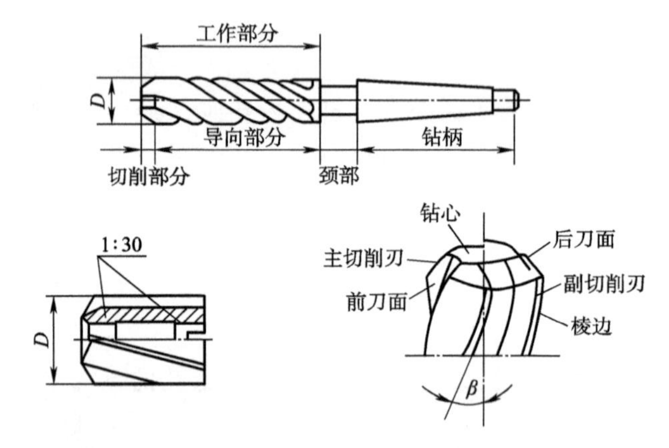

图 5－1－9　扩孔钻的结构

3. 铰刀

铰刀是一种半精加工或精加工孔的常用刀具。

扩孔后，孔的精度可达到 IT9～IT7，表面粗糙度 *Ra* 值为 1.6～0.4 μm。

铰刀的刀齿数多(4～12 个齿)，加工余量小，导向性好，刚性大。

铰刀可分为手用铰刀(见图 5－1－10)和机用铰刀(见图 5－1－11)两大类。锥柄机用铰刀的结构如图 5－1－12 所示，铰刀分为三个精度等级，分别用于不同精度的孔的加工(H7. H8. H9)。几种常用的铰刀如图 5－1－13 所示，在选用时，应根据被加工孔的直径、精度和机床夹持部分的型式来选用相适应的铰刀。

图 5－1－10　手用铰刀

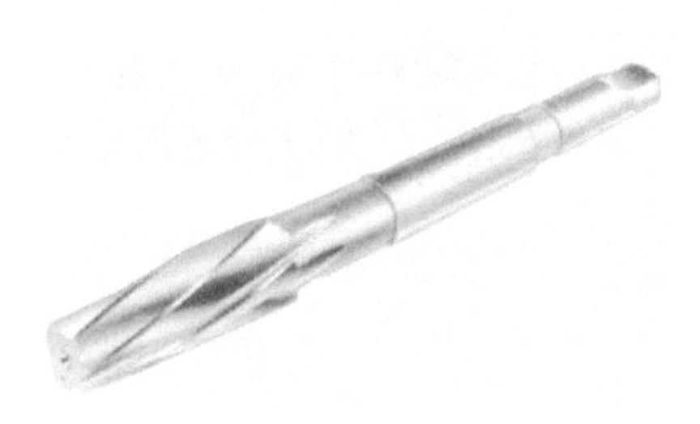

图 5－1－11　机用铰刀

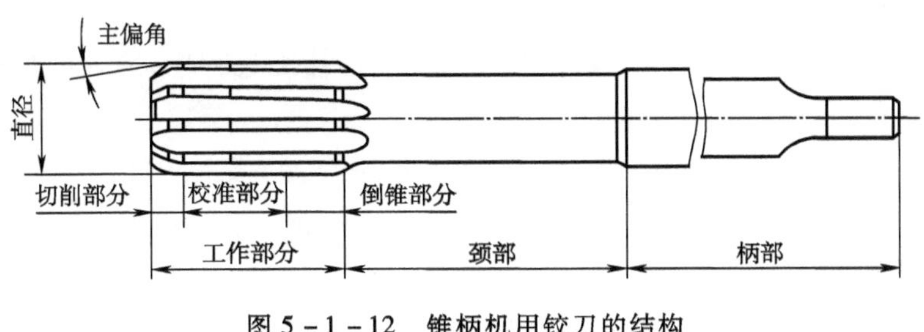

图 5－1－12　锥柄机用铰刀的结构

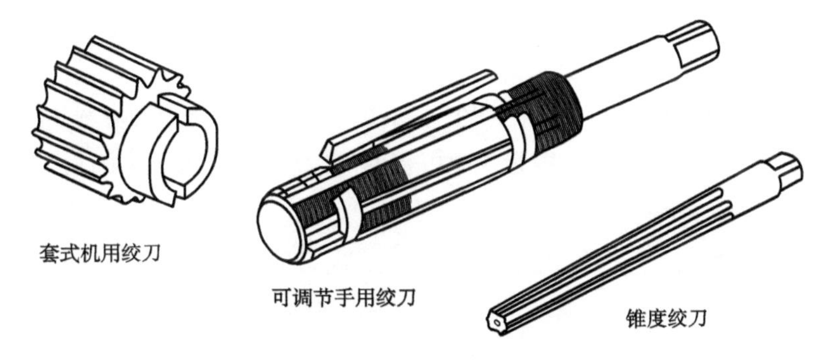

图 5－1－13　几种常用的铰刀

4. 镗刀(见图 5－1－14)

镗孔是常用的加工方法,其加工范围很广,既可以进行粗加工,也可以进行精加工。

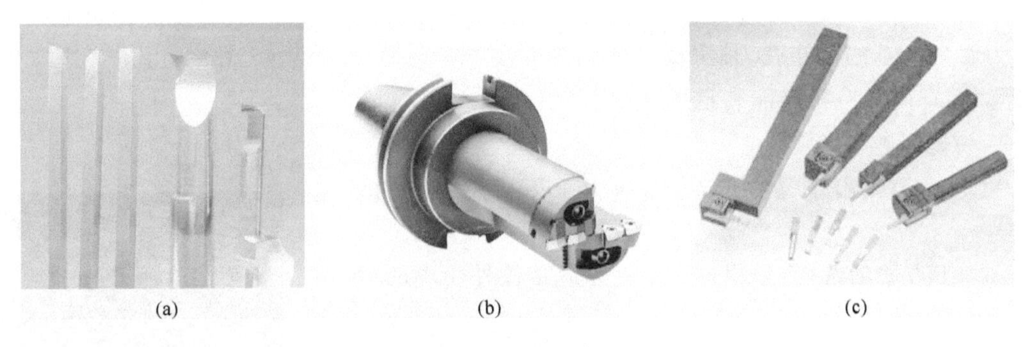

图 5－1－14　镗刀

镗刀的种类很多,根据结构特点及使用方式(见图 5－1－15),可分为单刃镗刀和双刃镗刀等。单刃镗刀只有一个主切削刃,不论粗加工或精加工都能适用,但其刚度差,容易产生弯曲变形,所以生产效率低。双刃镗刀两端都有切削刃,工作时基本上可消除径向力对镗杆的影响。其大多采用浮动结构,可以消除由于刀片的安装误差或刀杆的偏摆所带来的加工误差,保证了镗孔的精度。

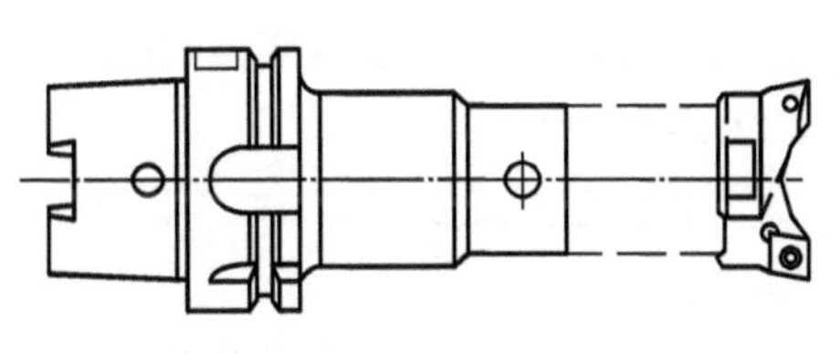

图 5－1－15　镗刀的结构

四、孔加工的特点

由于孔加工是对零件内表面的加工,对加工过程的观察、控制困难,加工难度要比外圆表面等开放型表面的加工大得多。

孔的加工过程主要有以下几方面的特点：

①孔加工刀具多为定尺寸刀具，如钻头、铰刀等，在加工过程中，刀具磨损造成的形状和尺寸的变化会直接影响被加工孔的精度。

②由于受被加工孔直径大小的限制，切削速度很难提高，影响加工效率和加工表面质量，尤其是在对较小的孔进行精密加工时，为达到所需的精度，必须使用专门的装置，对机床的性能也提出了很高的要求。

③刀具的结构受孔的直径和长度的限制，刚性较差。在加工时，由于轴向力的影响，容易产生弯曲变形和振动，孔的长径比（孔深度与直径之比）越大，刀具刚性对加工精度的影响就越大。

④孔加工时，刀具一般是在半封闭的空间工作，切屑排除困难；冷却液难以进入加工区域，散热条件不好。切削区热量集中，温度较高，影响刀具的耐用度和钻削加工质量。

任务实施

一、拟定零件加工工艺

1. 零件的结构、技术要求分析

经过对零件图的分析可以看出，本零件由外轮廓、内轮廓和孔系加工三部分组成。孔系加工为四个 $\phi10$ 的均布孔，其深度尺寸无公差要求。毛坯材料为 45 号钢，上道工序零件为成形零件，车间现有机床能满足加工需求。

2. 切削工艺分析

①装夹工具：由于是方形毛坯，所以采用机用平口钳装夹毛坯。

②加工方案的选择：采用一次装夹完成零件外轮廓的粗、精加工。

3. 确定加工顺序，走刀路线（见图 5－1－16）

①建立工件坐标系原点：工件坐标系原点建立在方形毛坯的上表面中心。

②确定加工起刀点：加工起刀点设在工件的表面中心上方 100 mm。

图 5－1－16　零件的孔加工走刀路线

4. 刀具与切削用量的选择

①刀具选择：根据零件的结构特点，铣削时采用 $\phi10$ 的键槽铣刀。

②切削用量选择：根据工件材料、工艺要求进行选择。主轴转速取 $S=1\ 200$ r/min，Z 向下刀时进给量取 $f=50$ mm/min。

二、编写数控加工工艺卡片(见表5－1－1)和数控刀具卡片(见表5－1－2)

表5－1－1 数控加工工艺卡片

零件编程与仿真单元数控加工工艺卡				零件代号	材料名称		零件数量
					45 钢		1
设备名称	数控铣床	系统型号	FANUC	夹具名称	机用平口钳	毛坯尺寸	100×100×30
工序号	工序内容			刀具号	主轴转速(r/min)	进给量(mm/min)	背吃刀量(mm)	备　注
一	1. 安装平口钳并用百分表校正固定钳口,以底面作为定位基准,平口钳夹紧工件,夹持工件高出平口钳10mm左右,在工件上表面中心建立工件坐标系原点。							
	2. 用 $\phi10$ 键槽铣刀加工 4×$\phi10$ 孔			T1	1200	50	1	O0003
二	检测,拆卸工件,去毛刺							
编制		审核		批准		年　月　日	共1页	第1页

表5－1－2 数控刀具卡片

序　号	刀具号	刀具名称	刀片/刀具规格	刀尖圆弧	刀具材料	备　注
1	T1	键槽铣刀	$\phi10$		高速钢	
编制		审核		批准		年　月　日	共1页	第1页

技能训练

根据所学知识,分组讨论、拟定孔系零件的加工工艺、优化方案,并填写数控铣削加工工艺卡片(见表5－1－3)和数控刀具卡片(见表5－1－4)。

表5－1－3　数控加工工艺卡片

零件编程与仿真单元数控加工工艺卡				零件代号	材料名称		零件数量
设备名称		系统型号		夹具名称		毛坯尺寸	
工序号	工序内容			刀具号	主轴转速(r/min)	进给量(mm/min)	背吃刀量(mm)	备　注
编制		审核		批准		年　月　日	共1页	第1页

表 5-1-4　数控刀具卡片

序号	刀具号	刀具名称		刀片/刀具规格		刀尖圆弧	刀具材料	备注
编制		审核		批准		年　月　日	共1页	第1页

课后思考

任务二　简单孔的加工程序编制

教学目标

知识目标	了解简单孔加工指令的格式和参数
能力目标	应用该指令来编制数控加工程序，并进行输入与校验
情感目标	培养学生独立思考的能力，增强工作责任意识

任务描述

本任务就是在充分掌握简单孔加工编程指令的基础上，应用该指令来编制数控加工程序，并进行输入与校验，为在机床上加工出合格的零件打下基础。

复习导入

- 基本编程指令 G 指令。
- 基本编程指令 M 指令。

相关知识

一、孔加工固定循环的基本动作

在数控加工中，一般来说，一个动作就应编制一条程序段。但是在孔加工时，往往需要快速接近工件，工进速度进行孔加工及孔加工完后快速退回3个固定动作。固定循环功能主要用于孔加工，包括钻孔、镗孔、攻螺纹等，使用一个程序段就可以完成一个孔加工的全部动作，使程序得以简化。

孔的加工固定循环一般由下列6个动作组成如图5-2-1所示（图中虚线表示快速进给，实线表示切削进给）。

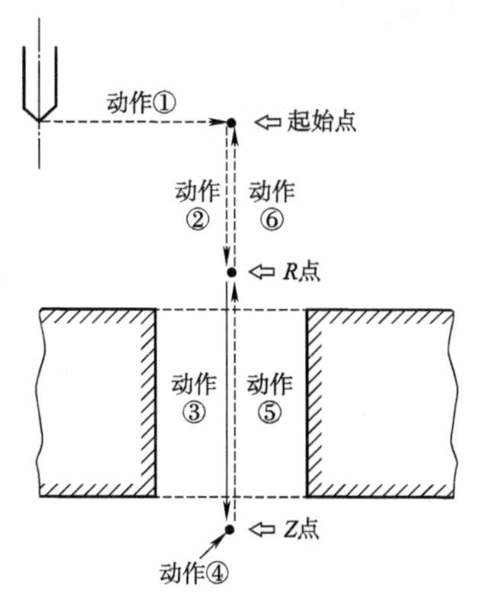

图5-2-1　孔加工固定循环的基本动作

动作1——X轴和Y轴定位，使刀具快速进给至孔的加工位置。

动作2——快速进给到R点，刀具由初始点快速进给至R点。

动作3——孔加工：以切削进给的方式执行孔的加工动作。

动作4——孔底的动作：包括暂停、主轴准停、刀具移动等。

动作5——返回到R点：继续加工其他孔，并且在可以安全移动刀具时选择返回R点。（G99）

动作6——返回起始点：孔的加工完成后一般应该选择返回起始点。（G98）

二、基本概念

1. 初始平面

初始平面是为安全操作而设定的定位刀具的平面。初始平面到零件表面的距离可以任意设定。

2. R点平面

R点平面又称R参考平面，表示刀具从快进转为工进的转折位置。

R点平面距工件表面的距离主要考虑工件表面形状的变化，一般可取2~5 mm。

若使用同一把刀具加工若干个孔，在中间加工过程中，可使刀具返回到R点平面；全部孔加工完成，可使刀具返回到初始平面。

三、固定循环编程格式

固定循环的程序格式包括数据输入形式、返回点平面、孔加工方式及其相关参数。

G90和G91编程如图5-2-2所示，固定循环的程序格式如下：

格式：$\begin{cases}G90\\G91\end{cases}\begin{cases}G98\\G99\end{cases}G73\sim G89$

说明：

1. 其中，G90或G91表示数据输入形式，在程序开始时就已指定，因此。在固定循环程序格式中可不写。

当采用绝对值输入时，Z 值为孔底的坐标值。当采用增量值输入时，Z 轴规定为 R 平面到孔底的增量距离。

2. G98 或 G99 表示返回点平面(见图 5-2-3)。

G98 指令返回到初始点平面。G99 指令返回到 R 点平面。

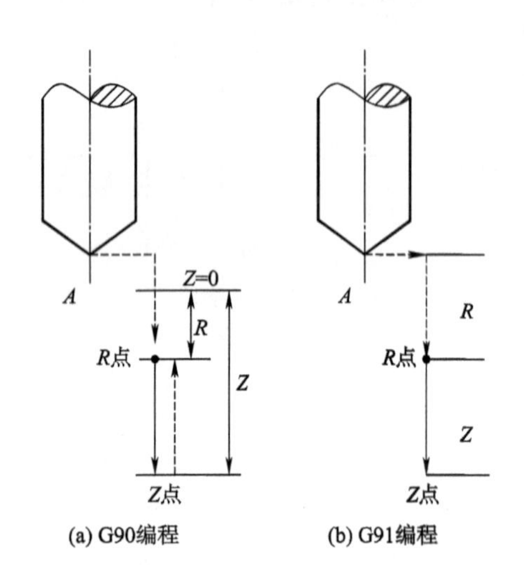

(a) G90编程　(b) G91编程

图 5-2-2　G90 和 G91 编程

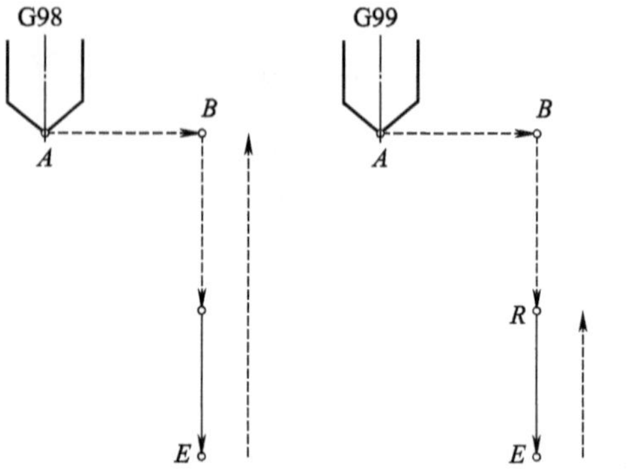

(a) 返回初始平面　(b) 返回R点平面

图 5-2-3　返回点平面选择

3. G73～G89 表示孔加工方式

因为孔加工方式不同，其后的参数也各不相同。

四、简单孔的加工指令

定点钻孔循环指令 G81(见图 5-2-4)

格式：G81　X__ Y__ Z__ R__ F__

说明：

①本指令为一般孔钻削加工的固定循环指令。

②此指令中，刀具半径尺寸补偿 G41. G42 指令无效，刀具长度尺寸补偿 G43. G44 指令有效。

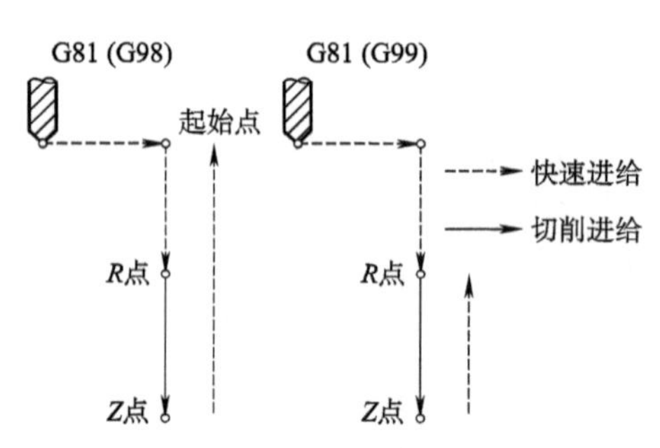

图 5-2-4　定点钻孔循环指令 G81

五、取消孔加工固定循环指令

格式：G80

说明：

①孔加工固定循环指令是模态指令，一旦指定，就一直保持有效，直到用 G80 取消指令为止。

②此外，G00、G01. G02. G03 也起取消固定循环指令的作用。

③使用该指令后，从 G80 的下一程序段开始执行一般 G 指令。

任务实施

编写程序(参考程序见表 5-2-1)

表 5-2-1 参考程序

程序名	程序说明
O0002	
G54 G90 G00 Z100.	
M03 S1200	
G00 X0 Y0	
G00 Z10.	
G98 G81 X28.284 Y28.284 Z-6. R5. F50	定点钻孔循环
X28.284 Y-28.284	
X-28.284 Y-28.284	
X-28.284 Y28.284	
G80	取消孔加工循环
G00 Z100.	
M30	

技能训练

根据所学知识,尝试编写孔加工程序,并输入与校验该程序。

课后思考

复习定点钻孔循环指令及参数含义,并预习 G83 指令。

任务三　孔系零件固定循环指令

教学目标

知识目标	了解孔系零件固定循环指令的格式和参数
能力目标	掌握相关指令的应用方法以此来编制程序
情感目标	培养学生独立思考的能力，增强工作责任意识

任务描述

要加工出合格的零件，在制定合理的加工工艺的基础上，按照零件图及加工工艺编制数控程序就显得尤其重要。

本任务就是在充分掌握编程基本指令的基础上，严格按零件图及加工工艺正确地编写零件的加工程序，并能熟练修改程序，为加工出合格的零件打下基础。

复习导入

简单孔加工指令的格式及其应用。

相关知识

常用孔系的固定循环指令

1. 高速深孔钻削循环指令 G73

格式：G73　X __ Y __ Z __ R __ Q __ F __

说明：

①加工动作如图 5－3－1 所示，分多次工作进给，每次进给的深度由 Q 指定（一般 2～3mm），并且每次工作进给后都快速退回一段距离 d，d 值由参数设定（通常为 0.1 mm）。

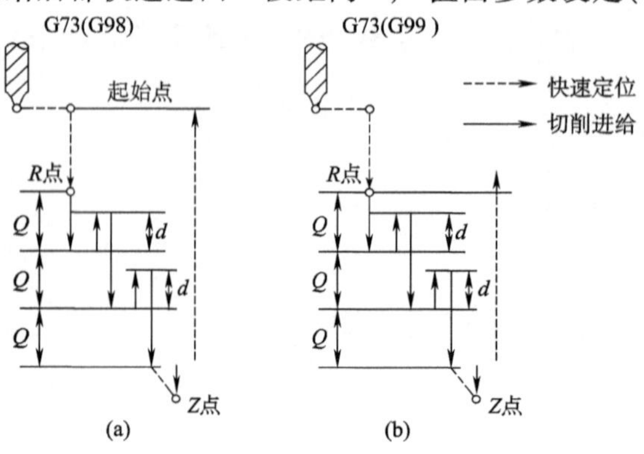

图 5－3－1　高速深孔钻削加工动作

②此加工方法，通过(Z)轴的间断进给可以较容易地实现断屑和排屑。

2. 攻左螺纹循环指令 G74

格式：G74　X __ Y __ Z __ R __ F __

说明：

①加工动作如图 5－3－2 所示。图中 CW 表示主轴正转，CCW 表示主轴反转。

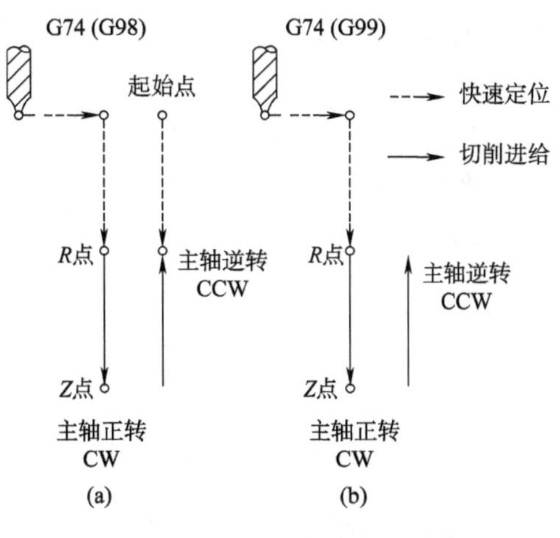

图 5－3－2　攻左螺纹加工动作

②此指令用于攻左螺纹。因此需要先使主轴反转，再执行 G74 指令。刀具先快速定位至 X、Y 所指定的坐标位置，再快速定位到 D 点，接着以 F 所指定的进给速度，攻螺纹至 Z 所指定的坐标位置后，主轴转换为正转，并且同时向 Z 轴方向退回至 R 点，退至 R 点后主轴恢复原来的反转。

③攻螺纹时的进给速度为：v_f(mm · min^{-1})＝螺距导程 p(mm)×主轴转速 n(r · min^{-1})。

3. 精镗孔循环指令 G76

格式：G76　X __ Y __ Z __ R __ P __ F __

说明：

①精镗孔的加工动作如图 5－3－3 所示。其中 P 表示在孔底有暂停，OSS 表示主轴准停，Q 表示刀具移动量。采用此方式进行镗孔可以保证退刀时不划伤内孔表面。

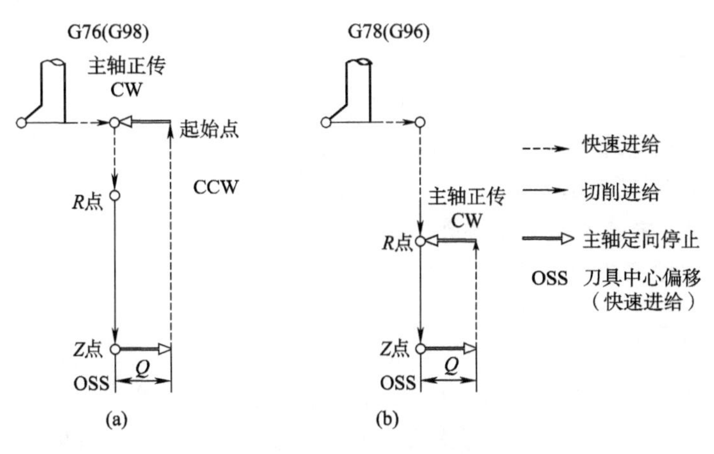

图 5－3－3　精镗孔加工动作

②执行 G76 指令时，镗刀先快速定位至 X、Y 所指定的坐标位置，再快速定位到 R 点，接着以 F 所指定的进给速度，攻螺纹至 Z 所指定的坐标位置后，主轴 D 定向停止，使刀尖指向一固定的方向后，镗刀中心偏移，使刀尖离开加工表面，然后镗刀以快速退出加工孔外。当镗刀退回至 R 点或起始点时，刀具中心恢复原来位置，并且主轴恢复转动。

③应该特别注意，偏移量 Q 一定为正值，并且 Q 不能用小数点的方式来表达数值。例如偏移 1.0 mm，应写为 Q1000。偏移方向可以用参数设定选择 $+x$、$+y$、$-x$、$-y$ 的方向，一般均认定 +x 方向，指定的 Q 值不能太大，以免碰伤工件。

④需要特别指出：在镗刀装到主轴上以后，一定要在 CRT/MDI 方式下执行 M19 指令使

得主轴准停后，并检查镗刀刀尖所处的位置和方向［见图 5－3－4，如与图中位置相反（相差 180°），必须重新安装刀具，使其与图中位置相符］。

4. 定点钻孔循环指令 G81

格式：G81　X＿Y＿Z＿R＿F＿

说明：

①定点钻孔加工动作如图 5－3－5 所示，本指令为一般孔钻削加工的固定循环指令。

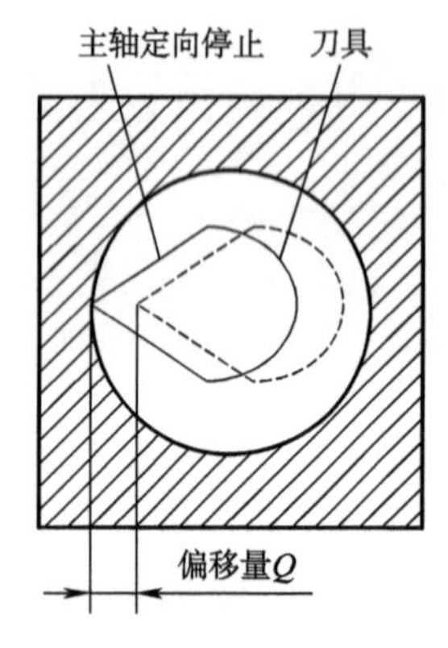

图 5－3－4　镗刀刀尖所处的位置和方向

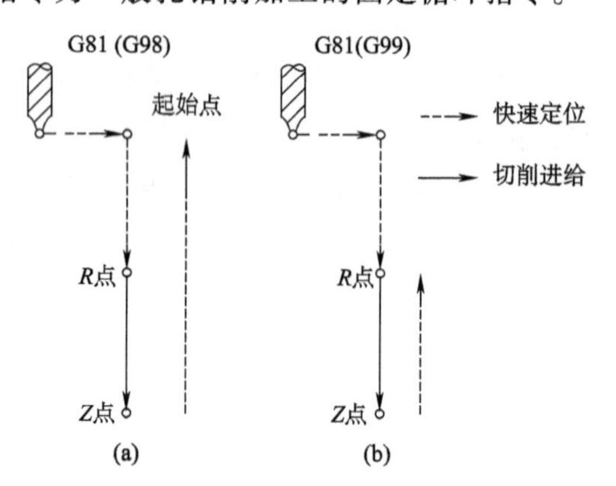

图 5－3－5　定点钻孔加工动作

②此指令中，刀具半径尺寸补偿 G41. G42 指令无效，刀具长度尺寸补偿 G43. G42 指令有效。

5. 钻孔循环指令 G82

格式：G82　X＿Y＿Z＿R＿P＿F＿

说明：

①钻孔加工动作如图 5－3－6 所示，其指令同 G81 指令。区别仅在于在孔底增加了“暂停”时间，因而可以得到准确的孔深尺寸，而且表面光滑。

②此功能适用于锪孔或镗削阶梯孔。

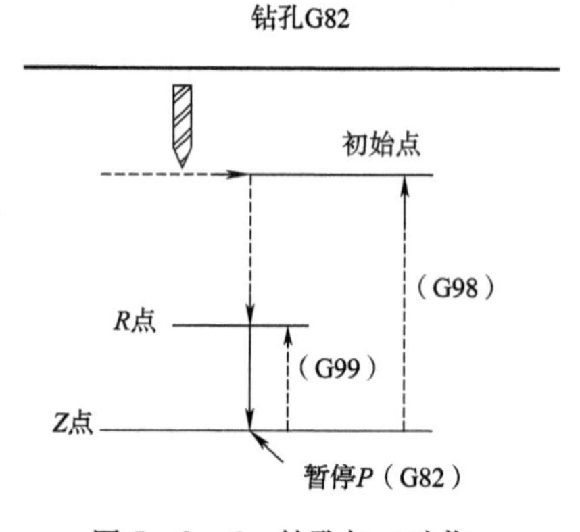

图 5－3－6　钻孔加工动作

6. 深孔的啄钻循环指令 G83

格式：G83　X＿Y＿Z＿R＿Q＿F＿

说明：

深孔的啄钻加工动作如图 5－3－7 所示，本指令适用于深孔加工。与 G73 指令不同的是每次刀具间隙进给后退至 R 点，可把切屑带出孔外，以免切屑将钻槽塞满而增加钻削阻力。图中 d 值由参数设定。当重复进给时，刀具快速下降，到达 d 规定的距离时转为切削进给，q 为每次进给的深度。

7. 攻右螺纹循环指令 G84

格式：G84　X＿Y＿Z＿R＿F＿

说明：

①攻右螺纹加工动作如图 5－3－8 所示，与 G74 指令类同，但主轴旋转方向相反，用于攻右旋螺纹。

②在 G74. G84 攻螺纹循环指令执行过程中，操作面板上的进给倍率调整开关无效。另外，即使按下进给暂停键，循环在回复动作结束之前也不会停止。

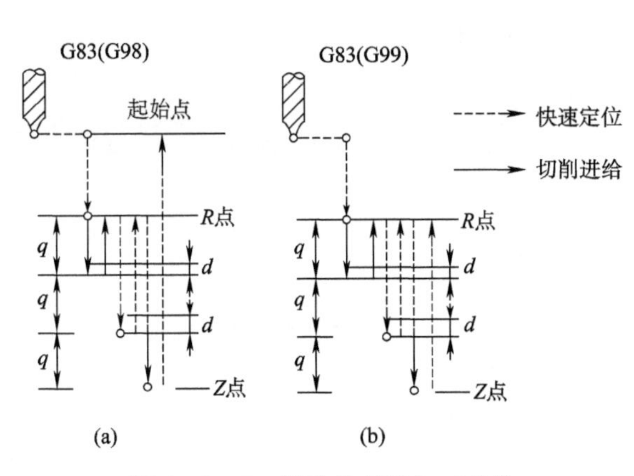

图 5－3－7　深孔的啄钻加工动作

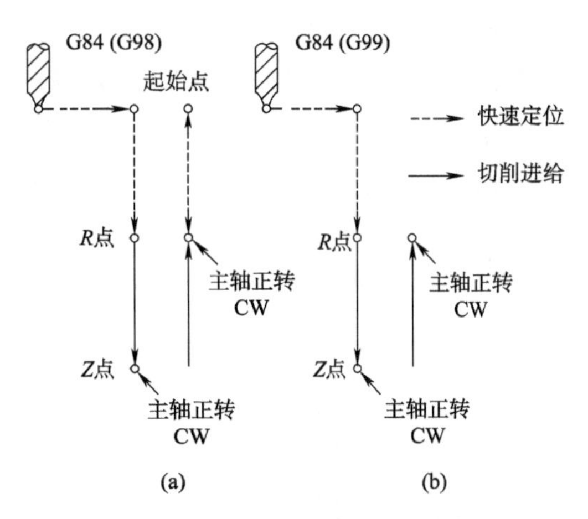

图 5－3－8　攻右螺纹加工动作

8. 铰孔循环指令 G85

格式:G85　X __ Y __ Z __ R __ F __

说明:

①铰孔加工动作如图 5－3－9 所示,孔的加工动作与 G74 指令类同。但在返回行程中,从 $Z \rightarrow R$ 段为切削进给,以保证孔的加工表面光滑。其循环动作如图所示。

②此指令适用于铰孔。

9. 镗孔循环指令 G86

格式:G86　X __ Y __ Z __ R __ F __

说明:

①镗孔加工动作如图 5－3－10 所示,此指令的格式与 G81 完全类似。区别在于,镗削加工到达孔底后,主轴停止,返回到 R 点或起始点后主轴再重新启动。

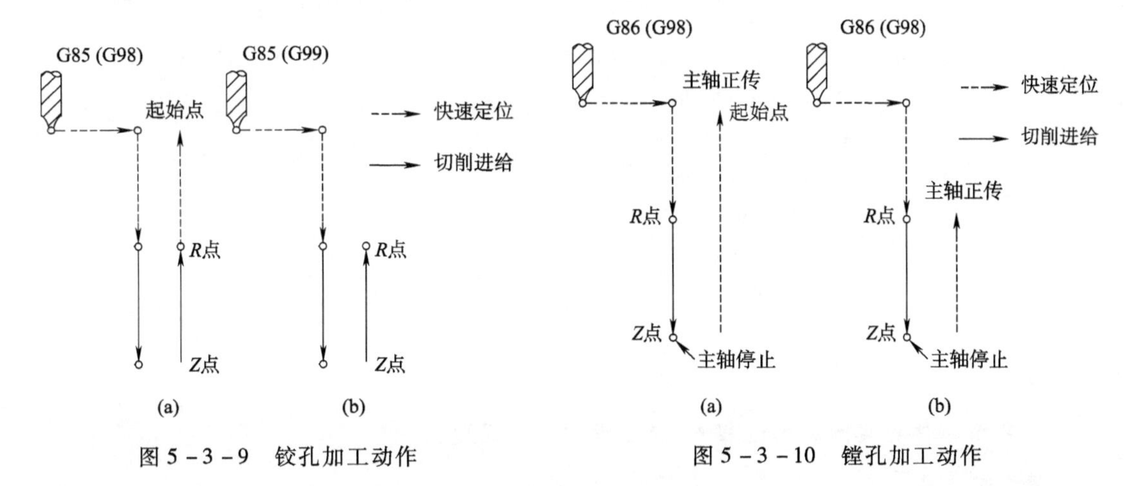

图 5－3－9　铰孔加工动作　　图 5－3－10　镗孔加工动作

②采用此方式进行加工,如果连续加工的孔距较小,可能出现刀具已经定位到下一个孔的加工位置,而主轴尚未达到规定的转速,为此可以在各孔动作之间增加暂停指令 G04,以使得主轴获得规定的转速。使用 G74 和 G84 指令时也有类似现象。

③此指令适用于一般孔的镗削加工。上述孔加工循环指令的参数,不一定全部都写,根据需要可省去若干地址和数据。固定循环功能表见表 5－3－1。

表 5－3－1 固定循环功能表

G 指令	加工动作－Z 向	在孔底部的动作	回退运作－Z 向	用途	备注
G73	间歇进给		快速进给	高速钻深孔	
G74	切削进给(主轴反转)	主轴正转	切削进给	所转攻螺纹	不能运行
G76	切削进给	主轴定向停止	快速进给	精镗循环	不能运行
G80				取消固定循环	
G81	切削进给		快速进给	定点钻循环	
G82	切削进给	暂停	快速进给	锪孔	
G83	间歇进给		快速进给	钻深孔	
G84	切削进给(主轴正转)	主轴反转	切削进给	攻螺纹	不能运行
G85	切削进给		切削进给	镗循环	
G86	切削进给	主轴停止	切削进给	镗循环	

任务实施

G83 指令的应用,参考程序见表 5－3－2。

表 5－3－2 参考程序

程 序 名	程序说明
O0003	
G54 G90 G00 Z100.	
M03 S1200	
G00 X0 Y0	
G00 Z10.	
G98 G83 X28. 284 Y28. 284 Z－6. R5. Q1. F50	深孔的啄钻循环指令
X28. 284 Y－28. 284	
X－28. 284 Y－28. 284	
X－28. 284 Y28. 284	
G80	取消孔加工循环
G00 Z100.	
M30	

注意:

在孔系零件的实际加工过程中,应当考虑三个问题:

- 数据使用绝对值方式,还是增量值方式。
- 返回点平面选在初始平面,还是 *R* 点平面。
- 加工方式的选择。

技能训练

根据图纸要求和加工工艺，独立编写数控程序。

课后思考

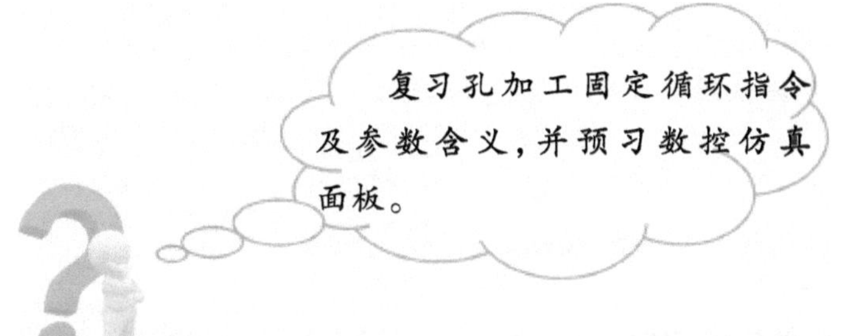

任务四　孔系零件的仿真练习

教学目标

知识目标	熟练掌握孔系零件的仿真操作步骤
能力目标	掌握数控铣床仿真软件验证程序的方法
情感目标	培养学生独立思考的能力，增强工作责任意识

任务描述

本任务就是将编写好的零件加工程序在数控仿真系统中进行验证与修改，并用仿真操作步骤将零件模拟加工出来。

复习导入

零件加工工艺分析→零件编程→程序校验→？

相关知识

参考任务二、任务三。

任务实施

FANUC 0i 机床仿真操作步骤

1. 打开文件

单击菜单“文件/打开项目…”,出现“请您决定!”对话框,单击“否”按钮。

在“打开”对话框中,选择前面项目文件保存的相应文件夹和文件名。

数控加工仿真系统的项目文件扩展名为 MAC。单击“打开”按钮,即可以打开前面保存的项目文件。

2. 激活机床

单击“启动”按钮,松开“急停”按钮。

3. 机床回参考点

按下“回原点”,然后按“Z”“ + ”、“X”“ + ”、“Y”“ + ”,回零。

4. 设置机床选项

单击菜单“视图/选项…”,在对话框中如图 5 - 4 - 1 所示,将“仿真加速倍率”进行相应的调整,并取消选择“显示机床罩子”单选按钮。前面保存的工件就出现了(包括夹具、刀具、坐标系等)。

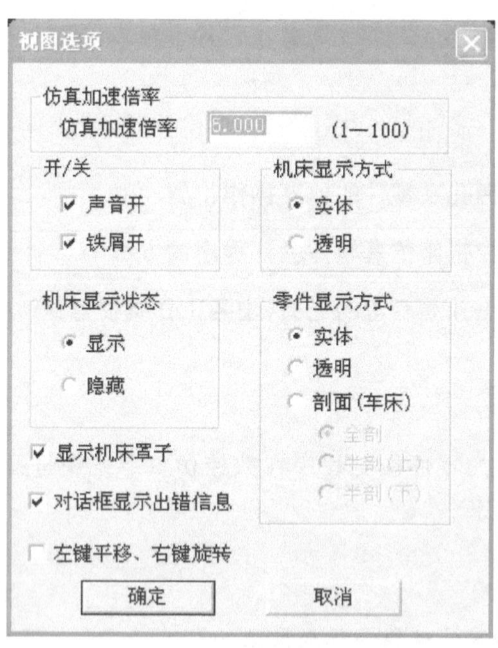

图 5 - 4 - 1 “视图选项”对话框

5. 输入(调用)程序

数控程序可以通过记事本或写字板等编辑软件输入并保存为文本格式文件,也可直接用 FANUC 系统的 MDI 键盘输入。

6. 检查运行轨迹(见图 5 - 4 - 2)

数控程序编完后,检查运行轨迹。

7. 手动对刀,设置参数(见图 5 - 4 - 3)

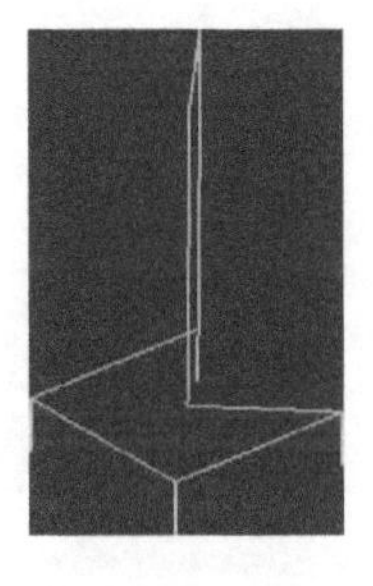

图 5－4－2　运行轨迹

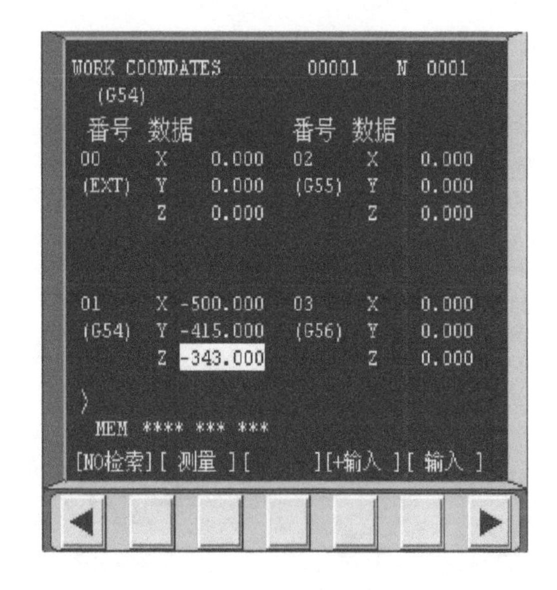

图 5－4－3　设置参数

8. 自动运行

机床位置确定和刀补数据输入后，就可以开始自动加工了。单击“自动运行”按钮，再单击“循环启动”按钮，加工零件。加工完毕就会出现如图 5－4－4 所示的结果。

图 5－4－4　效果图

9. 仿真结束

到这里，整个零件的仿真加工全部完成了。

独立完成数控仿真练习。

课后思考

任务五　孔系零件铣削练习

教学目标

知识目标	掌握数控铣床的铣削加工方法
能力目标	能正确操作机床,合理设置参数,加工出合格零件
情感目标	培养学生积极动手的能力和独立思考的能力

任务描述

本任务是对零件进行仿真模拟加工,校验程序的基础上,熟练使用数控铣床进行孔系零件的铣削加工,并且加工出符合图纸要求的合格零件。

- 数控仿真软件。
- 零件仿真。

相关知识

参考任务一、任务二和任务三。

任务实施

一、对刀并正确输入刀具补偿值

①阅读零件图,并按图纸要求检查坯料的尺寸。

②选择 FANUC 0i 机床，开机，机床回参考点。

③输入程序，并校验该程序。

④安装夹具，夹紧工件。

先将机用平口钳固定在铣床工作台上，用百分表校正钳口的平行度。然后将毛坯装夹在平口钳上，用百分表校正工件后，将其固定。

⑤刀具准备

根据加工工艺和加工程序，将所需的平底铣刀牢固地装在弹簧夹头刀柄上，然后将弹簧夹头刀柄安装到主轴锥孔中。安装刀具时要保证刀具伸出长度满足零件的厚度，还要考虑刀具的刚性。

二、对刀，并正确输入刀具补偿值

1. *X*、*Y* 向对刀

采用接触法对刀，并输入其值到 OFFSET 机能画面中的 G54 中。

2. *Z* 向对刀

采用接触法对刀，并输入其值到 OFFSET 机能画面中的 G54 中。

3. 刀具半径补偿输入

将刀具半径值输入到 OFFSET 机能画面中的刀具补正画面上的形状 D 中。

三、程序校验

锁住机床，将加工程序输入到数控系统中，在“图形模拟”功能下，实现图形轨迹的校验。把工件坐标系的 *Z* 值朝正方向平移 50 mm，方法是在 G54 参数中输入 50，按下启动键，适当降低进给速度，检查刀具运动是否正确。

四、加工工件

把工件坐标系的 *Z* 值恢复原值，将进给速度打到低挡，单段执行，按下“启动”键。机床加工时，适当调整主轴转速和进给速度，保证加工正常。

五、尺寸测量

程序执行完毕后，用游标卡尺测量轮廓尺寸和长度尺寸，根据测量结果，修改相应刀具补偿值的数据，重新执行程序，精加工工件，直到加工出合格的产品。

六、结束加工

松开夹具，卸下工件，清理机床。

技能训练

在规定时间内，根据零件图 5－5－1 和效果图 5－5－2 的要求，填写数控铣削加工工艺卡片和刀具卡片，编制程序后进行零件的仿真加工。

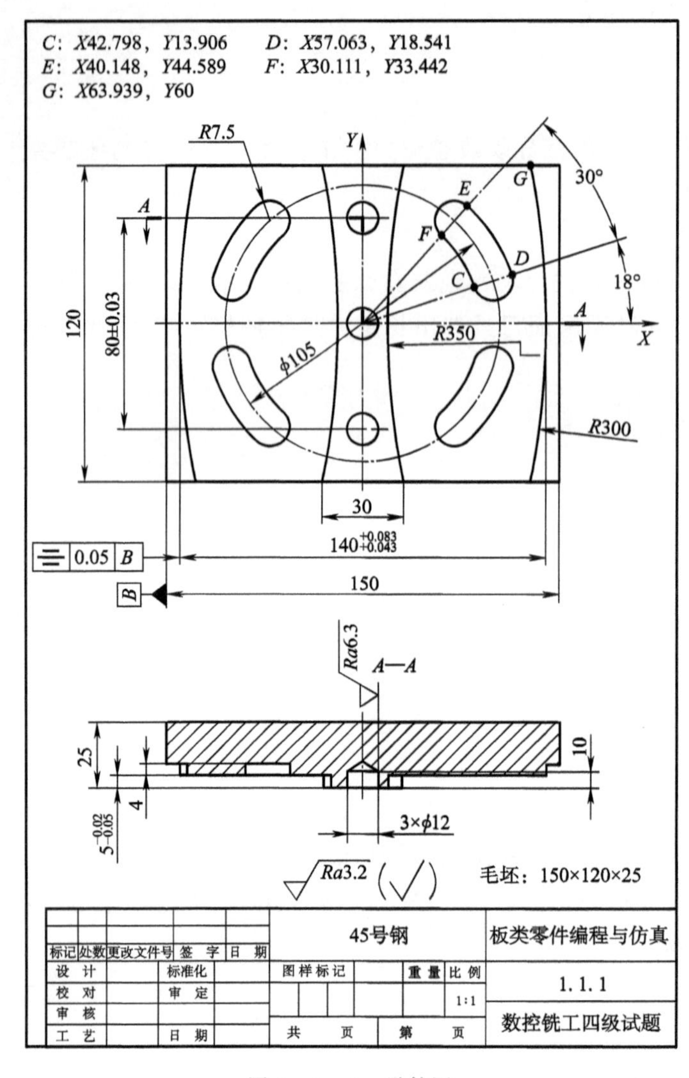

图 5－5－1　零件图

图 5－5－2　效果图

课后思考

任务六　孔系零件质量分析

教学目标

知识目标	分析孔系零件加工中出现的问题及其产生的原因
能力目标	掌握孔系零件加工中应采取的对策
情感目标	培养学生积极动手的能力

任务描述

本任务就是分析孔系零件加工中出现的问题、原因及其对策，保证孔系零件的加工质量。

任务导入

在孔系零件的加工过程中，如果遇到孔加工出来后不符合要求的情况，应该怎么办？

相关知识

钻孔的精度及误差分析见表5－6－1。

表5－6－1　钻孔的精度及误差分析表

出现问题	产生原因	对　策
孔大于规定尺寸	钻头两切削刃不对称，长度不一致	重新刃磨校正
	钻头本身的质量问题	更换钻头
	工件装夹不牢固，加工过程中，工件松动或振动	夹紧工件，加工前仔细检查
	钻头装夹不好，主轴本身跳动量过大	1. 检测或重新选用合适的刀柄和夹套。 2. 每次装夹钻头时，仔细测量与调整
孔壁粗糙	钻头不锋利	重新刃磨
	进给量过大	降低进给量
	切削液选用不当或供应不足	改换切削液，改变切削液供给方式，增加流量
	加工过程中，排屑不畅通	考虑加工方法，切削条件及钻头选型
孔歪斜	工件夹紧后校正不正确，基本面与主轴不垂直	预钻中心孔
	进给量过大，使钻头弯曲变形	降低进给量
钻孔呈多边形或孔位偏移	对刀不正确	每次加工前，正确对刀
	钻头角度不对	重新刃磨校正
	钻头两切削刃不对称，长度不一致	重新刃磨校正

续表

出现问题	产生原因	对策
孔心位置精度不好，孔心间距一致性差	1. 钻头装夹不好，主轴本身跳动量过大 2. 工件装夹不牢固	1. 检测或重新选用合适的刀柄和夹套。 2. 校正主轴。 3. 每次装夹钻头时，仔细测量与调整
	吃刀时产生偏差	1. 提高刀具与机床刚性。 2. 提高工艺与夹具的刚性。 3. 采用吃刀性好的钻形。 4. 预钻中心孔
	进给速度过大	降低进给速度
	切削液供给不足	改变切削液供给方式，增加流量

任务实施

填写数控实训加工质量评分表见表 5－6－2。

表 5－6－2 数控实训加工质量评分表

班级：		姓名：		学号：		工种：
项目序号：			项目名称：			
分类	序号	检测内容	配分	学生自测	教师检测	得分
工艺分析与程序编制	1	工艺与刀具卡片填写完整	10			
	2	程序编制正确、简洁	10			
	3	零件仿真模拟加工	10			
评分教师		加工时间		总得分		
加工操作	1	尺寸一：	8			
	2	尺寸二：	8			
	3	尺寸三：	8			
	4	尺寸四：	8			
	5	尺寸五：	8			
	6	表面粗糙度	8			
	7	零件加工完整性	7			
	8	工量具正确使用	5			
	9	设备正常操作、维护保养	5			
	10	文明生产和机床清洁	5			
评分教师		加工时间		总得分		

实训时间：____________________

上海市工业技术学校

技能训练

测量与检验零件,并填写质量分析表。

课后思考

项目六

板类综合零件加工

项目导入

使用数控铣床进行板类综合零件铣削加工

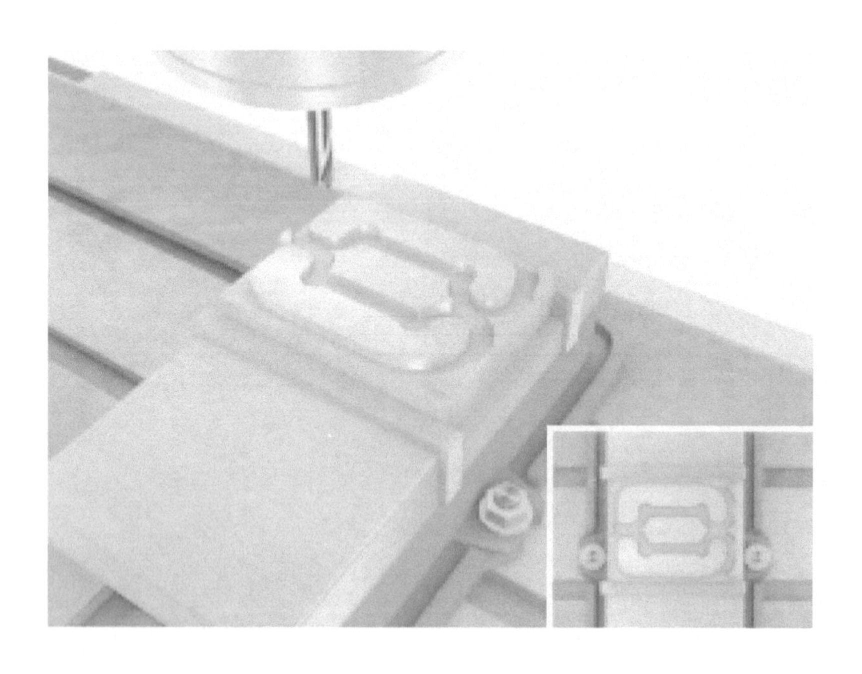

零件图和效果图如图 6－0－1 和图 6－0－2 所示。

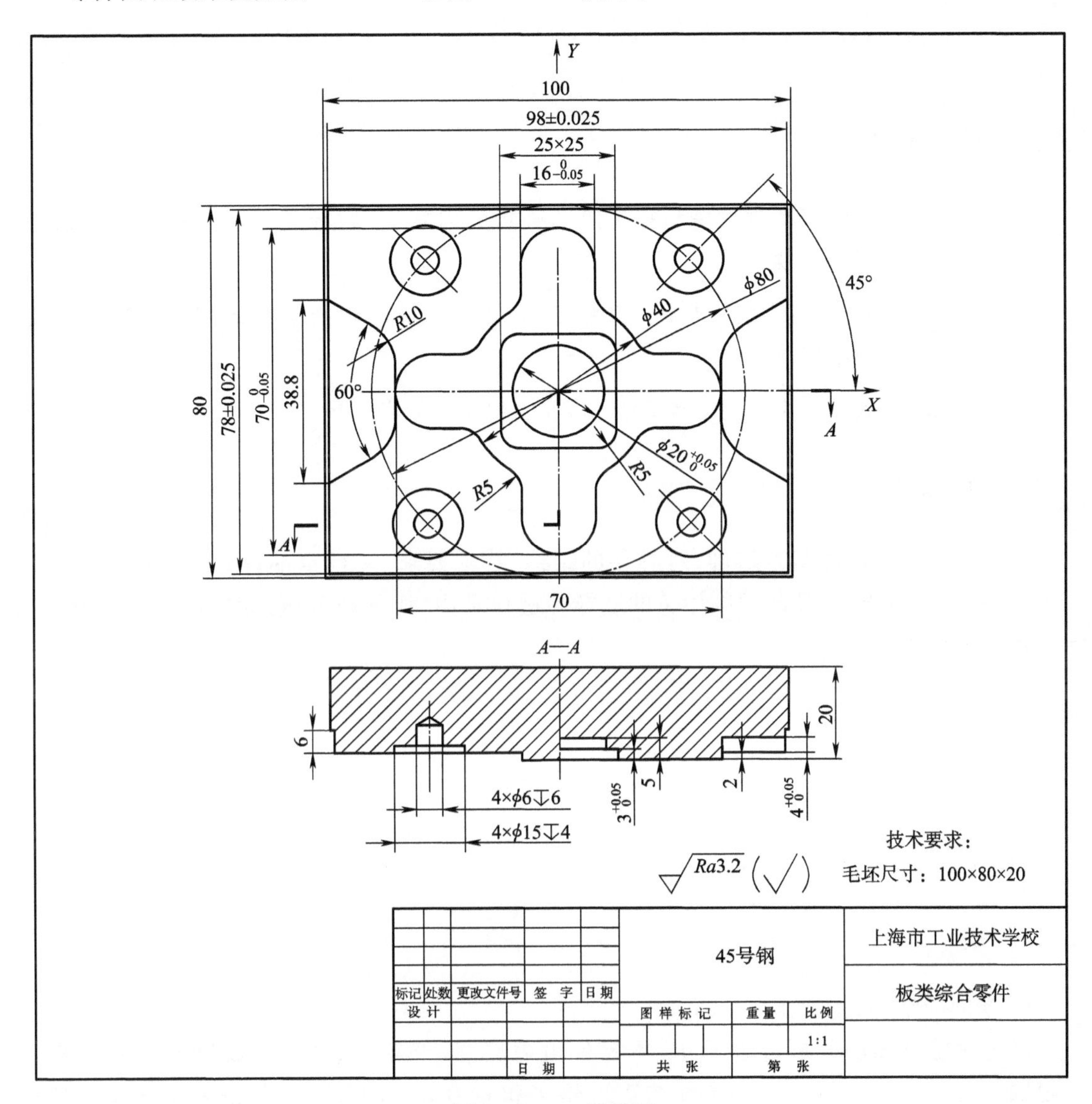

图 6－0－1　零件图

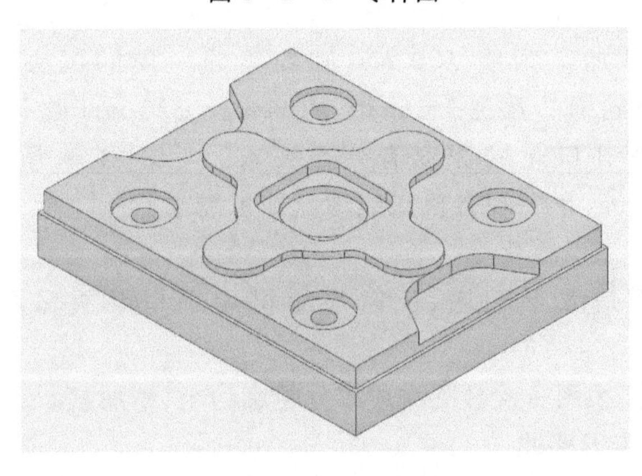

图 6－0－2　效果图

任务一 板类综合零件工艺分析

教学目标

知 识 目 标	了解板类零件铣削加工工艺分析的内容,了解板类零件铣削加工工艺分析的步骤
能 力 目 标	能合理制定零件加工工艺卡片,能合理确定板类零件的加工工艺路线及切削用量
情 感 目 标	激发学生的主观能动性,培养学生善于思考的能力

任务描述

本任务就是以零件图为基础,对零件的结构、技术要求、坐标点的计算、切削加工工艺、加工顺序、走刀路线、刀具及切削用量的选择等进行全面、详细地分析,为后面的编程及加工活动作充分准备。

相关知识

参考项目二任务一。

任务实施

一、拟定零件加工工业

1. 零件的结构、技术要求分析

经过对零件图的分析可以看出,本零件由内轮廓、外轮廓、开口轮廓和孔系加工四部分组成。内轮廓为25 mm×25 mm 的矩形轮廓和 ϕ20 mm 圆孔。外轮廓一个为十字轮廓由 R20 mm 圆角过渡,加工深度为2mm,另一个为98 mm×78 mm 的矩形轮廓。开口轮廓为两个梯形轮廓。孔系加工为绕 ϕ80 mm 圆四等分一周的沉头孔。其中矩形外轮廓98 mm×78 mm 和十字轮廓的宽度16 mm×70 mm 及 ϕ20 mm 圆孔的轮廓尺寸有公差要求,以及矩形内轮廓及开口轮廓深度有公差要求。毛坯材料为45号钢,毛坯尺寸为100 mm×80 mm×20 mm,车间现有机床能满足加工需求。

2. 切削工艺分析

①装夹工具:由于是方形毛坯,所以采用机用平口装夹零件宽度为80mm的两个面。

②加工方案的选择:采用一次装夹完成零件轮廓的粗、精加工。

3. 确定加工顺序,走刀路线

①建立工件坐标系原点:工件坐标系原点建立在板类零件的上表面中心。

②确定加工起刀点：加工起刀点设在工件的表面中心上方 100 mm. 。

③确定走刀路线(见图 6－1－1)。

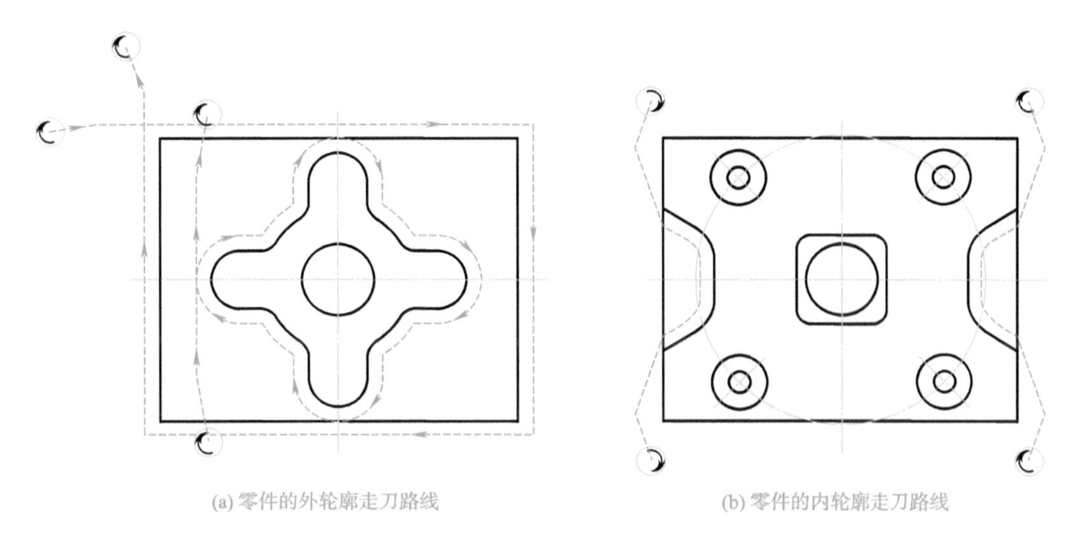

图 6－1－1　走刀路线

采用先外轮廓后内轮廓的加工顺序，粗加工完单边留 0.2 mm 余量，然后检测零件的几何尺寸，根据检测结果决定 Z 向深度和刀具半径补偿的修正量，再分别对零件的内、外轮廓进行精加工。

矩形内轮廓及十字外轮廓周边有 $R5$ 圆角，因为选用 $\phi10$ 的铣刀，所以 $R5$ 为刀具直接成形。

由于十字轮廓与梯形开口轮廓相切，为保证两轮廓加工时交错导致过切，因先加工十字轮廓保证其精度，加工开口轮廓时可根据实际情况对尺寸稍做改动。

4. 刀具与切削用量的选择

①刀具选择：根据零件的结构特点，铣削时采用 $\phi10$、$\phi8$、$\phi12$ 的键槽铣刀，$\phi3$ 中心钻和 $\phi6$ 麻花钻。

②切削用量选择：根据工件材料、工艺要求进行选择。主轴转速粗加工时取 $S=800$ r/min，精加工时取 $S=1\ 000$ r/min，进给量轮廓粗加工时取 $f=100$ mm/min，轮廓精加工时取 $f=80$ mm/min，Z 向下刀时进给量取 $f=30$ mm/min。

二、编写数控加工工艺卡片(见表 6－1－1)和数控刀具卡片(见表 6－1－2)

表 6－1－1 数控加工工艺卡片

板类零件编程与仿真单元数控加工工艺卡				零件代号		材料名称		零件数量
						45 号钢		1
设备名称	数控铣床	系统型号	FANUC	夹具名称		机用平口钳	毛坯尺寸	100×80×20
工序号	工序内容			刀具号	主轴转速 (r/min)	进给量 (mm/min)	背吃刀量 (mm)	备　注

续上表

板类零件编程与仿真单元数控加工工艺卡		零件代号		材料名称		零件数量
				45 号钢		1
一	1. 安装机用平口钳并用百分表校正固定钳口，在工件上表面中心建立工件坐标系					
	2. 用 $\phi10$ 键槽铣刀粗精加工 98 × 78 的矩形外轮廓，保证 78 ± 0.025 和 98 ± 0.025	T1	800/1 000	100/80	1.5/0.5	主程序 O0001 子程序 O0002
	3. 用 $\phi10$ 键槽铣刀粗精加工十字外轮廓，保证 $16_{-0.05}^{\ 0}$ 和 $70_{-0.05}^{\ 0}$	T1	800/1 000	100/80	1.5/0.5	主程序 O0003
	4. 用 $\phi10$ 键槽铣刀粗精加工开口梯形轮廓，保证深度 $4_{\ 0}^{+0.05}$	T1	800/1 000	100/80	3/1	主程序 O0004 子程序 O0005
	5. 手动切除多余材料	T1	1 000			
二	1. 换 $\phi8$ 键槽铣刀，在工件上表面建立 Z 向工件坐标系					
	2. 用 $\phi8$ 键槽铣刀粗精加工 25 × 25 的矩形外轮廓和 $\phi20$ 圆孔，保证 $\phi20_{\ 0}^{+0.05}$ 和 $3_{\ 0}^{+0.05}$	T2	800/1 000	100/80	2/1	主程序 O0006
三	1. 换 $\phi12$ 键槽铣刀，在工件上表面建立 Z 向工件坐标系					
	2. 用 $\phi12$ 键槽铣刀粗精加工 4 - $\phi15$ 孔	T3	800/1 000	100/80	3/1	主程序 O0007 子程序 O0008
四	1. 换 $\phi3$ 中心钻，在工件上表面建立 Z 向工件坐标系					
	2. 用 $\phi3$ 中心钻加工 4 - $\phi6$ 孔	T4	1 000	50	1	主程序 O0009
五	1. 换 $\phi6$ 麻花钻，在工件上表面建立 Z 向工件坐标系					
	2. 用 $\phi6$ 麻花钻加工 4 - $\phi6$ 孔	T5	700	50	1	主程序 O0010
六	检测，拆卸工件，去毛刺					
编制	审核　批准		年　月　日		共 1 页	第 1 页

表 6-1-2　数控刀具卡片

序号	刀具号	刀具名称	刀片/刀具规格	刀尖圆弧	刀具材料	备注
1	T1	键槽铣刀	$\phi10$		高速钢	
2	T2	键槽铣刀	$\phi8$		高速钢	
3	T3	键槽铣刀	$\phi12$		高速钢	
4	T4	中心钻	$\phi3$		高速钢	
5	T5	麻花钻	$\phi6$		高速钢	
编制		审核	批准	年　月　日	共 1 页	第 1 页

注意:

零件的工艺分析非常重要,容易把零件加工顺序搞错,有时会造成零件无法加工,如何正确分析零件加工工艺显得尤为重要。

技能训练

根据所学知识,分组讨论、拟定板类综合零件的加工工艺、优化方案,并填写数控铣削加工工艺卡片(见表6－1－3)和数控刀具卡片(见表6－1－4)。

表6－1－3　数控加工工艺卡片

<table>
<tr><td colspan="4" rowspan="2">零件编程与仿真单元数控加工工艺卡</td><td colspan="2">零件代号</td><td colspan="2">材料名称</td><td>零件数量</td></tr>
<tr><td colspan="2"></td><td colspan="2"></td><td></td></tr>
<tr><td>设备名称</td><td></td><td>系统型号</td><td></td><td>夹具名称</td><td></td><td>毛坯尺寸</td><td colspan="2"></td></tr>
<tr><td>工序号</td><td colspan="3">工序内容</td><td>刀具号</td><td>主轴转速
(r/min)</td><td>进给量
(mm/min)</td><td>背吃刀量
(mm)</td><td>备注</td></tr>
<tr><td></td><td colspan="3"></td><td></td><td></td><td></td><td></td><td></td></tr>
<tr><td></td><td colspan="3"></td><td></td><td></td><td></td><td></td><td></td></tr>
<tr><td></td><td colspan="3"></td><td></td><td></td><td></td><td></td><td></td></tr>
<tr><td>编制</td><td></td><td>审核</td><td></td><td>批准</td><td></td><td colspan="2">年　月　日</td><td>共1页</td><td>第1页</td></tr>
</table>

表6－1－4　数控刀具卡片

<table>
<tr><td>序号</td><td>刀具号</td><td colspan="2">刀具名称</td><td colspan="2">刀片/刀具规格</td><td>刀尖圆弧</td><td>刀具材料</td><td>备注</td></tr>
<tr><td></td><td></td><td colspan="2"></td><td colspan="2"></td><td></td><td></td><td></td></tr>
<tr><td></td><td></td><td colspan="2"></td><td colspan="2"></td><td></td><td></td><td></td></tr>
<tr><td>编制</td><td></td><td>审核</td><td></td><td>批准</td><td></td><td>年　月　日</td><td>共1页</td><td>第1页</td></tr>
</table>

课后思考

复习板类综合零件的工艺分析和工艺卡片的编制,并预习数控编程指令。

任务二　板类综合零件程序的编制、输入与校验

教学目标

知识目标	掌握板类零件的编程方法，了解子程序，掌握子程序和坐标系旋转的格式和应用方法
能力目标	能正确编制板类零件程序，熟练掌握子程序和坐标系旋转的程序编制 能正确校验程序，并模拟轨迹，能根据程序的轨迹正确修改程序
情感目标	培养学生独立思考的能力，增强学生工作责任意识

任务描述

要加工出合格的零件，在制定合理的加工工艺的基础上，按照零件图及加工工艺编制数控程序就显得尤其重要。

本任务就是在充分掌握编程基本指令的基础上，严格按零件图及加工工艺正确地编写零件的加工程序，将程序输入到数控机床，并能通过观看模拟轨迹的正确与否熟练修改程序。为在机床上加工出合格的零件打下基础。

复习导入

- 基本编程指令 G 指令。
- 基本编程指令 M 指令。

相关知识

一、子程序及其应用

1. 子程序的构成

程序分为主程序和子程序。

通常情况下，机床按主程序的指令顺序执行，当执行到主程序中含有调用子程序的指令时，就转到子程序中并按子程序的指令顺序执行。通过子程序中的返回主程序指令，可以返回到主程序并继续按主程序的指令移动。执行顺序如图 6－2－1 所示。

编制子程序的目的是为了方便编程，把程序中具有共同特征的程序段提取出来，编成一个子程序，并可多次调用和循环调用。

在一个加工程序中，可以有多个子程序，并允许被主程序多次重复调用。

2. 子程序的格式

(1)调用子程序 M98

格式：M98 Pxxnnnn

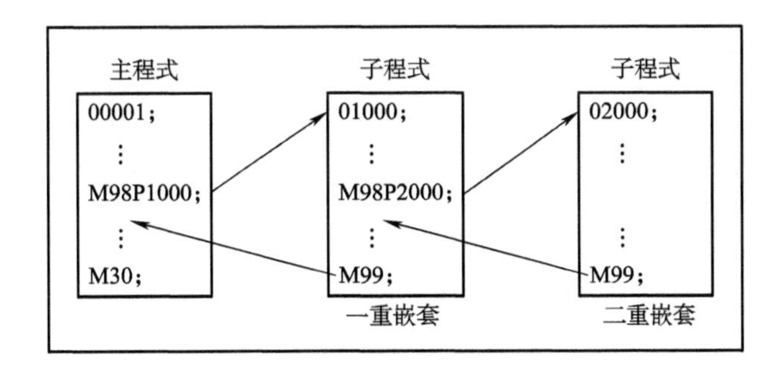

图 6-2-1 程序执行顺序

说明：

其中，地址符 P 后跟六位数字，表示调用程序号为 Onnnn 的程序 × ×次。

例如：M98 P060002，表示调用子程序名为“O0002”6 次。

(2)子程序的格式 M99

格式：Onnnn

　　……

　　M99

说明：

①地址符 O 后跟四位数字，表示子程序号。

②M99 指令表示子程序结束，并返回主程序 M98 P 的下一条程序段，继续执行主程序。

二、坐标系旋转指令(G68;G69)

该指令可使编程图形按指定旋转中心及旋转方向旋转一定的角度。

G68 表示开始坐标旋转，G69 用于撤销旋转功能。

格式：G68　X__Y__R__

……

G69

说明：

①其中，X、Y 表示旋转中心的坐标值。当 X、Y 省略时，则将当前的位置作为旋转中心。

②R 表示旋转角度，逆时针为正，顺时针为负，一般为绝对值。当 R 省略时，按系统参数确定旋转角度。

③当程序在绝对方式下，G68 程序段后的第一个程序段必须使用绝对方式移动指令才能确定旋转中心。如果这一程序段为增量方式移动指令，那么系统将以当前位置为旋转中心，按 G68 给定的角度旋转坐标。

任务实施

一、编制程序(参考程序见表6-2-1~表6-2-10)

表6-2-1 参考程序

O0001	98×78外轮廓(主)	O0001	98×78外轮廓(主)
M03S1 000		G01Z0F30	
G54G90G17G00X0Y0Z100.		M98P040002	
G00X-70. Y60.		G00Z100.	
G00Z10.		M30	

表6-2-2 参考程序

O0002	98×78外轮廓(子)	O0002	98×78外轮廓(子)
G91G01Z-2. F30		X-49.	
G90G41D01G01X-60. Y39. F100		Y50.	
X49.		G40X-70. Y60.	
Y-39.		M99	

表6-2-3 参考程序

O0003	十字轮廓	O0003	十字轮廓
M3S1 000		G1X27.	
G54G90G17G0X0Y0Z100.		G2Y-8. R8.	
G0X-35. Y-50.		G1X18. 33;	
G0Z5.		G2X8. Y-18. 33R20.	
G1Z-2. F30		G1Y-27.	
G41D02G1Y-40. F100		G2X-8. R8.	
G1Y0		G1Y-18. 33	
G2X-27. Y8. R8.		G2X-18. 33Y-8. R20.	
G1X-18. 33		G1X-27.	
G2X-8. Y18. 33R20.		G2X-35. Y0R8.	
G1Y27.		G1Y40.	
G2X8. R8.		G40G1Y50.	
G1Y18. 33;		G0Z100.	
G2X18. 33Y8. R20.		M30	

表6-2-4 参考程序

O0004	开口梯形轮廓(主)	O0004	开口梯形轮廓(主)
M3S1 000		M98P5	
G54G90G17G0X0Y0Z100.		G69	
M98P5		G0Z100	
G68X0Y0R180.		M30	

表 6-2-5　参考程序

O0005	开口梯形轮廓(子)	O0005	开口梯形轮廓(子)
G0X60. Y55.		G1Y-5.77	
Z5.		G3X40. Y-13.8R10.	
G1Z-6. F30		G1X49. Y-19.	
G41D3G1Y50. F100		G1X60. Y-50.	
G1X49. Y19.		G40G1Y-55.	
X40. Y13.8		G0Z100.	
G3X35. Y5.77R10.		M99	

表 6-2-6　参考程序

O0006	25×25 的矩形轮廓加工、ϕ20 圆孔加工	O0006	25×25 的矩形轮廓加工、ϕ20 圆孔加工
M03S1 000		G40G1X0	
G54G90G17G00X0Y0Z100.		G0Z10.	
G0Z10.		G1Z-5. F30	
G1Z-3. F30		G41G1D3X8. F100	
G41G1D4X12.5F100		G3I-8.	
G1Y12.5		G3I-8.	
X-12.5		G40G1X0	
Y-12.5		G0Z100.	
X12.5		M30	
Y0			

表 6-2-7　参考程序

O0007	ϕ15 圆孔(主)	O0007	ϕ15 圆孔(主)
M3S1 000		G68X0Y0R225.	
G54G90G17G0X0Y0Z100.		M98P8	
G68X0Y0R45.		G68X0Y0R315.	
M98P8		M98P8	
G68X0Y0R135.		G00Z100.	
M98P8		M30	

表 6-2-8　参考程序

O0008	ϕ15 圆孔(子)	O0008	ϕ15 圆孔(子)
X40. Y0		G3I-7.5	
Z5.		G40G1X40.	
G1Z-4. F30		G0Z5.	
G41D5X47.5F100		M99	
G3I-7.5			

表 6-2-9 参考程序

O0009	φ6 孔定位(中心钻)	O0009	φ6 孔定位(中心钻)
M3S1 000		X40. Y0	
G54G90G17G0X0Y0Z100.		X0Y-40.	
G0Z10.		G80	
G68X0Y0R45.		G00Z100.	
G98G81X-40. Y0Z-5. R5. F50		M30	
X0Y40.			

表 6-2-10 参考程序

O0010	φ6 孔(麻花钻)	O0010	φ6 孔(麻花钻)
M3S700		X40. Y0	
G54G90G17G0X0Y0Z100.		X0Y-40.	
G0Z10.		G80	
G68X0Y0R45.		G00Z100.	
G98G83X-40. Y0Z-9. R5. Q1. F50		M30	
X0Y40.			

二、输入程序

1. 手动输入

在“编辑”状态下,选择“程序”键,通过机床软键,手动输入程序。

2. 导入程序

在“编辑”状态下,通过读卡器将 CF 卡的内容读取到机床上。

三、校验程序

在“自动”模式下,选择“轨迹”键,“循环启动”机床,检查轨迹。

技能训练

根据零件图要求和加工工艺,独立编写数控程序。

要求:

编写的程序正确、简洁、高效,即能应用子程序和坐标系旋转指令,并且能正确设置指令参数。

课后思考

复习子程序调用方法及坐标系旋转指令的使用方法，并预习数控仿真面板。

任务三　板类综合零件仿真练习(一)

教学目标

知识目标	熟练掌握板类综合零件的仿真操作步骤，掌握数控铣床仿真软件验证程序的方法
能力目标	能正确运用仿真软件进行操作，能在仿真软件上加工合格零件
情感目标	培养学生团队协作精神，培养学生独立思考的能力，增强工作责任意识

任务描述

本任务就是将编写好的零件加工程序在数控仿真系统中进行验证与修改，并用仿真操作步骤将零件模拟加工出来。

零件加工工艺分析→零件编程→程序校验→?

相关知识

参考任务二。

任务实施

FANUC 0i 机床仿真操作步骤

(一) 98 mm × 78 mm 的矩形轮廓加工

1. 激活机床

打开数控仿真软件，选择 FANUC 0i 铣床，单击“启动”按钮，松开“急停”按钮。

2. 机床回参考点

按下“回原点”按钮，然后按“Z”“ + ”、“X”“ + ”、“Y”“ + ”，回零。

3. 定义毛坯与选择刀具

①定义毛坯。单击菜单“零件/定义毛坯”，参数如图 6 – 3 – 1 所示，单击“确定”按钮。

②安装夹具。单击菜单“零件/安装夹具…”，在选择零件对话框中，选取名称为“毛坯1”的零件，在如图 6 – 3 – 2 所示的选择夹具对话框中，选取名称为“平口钳”的夹具，夹具尺寸用缺省值，可适当调整其上下位置，单击“确定”按钮。

③放置零件。单击菜单“零件/放置零件…”，在选择零件对话框中，选取名称为“毛坯1”的零件，单击“安装零件”按钮，如图 6 – 3 – 3 所示。界面上出现控制零件移动的面板，可以移动零件，也可按“退出”按钮。此时，零件已放置在机床工作台面上。

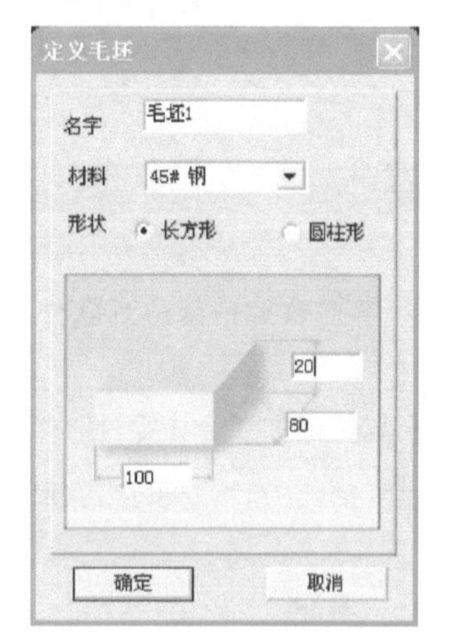

图 6 – 3 – 1　定义毛坯

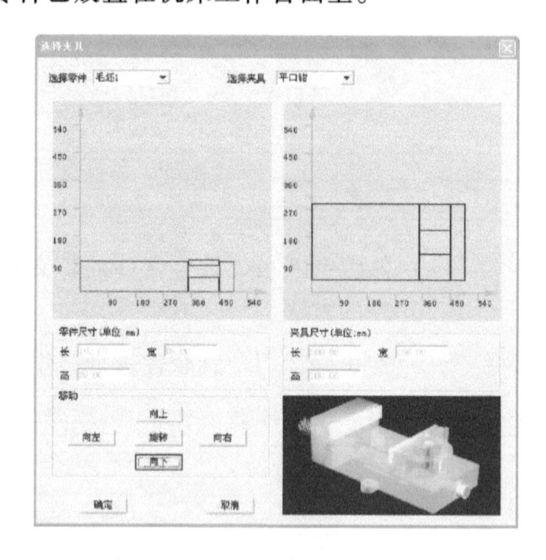

图 6 – 3 – 2　“选择夹具”对话框

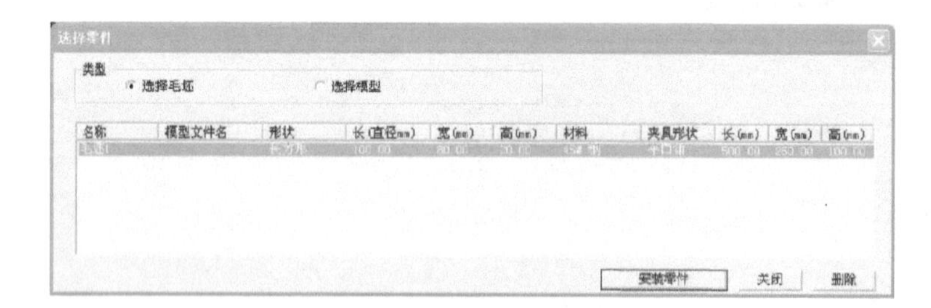

图 6 – 3 – 3　选取名称为“毛坯 1”的零件

④选择刀具。单击菜单“机床/选择刀具”，根据加工方式选择所需刀具的直径和类型。然后单击“确认”按钮，如图图 6 – 3 – 4 所示。

4. 输入(调用)程序

数控程序可以通过记事本或写字板等编辑软件输入并保存为文本格式文件，也可直接用 FANUC 系统的 MDI 键盘输入。

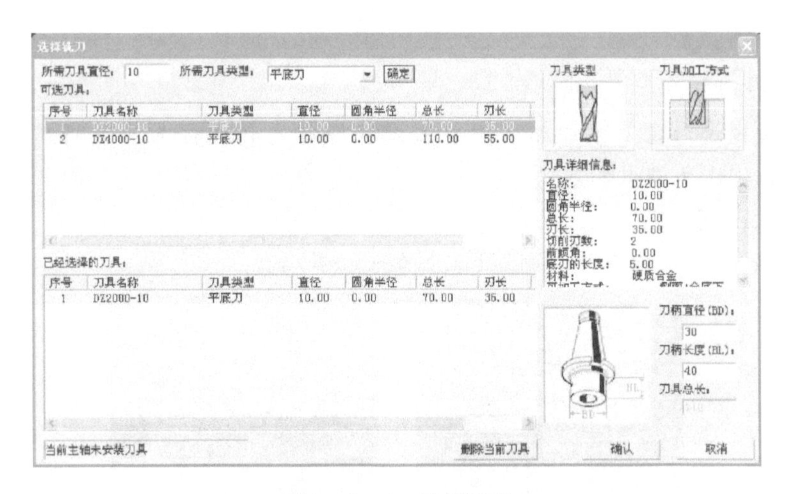

图 6－3－4　选择刀具

5. 检查运行轨迹

数控程序编完后,应检查运行轨迹(见图 6－3－5)。

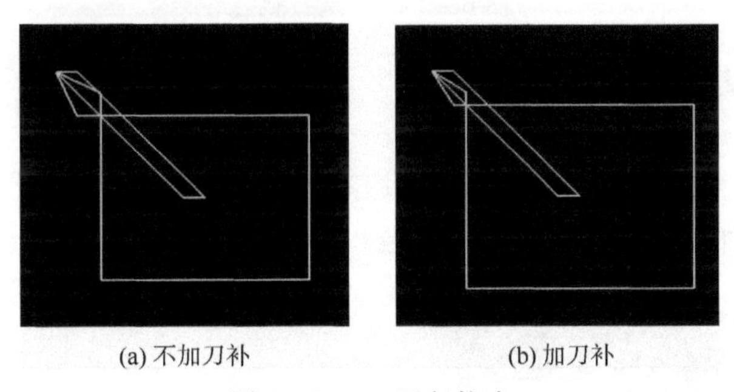

(a) 不加刀补　　(b) 加刀补

图 6－3－5　运行轨迹

6. 手动对刀,设置参数(见图 6－3－6)

7. 自动运行

机床位置确定和刀补数据输入后,就可以开始自动加工了。单击“自动运行”按钮,单击“循环启动”按钮,加工零件。加工完毕就会出现如图 6－3－7 所示的结果。

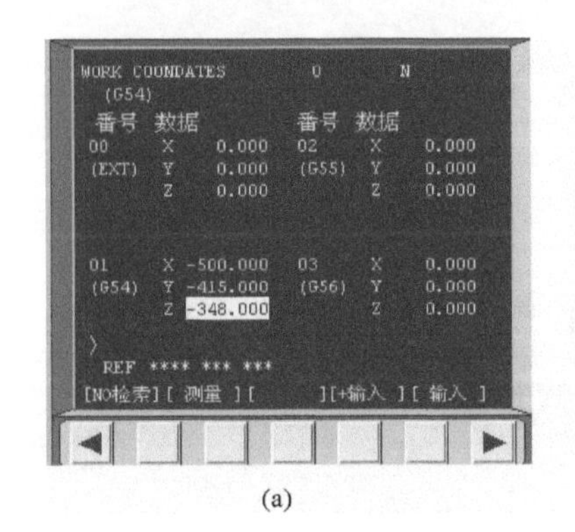

(a)

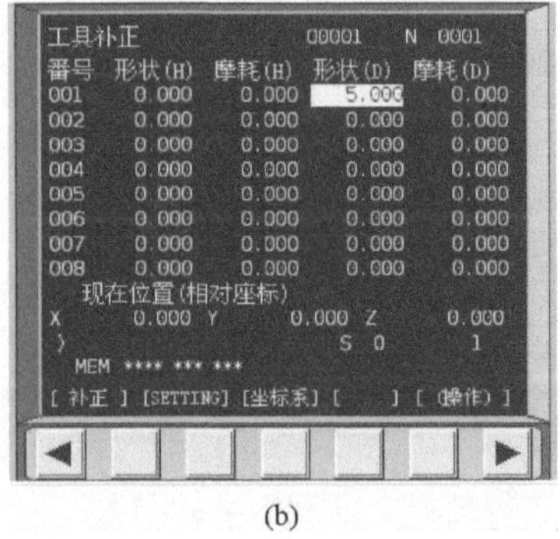

(b)

图 6－3－6　设置参数

图 6－3－7 效果图

(二)十字轮廓加工

1. 输入(调用)程序

数控程序可以通过记事本或写字板等编辑软件输入并保存为文本格式文件,也可直接用 FANUC 系统的 MDI 键盘输入。

2. 检查运行轨迹

数控程序编完后,应检查运行轨迹(见图 6－3－8)。

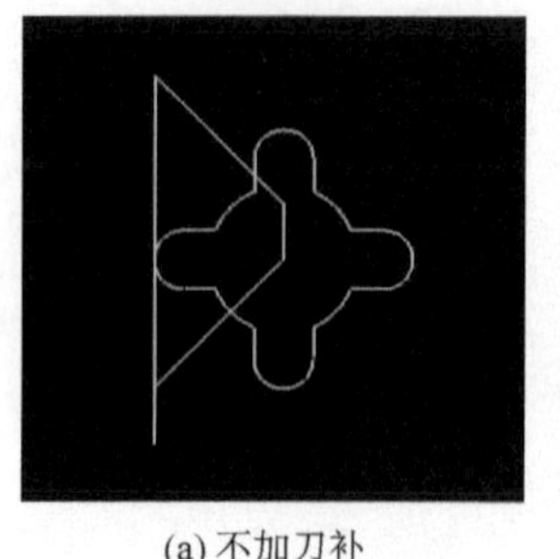

(a) 不加刀补

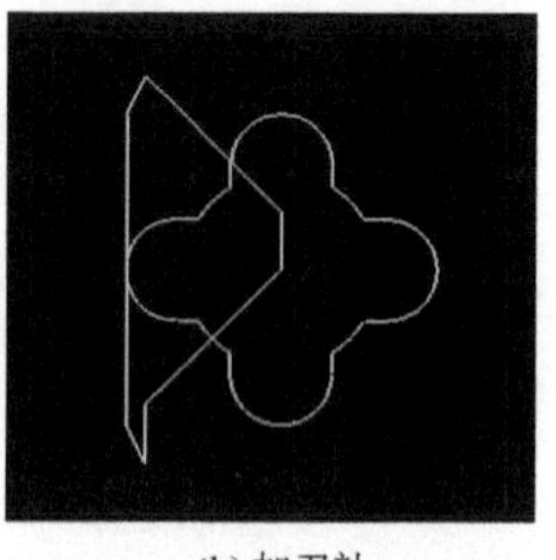

(b) 加刀补

图 6－3－8　运行轨迹

3. 手动对刀,设置参数(见图 6－3－9)

4. 自动运行

机床位置确定和刀补数据输入后,就可以开始自动加工了。单击“自动运行”按钮,再单击“循环启动”按钮,加工零件。加工完毕就会出现如图 6－3－10 所示的结果。

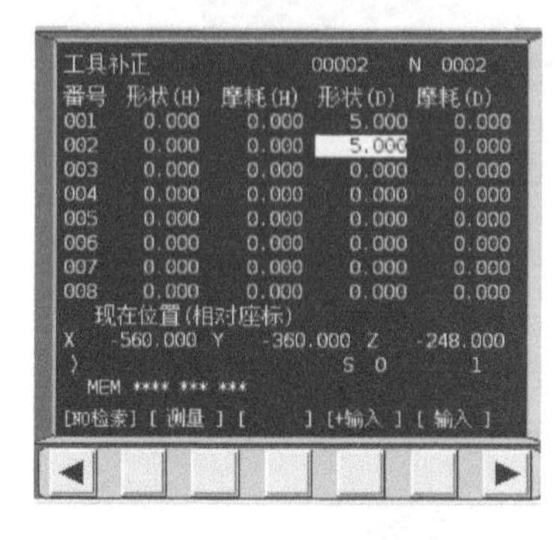

图 6－3－9　设置参数

图 6－3－10　效果图

(三)开口梯形轮廓加工

1. 输入(调用)程序

数控程序可以通过记事本或写字板等编辑软件输入并保存为文本格式文件,也可直接用 FANUC 系统的 MDI 键盘输入。

2. 检查运行轨迹

数控程序编完后,应检查运行轨迹(见图 6－3－11)。

3. 手动对刀,设置参数(见图 6－3－12)

4. 自动运行

机床位置确定和刀补数据输入后,就可以开始自动加工了。单击“自动运行”按钮,再单击“循环启动”按钮，加工零件。加工完毕就会出现如图 6－3－13 所示的结果。

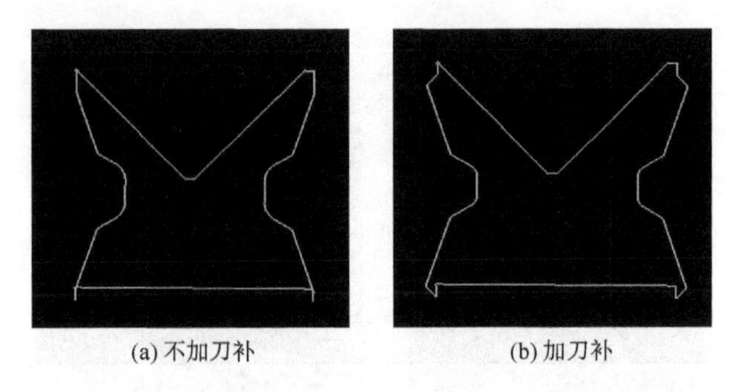

(a) 不加刀补　　(b) 加刀补

图 6－3－11　运行轨迹

图 6－3－12　设置参数

图 6－3－13　效果图

(四) 25 mm × 25 mm 的矩形轮廓加工、ϕ20 mm 圆孔加工

1. 选择刀具

单击菜单“机床/选择刀具”，根据加工方式选择所需刀具的直径和类型。然后单击“确认”按钮，如图 6－3－14 所示。

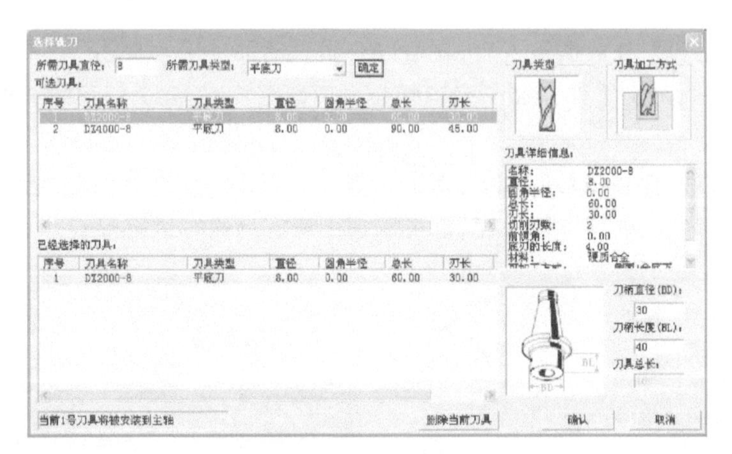

图 6－3－14　选择刀具

2. 输入(调用)程序

数控程序可以通过记事本或写字板等编辑软件输入并保存为文本格式文件，也可直接

用 FANUC 系统的 MDI 键盘输入。

3. 检查运行轨迹

数控程序编完后，应检查运行轨迹(见图 6-3-15)。

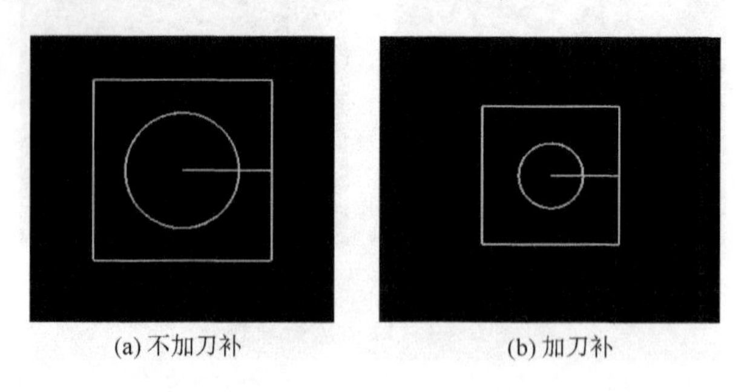

(a) 不加刀补　　(b) 加刀补

图 6-3-15　运行轨迹

4. 手动对刀，设置参数(见图 6-3-16)

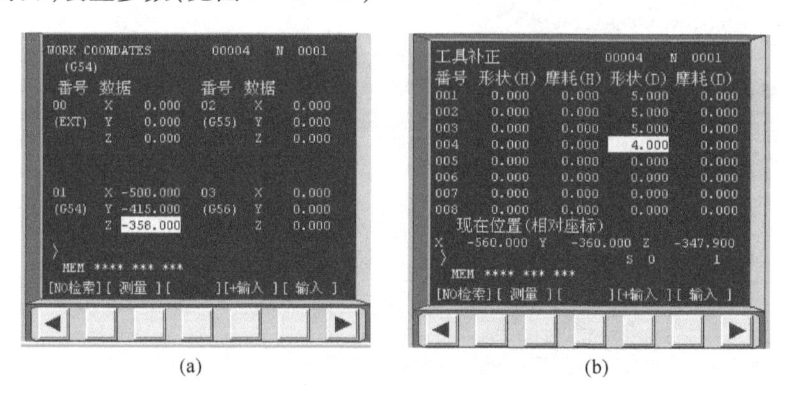

(a)　　(b)

图 6-3-16　设置参数

5. 自动运行

机床位置确定和刀补数据输入后，就可以开始自动加工了。单击“自动运行”按钮，再单击“循环启动”按钮，加工零件。加工完毕就会出现如图 6-3-17 所示的结果。

6. 保存文件

单击菜单“文件/保存项目”，出现如图 6-3-18 所示的“选择保存类型”保存文件所示的对话框。选择相应的内容进行保存，也可以选中所有的内容进行保存。

图 6-3-17　效果图

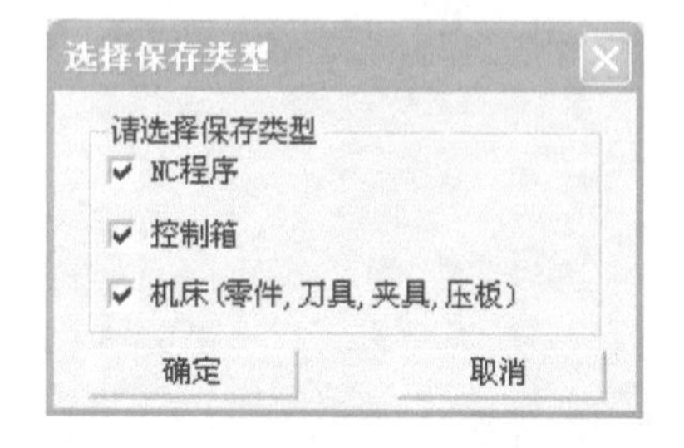

图 6-3-18　“选择保存类型”对话框

单击“确定”按钮后，出现如图 6－3－19 所示的“另存为”对话框。该对话框为默认的保存文件夹和文件名，也可以根据需要更改相应的目录和文件名。

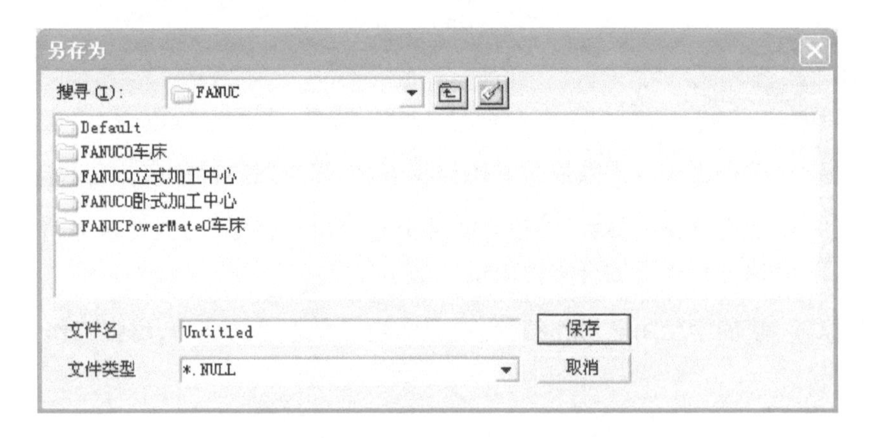

图 6－3－19　“另存为”对话框

注意：

以上的仿真加工操作需要保存，为后面的练习打下基础。

技能训练

根据图纸要求和数控工艺卡片，进行数控仿真练习。

课后思考

任务四　板类综合零件仿真练习(二)

教学目标

知识目标	掌握板类零件数控仿真操作步骤,熟练掌握数控铣床仿真软件的使用
能力目标	能合理修改参数,在仿真软件上加工出合格零件,能在数控仿真系统中正确进行板类综合零件的模拟加工
情感目标	培养学生团队协作精神,培养学生独立思考的能力,增强工作责任意识

任务描述

本任务就是将编写好的零件加工程序在数控仿真系统中进行验证与修改,并用仿真操作步骤将零件模拟加工出来。

复习导入

零件轮廓的程序编制→?

相关知识

参考任务二。

任务实施

FANUC 0i 机床仿真操作步骤

(一)ϕ15 mm 圆孔加工

1. 打开文件

单击菜单“文件/打开项目…”,出现“请您决定”对话框,单击“否”按钮。在“打开”对话框中,选择前面项目文件保存的相应文件夹和文件名。数控加工仿真系统的项目文件扩展名为 MAC。单击“打开”按钮,即可以打开前面保存的项目文件。

2. 激活机床

单击“启动”按钮,松开“急停”按钮。

3. 机床回参考点

按下“回原点”键,然后按“Z”“ + ”、“X”“ + ”、“Y”“ + ”键,回零。

4. 设置机床选项

单击菜单“视图/选项…”,在如图 6 - 4 - 1 所示的对话框中,将“仿真加速倍率”进行相应的调整,并取消选择“显示机床罩子”单选按钮。前面保存过的工件就出现了(包括夹具、刀具、坐标系等)。

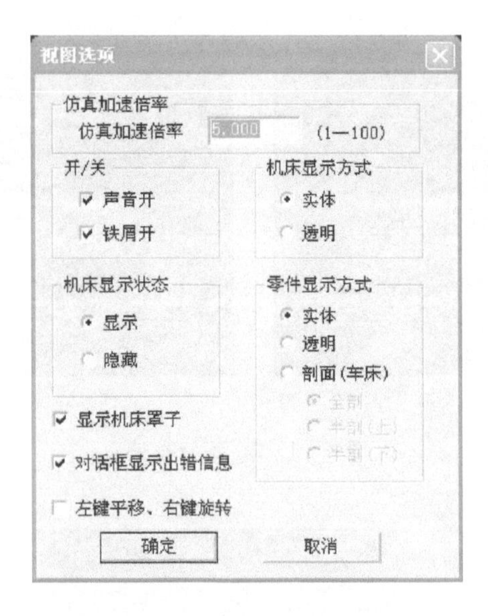

图 6-4-1　“视图选项”对话框

5. 选择刀具

单击菜单“机床/选择刀具”,根据加工方式选择所需刀具的直径和类型。然后单击“确认”按钮,如图 6-4-2 所示。

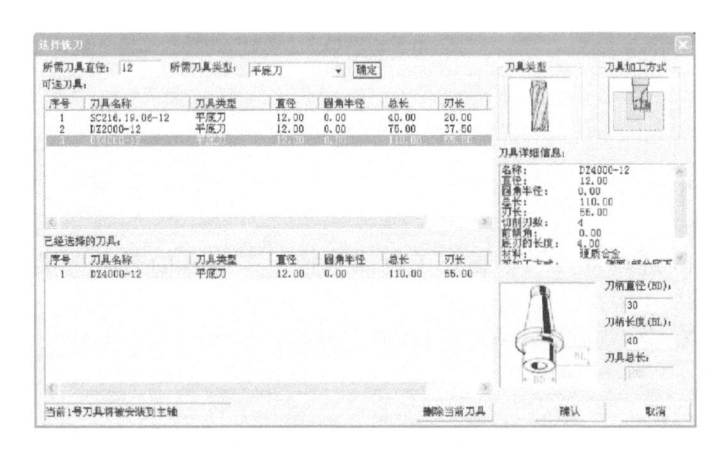

图 6-4-2　选择刀具

6. 输入(调用)程序

数控程序可以通过记事本或写字板等编辑软件输入并保存为文本格式文件,也可直接用 FANUC 系统的 MDI 键盘输入。

7. 检查运行轨迹

数控程序编完后,应检查运行轨迹(见图 6-4-3)。

8. 手动对刀,设置参数(见图 6-4-4)

9. 自动运行

机床位置确定和刀补数据输入后,就可以开始自动加工了。单击“自动运行”按钮,再单击“循环启动”按钮，加工零件。加工完毕就会出现如图 6-4-5 所示的结果。

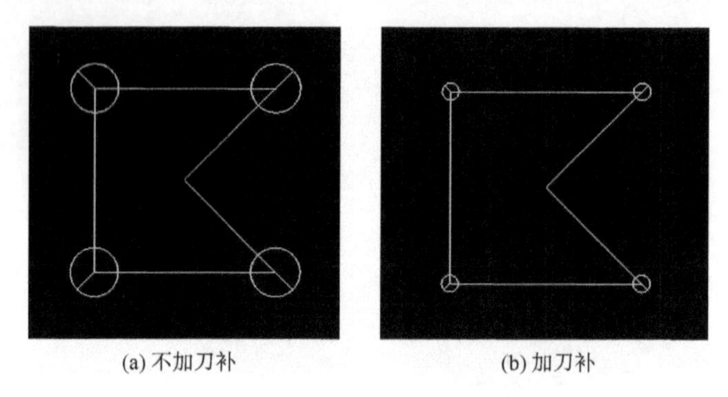

(a) 不加刀补　　(b) 加刀补

图 6-4-3　运行轨迹

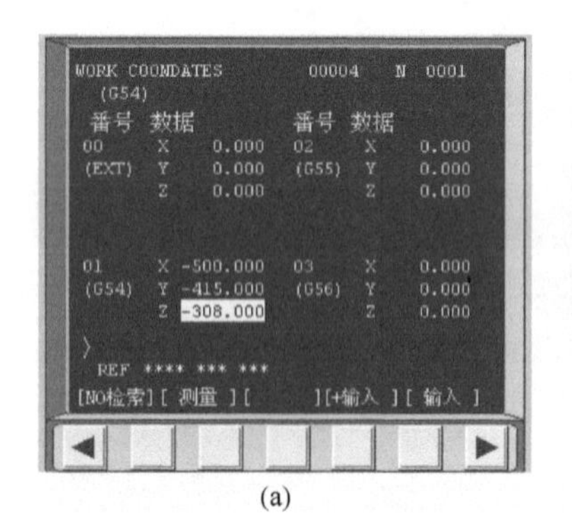

(a)

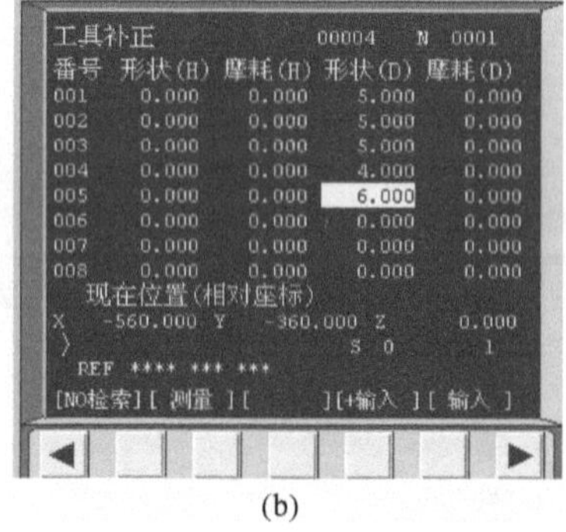

(b)

图 6-4-4　设置参数

图 6-4-5　效果图

(二) ϕ6 mm 孔定位(中心钻)

1. 选择刀具

单击菜单“机床/选择刀具”，根据加工方式选择所需刀具的直径和类型。然后单击“确认”按钮，如图 6-4-6 所示。

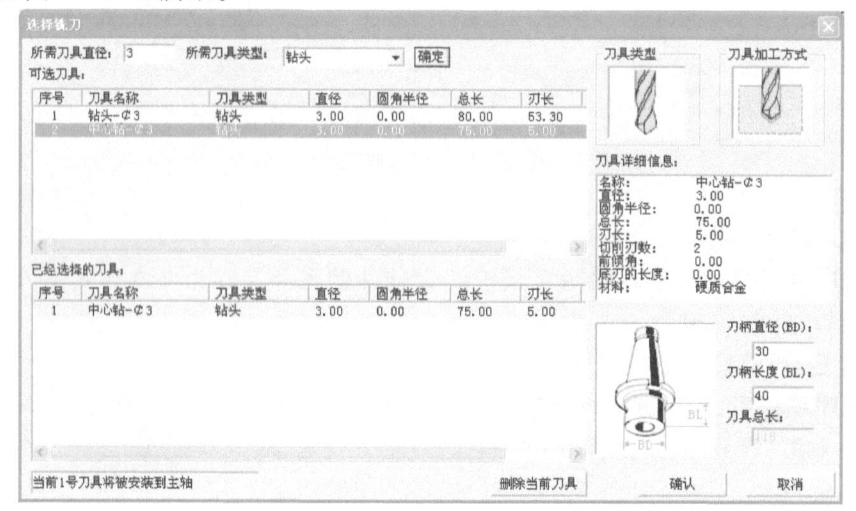

图 6-4-6　选择刀具

2. 输入(调用)程序

数控程序可以通过记事本或写字板等编辑软件输入并保存为文本格式文件,也可直接用 FANUC 系统的 MDI 键盘输入。

3. 检查运行轨迹

数控程序编完后,应检查运行轨迹(见图 6-4-7)。

4. 手动对刀,设置参数(见图 6-4-8)

5. 自动运行

机床位置确定和刀补数据输入后,就可以开始自动加工了。

单击“自动运行”按钮,单击“循环启动”按钮,加工零件。

加工完毕就会出现如图 6-4-9 所示的结果。

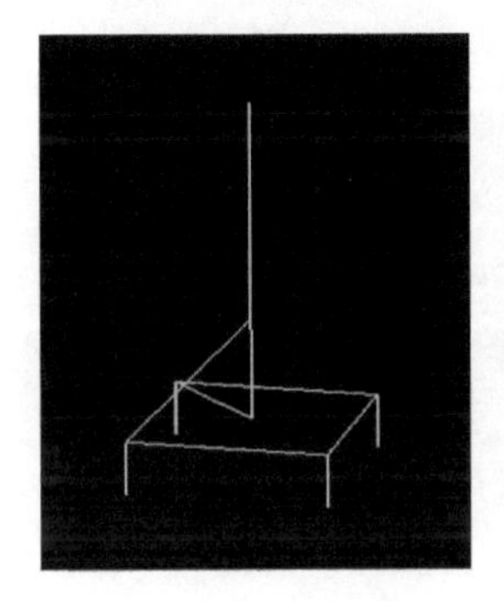

图 6-4-7　运行轨迹

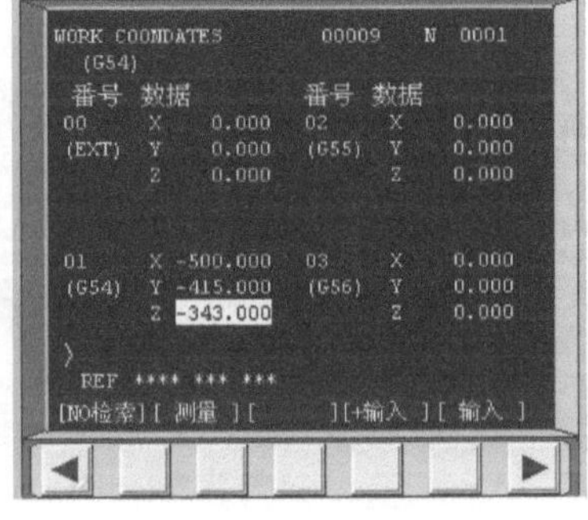

图 6-4-8　设置参数

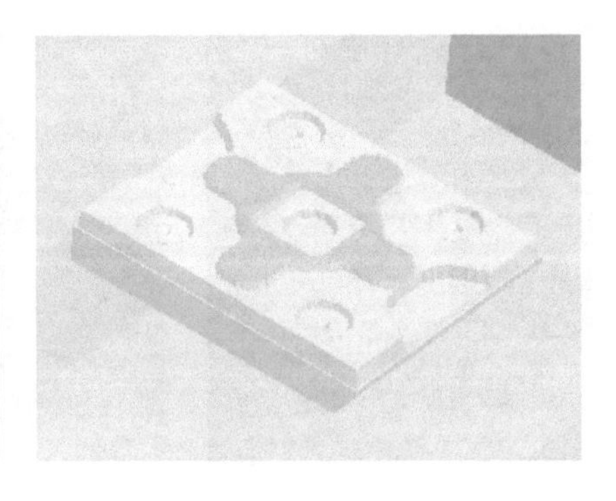

图 6-4-9　效果图

(三)ϕ6 mm 孔加工

1. 选择刀具

单击菜单“机床/选择刀具”,根据加工方式选择所需刀具的直径和类型。然后单击“确认”按钮,如图6-4-10 所示。

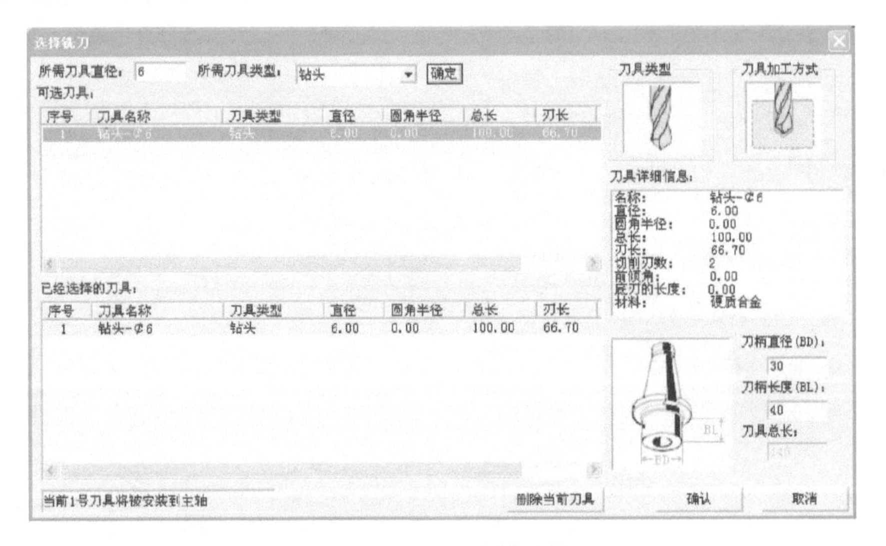

图 6-4-10　选择刀具

2. 输入(调用)程序

数控程序可以通过记事本或写字板等编辑软件输入并保存为文本格式文件,也可直接用 FANUC 系统的 MDI 键盘输入。

3. 检查运行轨迹

数控程序编完后,应检查运行轨迹(见图 6-4-11)。

4. 手动对刀,设置参数(见图 6-4-12)

5. 自动运行

机床位置确定和刀补数据输入后,就可以开始自动加工了。单击“自动运行”按钮,再单击“循环启动”按钮,加工零件。加工完毕就会出现如图 6-4-13 所示的结果。

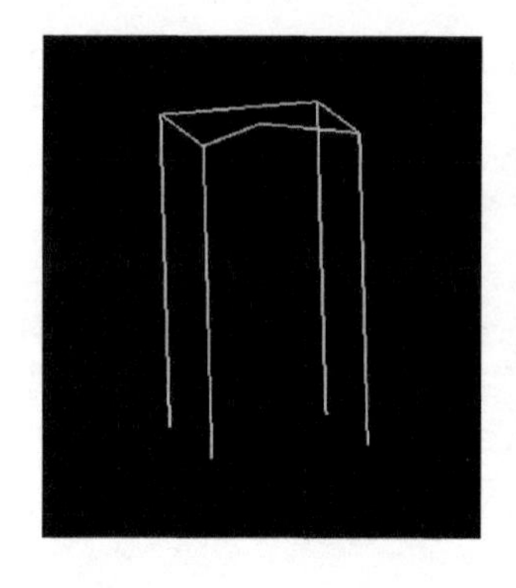

图 6-4-11　运行轨迹

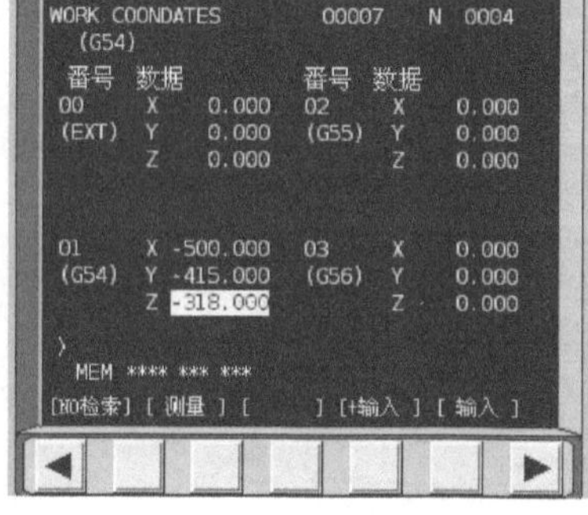

图 6-4-12 设置参数

图 6-4-13　效果图

技能训练

根据图纸要求和数控工艺卡片,进行数控仿真练习。

课后思考

任务五　板类综合零件铣削练习

教学目标

知识目标	掌握板类零件铣削加工工艺,掌握板类零件的铣削加工方法
能力目标	能正确操作数控铣床,加工出合格零件,能正确使用游标卡尺等量具,并能正确读数
情感目标	增强学生岗位责任意识,培养学生积极动手的能力和独立思考的能力

任务描述

本任务是对零件进行仿真模拟加工、校验程序的基础上,熟练使用数控铣床进行板类综合零件的铣削加工,并且加工出符合图纸要求的合格零件。

- 数控仿真软件。
- 零件仿真。

相关知识

参考任务一和任务二。

任务实施

一、加工准备

①阅读零件图,并按图纸要求检查坯料的尺寸。

②选择 FANUC 0i 机床,开机,机床回参考点。

③输入程序,并校验该程序。

④安装夹具,夹紧工件。

先将机用平口钳固定在铣床工作台上,用百分表校正钳口的平行度。然后将毛坯装夹在平口钳上,用百分表校正工件后,将其固定。

⑤刀具准备。

根据加工工艺分析和加工程序,将所需的平底铣刀牢固地装在弹簧夹头刀柄上,然后将弹簧夹头刀柄安装到主轴锥孔中。安装刀具时要保证刀具伸出长度满足零件的厚度,还要考虑刀具的刚性。

二、对刀并正确输入刀具补偿值

1. *X*、*Y* 向对刀

采用接触法对刀，并输入其值到 OFFSET 机能画面中的 G54 中。

2. *Z* 向对刀

采用接触法对刀，并输入其值到 OFFSET 机能画面中的 G54 中。

3. 刀具半径补偿输入

将刀具半径值输入到 OFFSET 机能画面中的刀具补正画面上的形状 D 中。

三、程序校验

把工件坐标系的 *Z* 值往正方向平移 50 mm，方法是在 G54(EXT)参数中 *Z* 输入 50，按下输入键，将已输入的加工程序，在“图形模拟”功能下，校验程序轨迹是否正确，以此达到程序校验的目的。

四、加工工件

把工件坐标系的 *Z* 值恢复原值，将进给速度打到低挡，单段执行，按下“启动”键。

机床加工时，适当调整主轴转速和进给速度，保证加工正常。

五、尺寸测量

程序执行完毕后，用游标卡尺测量轮廓尺寸和长度尺寸，根据测量结果，修改相应刀具补偿值的数据，重新执行程序，精加工工件，直到加工出合格的产品。

六、结束加工

松开夹具，卸下工件，清理机床。

技能训练

在规定时间内，根据零件图 6 – 5 – 1 和图 6 – 5 – 2 的要求，填写数控铣削加工工艺卡片和刀具卡片，编制程序后进行零件的仿真加工。

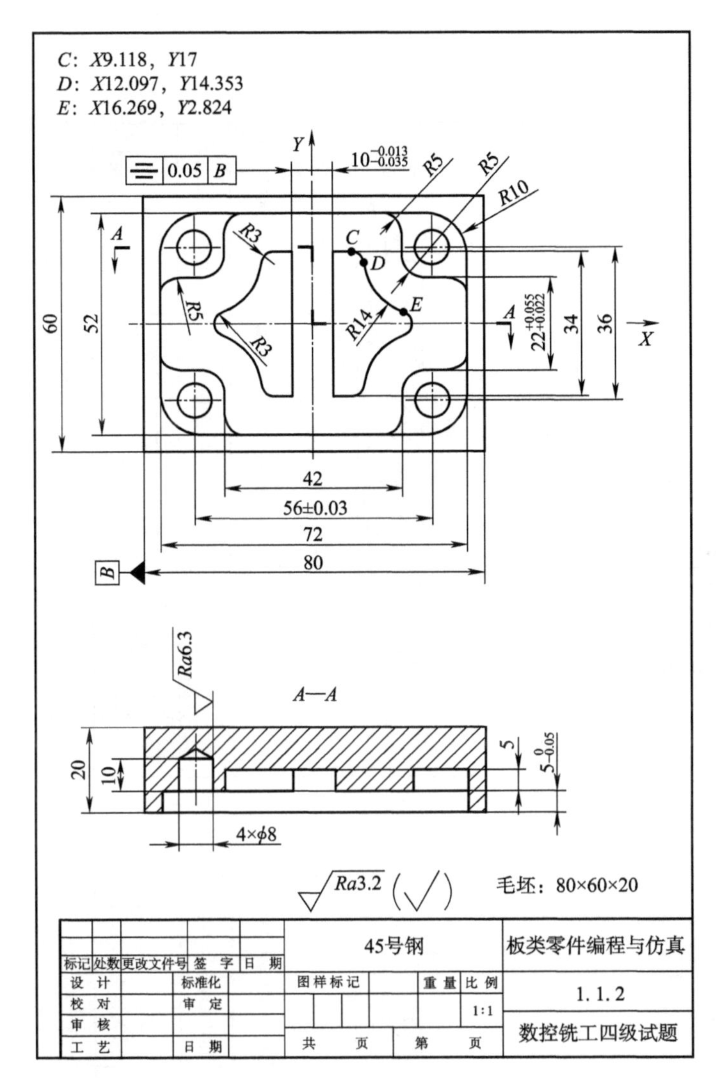

图 6-5-1　零件图

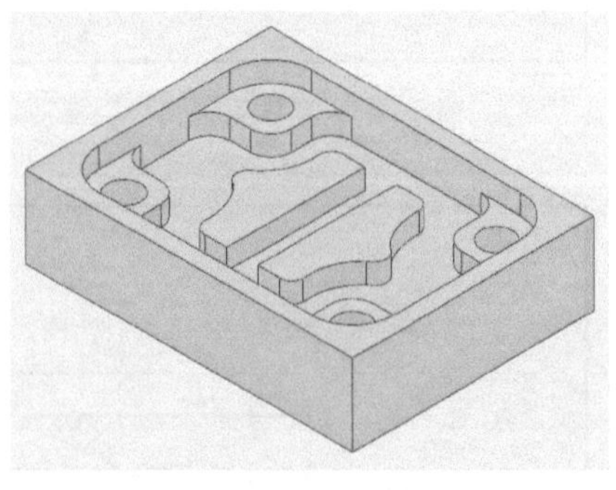

图 6-5-2　效果图

课后思考

根据图 6-5-3 和图 6-5-4 两个板类综合零件图的要求，编制程序。

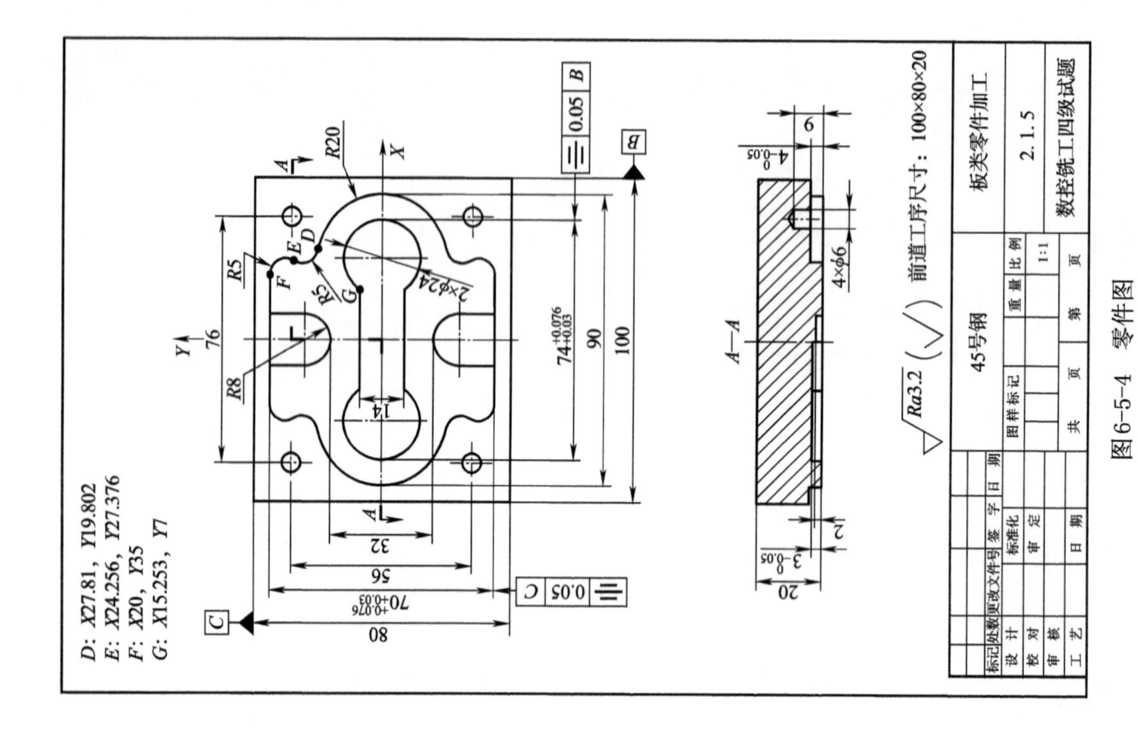

图6-5-4　零件图

C：X11.972，Y20
D：X15.841，Y21.414
E：X28.387，Y12.228
F：X38.544，Y8.005
G：X13.611，Y32.804
毛坯：100×80×24
A—A
45号钢
板类零件编程与仿真
1.1.3
数控铣工四级试题

图6-5-3　零件图

任务六　数控机床故障分析与板类综合零件质量分析

教学目标

知识目标	了解数控机床故障的原因及其解决方案
能力目标	能独立解决由操作失误而引起的机床故障，如机床超程等
情感目标	增强学生岗位责任意识，培养学生积极动手的能力

任务描述

本任务是学会数控机床故障的判断和处理，并能合理设置机床参数，正确操作机床，加工出合格的板类零件。

任务导入

零件加工精度如何？如何检验？机床操作过程中，如果出现了故障该怎么办？又如何进行判断呢？

相关知识

一、故障的类型

①系统性故障和随机性故障。
②诊断显示故障和无诊断显示故障。
③破坏性故障和非破坏性故障。
④硬件故障和软件故障。
⑤数控机床运动特性的质量故障。

二、故障的判断

数控机床出现故障后要作出正确的判断，首先要分析故障的原因。

对于有报警显示的故障，应从显示的报警号按照故障诊断说明书去检查。

例如：气压系统压力低，液压系统压力低，油温高，油箱液位低，坐标轴运动超程，存储器电池电压低，进给电动机过载、过热，等等。

对于没有报警显示的故障就必须做好充分的检查，操作者应将现场情况和现象仔细做好记录。对于未看清的故障现象，如果是非破坏性故障可以让机床重演故障时运行状况，再仔细观察故障是否再现。

数控机床故障性的原因是多种多样的。有机械的，有电气的，有控制系统的，还有环境造成的或者是人为操作失误造成的等。因此，要进行仔细、综合分析才能找出原因，作出正确判断。

● 例如：手轮无法工作，可按下述步骤查找故障原因。

①确认系统是否处于手动操作状态。

②是否未选择移动坐标轴。

③手轮电缆连接是否松动、有误。

④系统参数中手轮有关设备参数是否正确。

⑤系统中报警未解除。

⑥伺服系统工作异常。

⑦系统处于急停状态。

⑧系统电源单元工作异常。

⑨手轮损坏。

● 再如：机床的某个行程开关工作不正常，其原因可能是。

①机械运动不到位，开关未压下。

②机械设计结构不合理，开关松动或挡块太短，压合不可靠。

③开关自身质量有问题。

④防护措施不好，开关内进了油或切削液，使动作失常。

因此，要根据故障现象，参考机床的有关维修使用手册，列出可能产生的原因，经过分析和综合判断，找出确切原因，才能排除故障。

三、故障的处理

找到造成故障的确切原因后，就可以“对症下药”，排除故障或修理、调整和更换有关元件，使数控机床恢复运行。

故障处理是一项综合性强，专业技术知识要求高的工作，而且需要长期工作实践经验的积累。操作者积极、主动地配合维修人员进行工作，是及时解决机床故障的一个重要因素。

任务实施

填写数控实训加工质量评分表（见表6－6－1）。

表6－6－1 数控实训加工质量评分表

班级：			姓名：	学号：		工种：	
项目序号：			项目名称：				
分类	序号	检测内容	配分	学生自测	教师检测	得分	
工艺分析与程序编制	1	工艺与刀具卡片填写完整	10				
	2	程序编制正确、简洁	10				
	3	零件仿真模拟加工	10				

续表

评分教师		加工时间		总得分		
加工操作	1	尺寸一：	8			
	2	尺寸二：	8			
	3	尺寸三：	8			
	4	尺寸四：	8			
	5	尺寸五：	8			
	6	表面粗糙度	8			
	7	零件加工完整性	7			
	8	工量具正确使用	5			
	9	设备正常操作、维护保养	5			
	10	文明生产和机床清洁	5			
评分教师		加工时间		总得分		

实训时间：____________________

上海市工业技术学校

在规定时间内，根据零件图纸要求，对板类零件进行加工与测量，并填写质量分析表。

课后思考

复习数控机床常见故障及解决故障的方法。

项目七

盘类综合零件加工

项目导入

使用数控铣床进行盘类综合零件铣削加工。

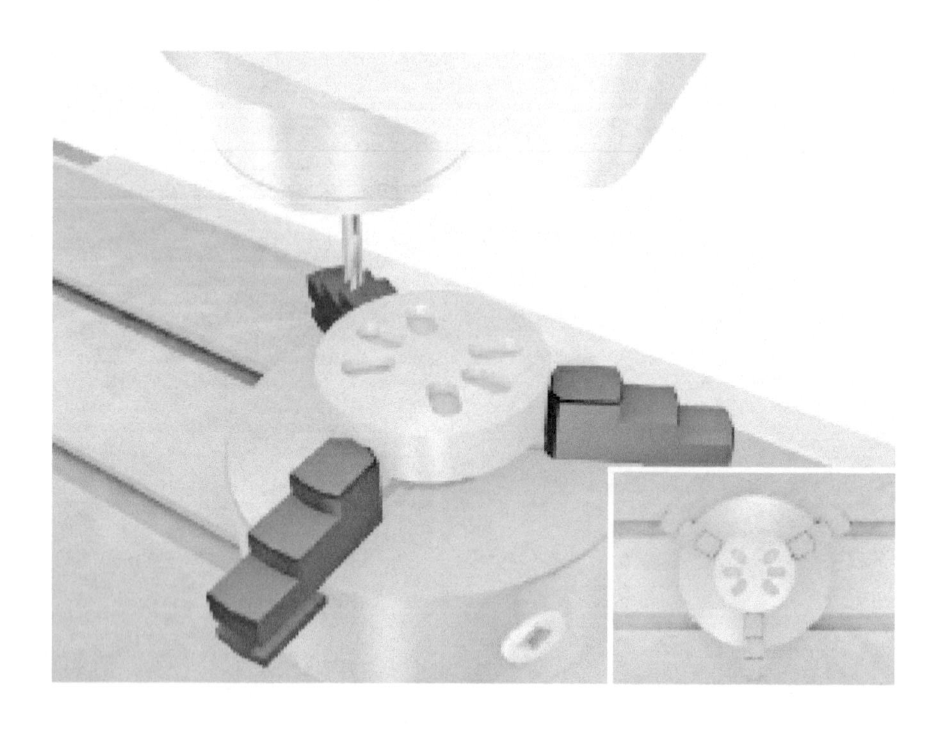

零件图和效果图如图 7 - 0 - 1 和图 7 - 0 - 2 所示。

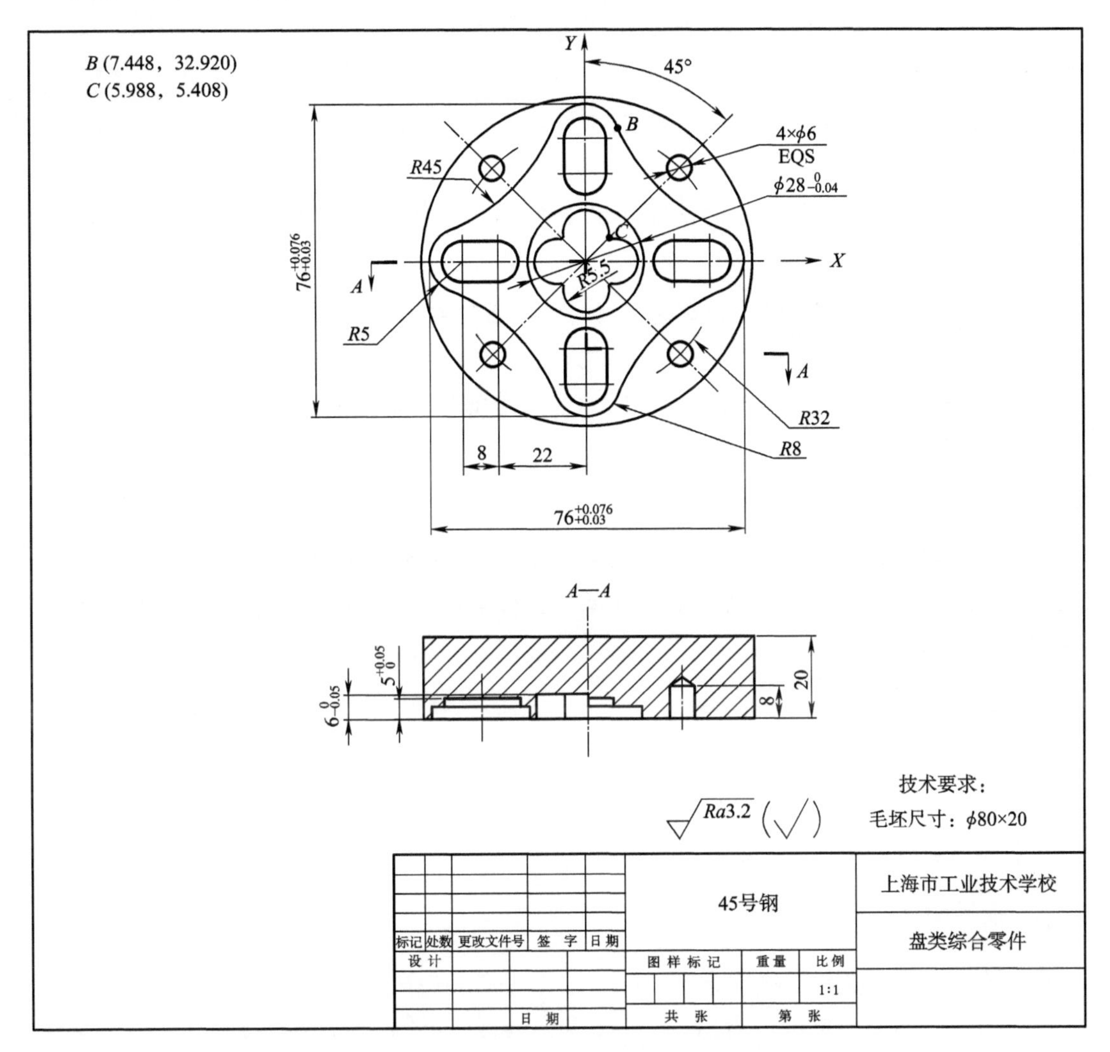

图 7 - 0 - 1　零件图

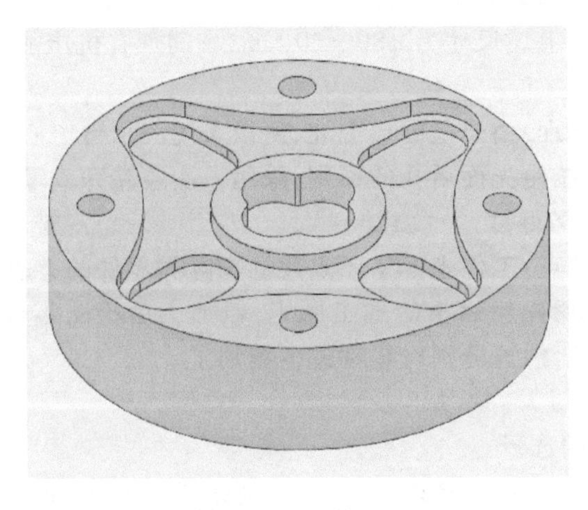

图 7 - 0 - 2　效果图

任务一 盘类综合零件工艺分析

教学目标

知识目标	了解盘类零件的铣削加工工艺分析的内容,了解盘类零件的铣削加工工艺分析的步骤
能力目标	能合理制订零件加工工艺卡片,能合理确定盘类零件的加工工艺路线及切削用量
情感目标	激发学生的主观能动性,培养学生善于思考的能力

任务描述

本任务就是以零件图为基础,对零件的结构、技术要求、坐标点的计算、切削加工工艺、加工顺序、走刀路线、刀具及切削用量的选择等进行全面、详细地分析,为后面的编程及加工活动作充分准备。

相关知识

参考项目二任务一。

任务实施

一、拟定零件加工工艺

1. 零件的结构、技术要求分析

经过对零件图的分析可以看出,本零件需要进行内、外轮廓和孔系加工。内、外轮廓由直线和圆弧组成,几何元素之间关系描述清楚完整,零件部分轮廓尺寸有公差要求,需要加工完成。孔系零件没有特殊的要求。

毛坯材料为45号钢,毛坯尺寸为 $\phi80\times20$ mm,车间现有机床能满足加工需求。

2. 切削工艺分析

①装夹工具与定位基准:由于是圆形毛坯,所以采用三爪自定心卡盘对毛坯夹紧。

②加工方案的选择:按照先面后孔的原则,采用一次装夹完成零件的粗、精加工。

3. 确定加工顺序,走刀路线

①建立工件坐标系原点:工件坐标系原点建立在盘类零件的上表面中心。

②确定加工原则:采用先粗后精的加工原则,粗加工后检测零件的几何尺寸,根据检测结果决定刀具的磨耗修正量,再分别对零件进行精加工。

③确定走刀路线(见图7-1-1)。

4. 刀具与切削用量的选择

①刀具选择:根据零件的结构特点,铣削加工时采用 $\phi10$ 和 $\phi6$ 的键槽铣刀。

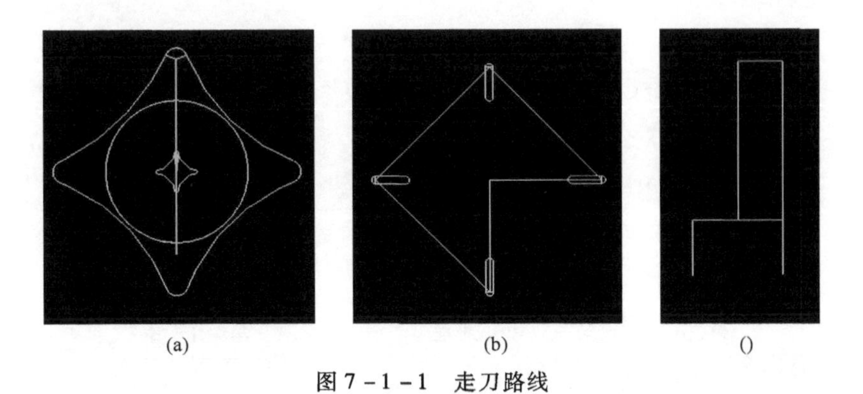

(a)　(b)　()

图 7-1-1　走刀路线

②切削用量选择:根据工件材料、工艺要求进行选择。主轴转速粗加工时取 $S=800$ r/min,精加工时取 $S=1\ 000$ r/min,进给量轮廓粗加工时取 $f=100$ mm/min,轮廓精加工时取 $f=80$ mm/min,Z 向下刀时进给量取 $f=30$ mm/min。

二、编写数控加工工艺卡片(见表 7-1-1)和数控刀具卡片(见表 7-1-2)

表 7-1-1　数控加工工艺卡片

盘类零件编程与仿真单元 数控加工工艺卡				零件代号		材料名称		零件数量
						45 号钢		1
设备名称	数控铣床	系统型号	FANUC	夹具名称		三爪自定心卡盘	毛坯尺寸	$\phi80\times20$
工序号	工序内容			刀具号	主轴转速 (r·min)	进给量 (mm·min^{-1})	背吃刀量 (mm)	备注
一	1. 以底面作为定位基准,三爪卡盘夹紧工件,夹持工件高出卡盘 10 mm 左右,使用百分表校正工件,在工件上表面中心建立工件坐标系原点							
	2. 用 $\phi10$ 键槽铣刀粗精加工 $R45$ 内轮廓,保证尺寸 $76^{+0.076}_{0.03}$			T1	800/1000	100/80	2/1	O0001
	3. 用 $\phi10$ 键槽铣刀粗精加工 $\phi28$ 圆孔,保证 $\phi28^{\ 0}_{-0.04}$			T1	800/1000	100/80	2/1	O0001
	4. 用 $\phi10$ 键槽铣刀粗精加工 $R5.5$ 内轮廓,保证深度 $6^{\ 0}_{-0.05}$			T1	800/1000	100/80	2/1	O0001
	5. 用 $\phi10$ 键槽铣刀粗精加工四个圆弧键槽,保证深度 $5^{+0.05}_{0}$			T1	800/1000	100/80	4/1	主程序 O0002 子程序 O0003
	6. 手动切除多余材料			T1	800			
二	1. 换 $\phi6$ 键槽铣刀,在工件上表面建立 Z 向工件坐标系							
	2. 加工 $4\times\phi6$ 孔			T2	1200	35	1	O0004
三	检测,拆卸工件,去毛刺							
编制		审核		批准		年　月　日	共 1 页	第 1 页

表 7-1-2 数控刀具卡片

序号	刀具号	刀具名称		刀片/刀具规格		刀尖圆弧	刀具材料	备注
1	T1	键槽铣刀		$\phi10$			高速钢	
2	T2	键槽铣刀		$\phi6$			高速钢	
编制		审核		批准		年 月 日	共1页	第1页

注意：

零件的工艺分析非常重要，容易把零件加工顺序搞错，有时会造成零件无法加工，如何正确分析零件加工工艺显得尤为重要。

技能训练

根据所学知识，分组讨论、拟定盘类综合零件的加工工艺、优化方案，并填写数控铣削加工工艺卡片（见表 7-1-3）和数控刀具卡片（见表 7-1-4）。

表 7-1-3 数控加工工艺卡片

零件编程与仿真单元数控加工工艺卡				零件代号			材料名称		零件数量
设备名称		系统型号		夹具名称				毛坯尺寸	
工序号	工序内容			刀具号	主轴转速（r·min）		进给量（$mm\cdot min^{-1}$）	背吃刀量（mm）	备注
编制		审核		批准		年 月 日		共1页	第1页

表 7-1-4 数控刀具卡片

序号	刀具号	刀具名称		刀片/刀具规格		刀尖圆弧	刀具材料	备注
编制		审核		批准		年 月 日	共1页	第1页

课后思考

复习盘类综合零件的工艺分析和工艺卡片的编制，并预习数控编程指令。

任务二　盘类综合零件程序编制

教学目标

知识目标	掌握盘类零件的编程方法，了解极坐标系原点的指定方式
能力目标	能正确编制盘类零件程序，熟练掌握极坐标的格式和应用方法
情感目标	增强工作责任意识，培养学生独立思考的能力，激发学生学习兴趣

任务描述

要加工出合格的零件，在制订合理的加工工艺的基础上，按照零件图及加工工艺编制数控程序就显得尤其重要。

本任务就是在充分掌握编程基本指令的基础上，严格按零件图及加工工艺正确地编写零件的加工程序，并能熟练修改程序，为在机床上加工出合格的零件打下基础。

复习导入

- 基本编程指令 G 指令。
- 基本编程指令 M 指令。

相关知识

一、极坐标指令

1. 建立极坐标指令

格式：G16　X __ Y __

说明：其中，X 是半径，Y 是角度。

①当使用极坐标指令后，坐标值以极坐标方式指定，即以数控机床极坐标半径和极坐标

角度来确定点的位置。

②对于极坐标半径，当加工中心使用 G17、G18、G19 选择好加工平面后，用所选平面的第一轴地址来指定。

③对于极坐标角度，用所选平面的第二坐标地址来指定极坐标角度，极坐标的零度方向为第一坐标轴的正方向，逆时针方向为角度方向的正向。

2. 取消极坐标指令

格式：G15。

二、极坐标系原点

极坐标原点指定方式有两种，一种是以工件坐标系的零点作为极坐标原点；另一种是以刀具当前的位置作为极坐标系原点。

当以数控机床工件坐系零点作为极坐标系原点时，用绝对值编程方式来指定。如加工中心程序"G90 G17 G16;"，极坐标半径值是指终点坐标到编程原点的距离；角度值是指终点坐标与编程原点的连线与 X 轴的夹角。

当以刀具当前位置作为极坐标系原点时，用增量值编程方式来指定。如程序"G91 G17G16;"，极坐标半径值是指终点到刀具当前位置的距离；角度值是指前一坐标原点与当前极坐标系原点的连线与当前轨迹的夹角。

三、极坐标的应用

采用极坐标编程，加工中心可以大大减少编程时的计算工作量，因此数控机床在编程中得到广泛应用。通常情况下，圆周分布的孔类零件（如法兰类零件）以及图样尺寸以半径与角度形式标示的零件（如正多边形外形铣），采用极坐标编程较为合适。

任务实施

编制程序（参考程序见表 7－2－1～表 7－2－4）

表 7－2－1　参考程序

O0001	内外轮廓加工	O0001	内外轮廓加工
G54 G90 G17 G00 Z100.		G03 X7.448 Y-32.92 R8.	
M03 S1000		G02 X32.92 Y-7.448 R45.	
G00 X0 Y30.		G03 X32.92 Y7.448 R8.	
G00 Z5.		G02 X7.448 Y32.92 R45.	
G01 Z-3. F30		G03 X-7.448 Y32.92 R8.	
G41 D01 G01 X7.448 Y32.92 F100		G40 G01 X0 Y30.	
G03 X-7.448 Y32.92 R8.		G00 Z5.	
G02 X-32.92 Y7.448 R45.		G00 X0 Y-22.	
G03 X-32.92 Y-7.448 R8.		G01 Z-3. F30;	
G02 X-7.448 Y-32.92 R45.		G41 D02 G01 X0 Y-13.98 F100	

续表

O0001	内外轮廓加工	O0001	内外轮廓加工
G02 X0 Y13. 98 R13. 98		G03 X-5. 998 Y-5. 408 R5. 5	
G02 X0 Y-13. 98 R13. 98		G01 X-5. 408 Y-5. 998	
G02 X0 Y13. 98 R13. 98		G03 X5. 408 Y-5. 998 R5. 5	
G40 G01 X0 Y22.		G01 X5. 998 Y-5. 408	
G00 Z5.		G03 X5. 998 Y5. 408 R5. 5	
G00 X0 Y0		G01 X5. 408 Y5. 998	
G01 Z-6. F30		G03 X-5. 408 Y5. 998 R5. 5	
G41 D02 G01 X5. 408 Y5. 998 F100		G40 G01 X0 Y0	
G03 X-5. 408 Y5. 998 R5. 5		G00 Z100.	
G01 X-5. 998 Y5. 408		M30	

表 7－2－2　参考程序

O0002	圆弧槽加工(主)	O0002	圆弧槽加工(主)
G54 G90 G17 G00 Z100.		G68 X0 Y0 R180.	
M03 S1000		M98 P0003	
G00 X0 Y0.		G69	
G00 Z5.		G68 X0 Y0 R－90.	
M98 P0003		M98 P0003	
G68 X0 Y0 R90.		G69	
M98 P0003		G00 Z100.	
G69		M30	

表 7－2－3　参考程序

O0003	圆弧槽加工(子)	O0003	圆弧槽加工(子)
G00 X30. Y0		G01 X30. Y－6.	
G01 Z－5. F30		G03 X30. Y6. R6.	
G41 D03 G01 X30. Y－6. F100		G40 G01 X30. Y0	
G03 X30. Y6. R6.		G00 Z5.	
G01 X22. Y6.		M99	
G03 X22. Y－6. R6.			

表 7－2－4　参考程序

O0004	孔系加工	O0004	孔系加工
G54 G90 G17 G00 Z100.		G00 Z10.	
M03 S1200		G16	
G00 X0 Y0		X32. Y45.	

续表

O0004	孔系加工	O0004	孔系加工
G98 G83 Z-8. R5. Q1. F30		G80	
X32. Y135.		G15	
X32. Y225.		G00 Z100.	
X32. Y-45.		M30	

技能训练

根据零件图要求和加工工艺分析，独立编写数控程序。

要求：

编写的程序正确、简洁、高效，既能应用子程序和坐标系旋转指令，并且能正确设置指令参数。

课后思考

复习极坐标指令的应用方法并预习数控仿真面板。

任务三　盘类综合零件仿真练习(一)

教学目标

知识目标	熟练掌握盘类综合零件的仿真操作步骤，掌握盘类零件在仿真软件中的正确使用
能力目标	能在仿真软件上加工合格零件，掌握数控铣床仿真软件验证程序的方法
情感目标	培养团队合作精神，培养学生独立思考的能力，增强工作责任意识

任务描述

本任务就是将编写好的零件加工程序在数控仿真系统中进行验证与修改，并用仿真操作步骤将零件模拟加工出来。

零件加工工艺分析→零件编程→程序校验→?

相关知识

参考任务一和任务二。

任务实施

FANUC 0i 机床仿真操作步骤

内外轮廓加工

1. 激活机床

打开数控仿真软件,选择 FANUC 0i 铣床,单击“启动”按钮,松开“急停”按钮。

2. 机床回参考点

按下回原点主键,然后按“Z”“ + ”、“X”“ + ”、“Y”“ + ”键,回零。

3. 定义毛坯与选择刀具

①定义毛坯。单击“零件/定义毛坯”参数如图 7 -3 -1 所示,再单击“确定”按钮。

②安装夹具。单击菜单“零件/安装夹具…”,在“选择零件”对话框中,选取名称为“毛坯1”的零件,在“选择夹具”对话框中,选取名称为“平口钳”的夹具,夹具尺寸用缺省值,可适当调整其上下位置,再单击“确定”按钮,如图 7 -3 -2 所示。

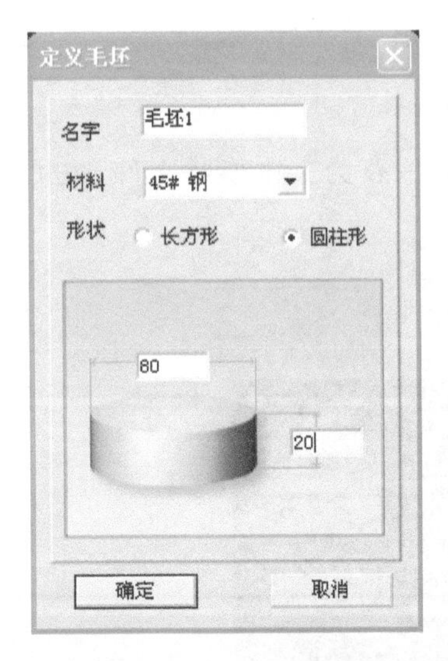

图 7 -3 -1　定义毛坯

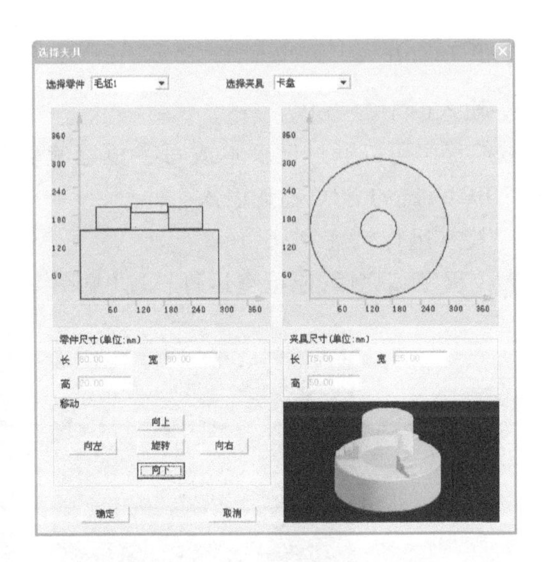

图 7 -3 -2　“选择夹具”对话框

③放置零件。单击菜单“零件/放置零件…”,在“选择零件”对话框中,选取名称为“毛坯1”的零件,单击“安装零件”按钮,如图 7 -3 -3 所示。界面上出现控制零件移动的面板,可以移动零件,也可按“退出”键。此时,零件已放置在机床工作台面上。

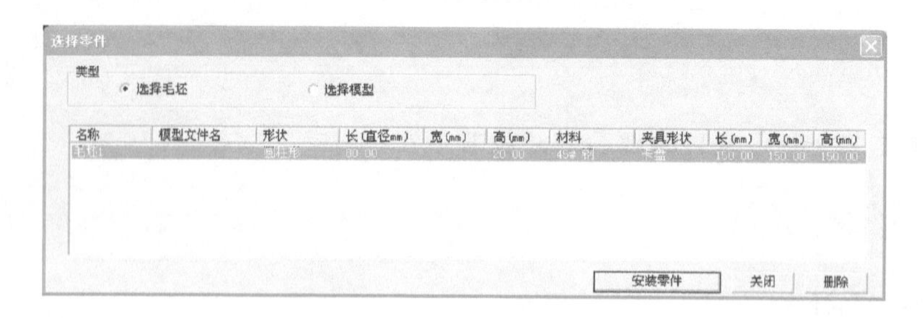

图 7－3－3　放置零件

④选择刀具。单击菜单“机床/选择刀具”，根据加工方式选择所需刀具的直径和类型。然后单击“确认”按钮，如图 7－3－4 所示。

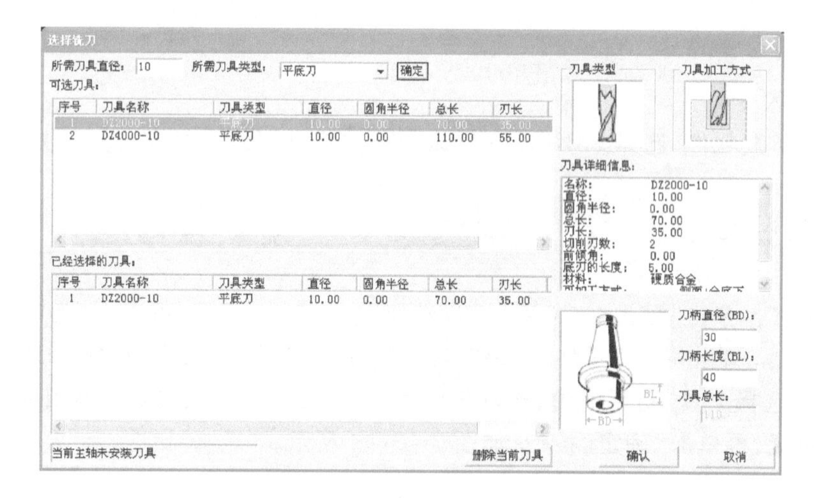

图 7－3－4　“选择钻刀”对话框

4. 输入(调用)程序

数控程序可以通过记事本或写字板等编辑软件输入并保存为文本格式文件，也可直接用 FANUC 系统的 MDI 键盘输入。

5. 检查运行轨迹

数控程序编完后，应检查运行轨迹(见图 7－3－5)。

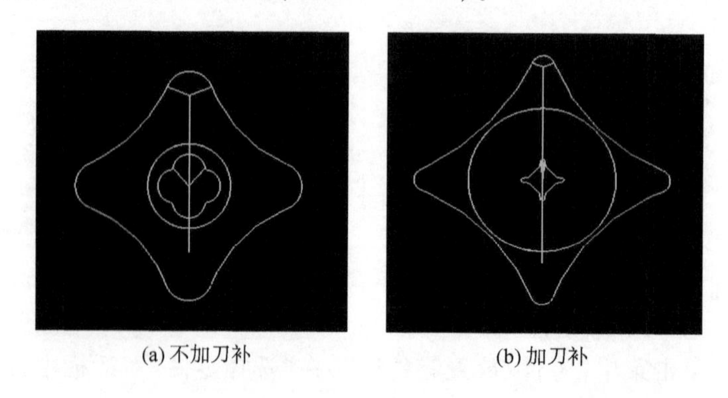

(a) 不加刀补　　(b) 加刀补

图 7－3－5　运行轨迹

6. 手动对刀,设置参数(见图7-3-6)

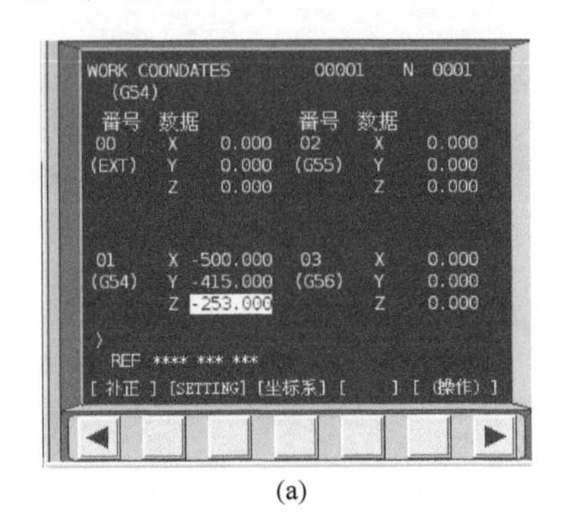

(a)

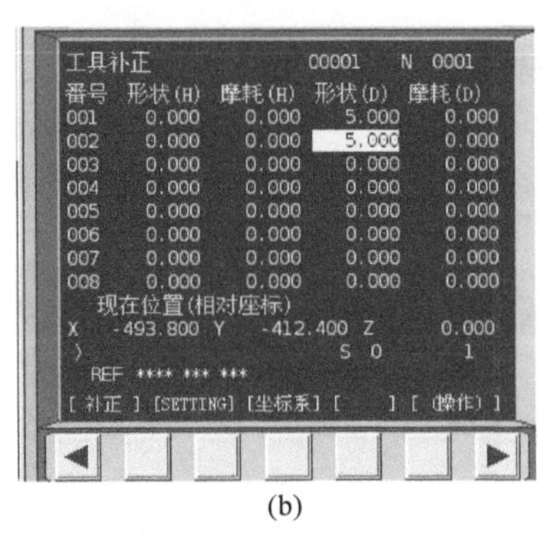

(b)

图7-3-6　设置参数

7. 自动运行

机床位置确定和刀补数据输入后,就可以开始自动加工了。单击“自动运行”按钮,单击“循环启动”按钮,加工零件。加工完毕就会出现如图7-3-7所示的结果。

8. 保存文件

单击菜单“文件/保存项目”,出现如图7-3-8所示的“选择保存类型”对话框。选择相应的内容进行保存,也可以选中所有的内容进行保存。

图7-3-7　效果图

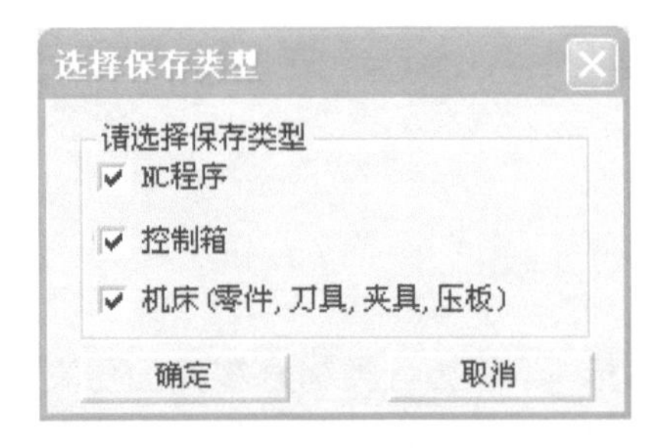

图7-3-8　“选择保存类型”对话框

单击“确定”按钮后,出现如图7-3-9所示的“另存为”对话框。该对话框为默认的保存文件夹和文件名,也可以根据需要更改相应的目录和文件名。

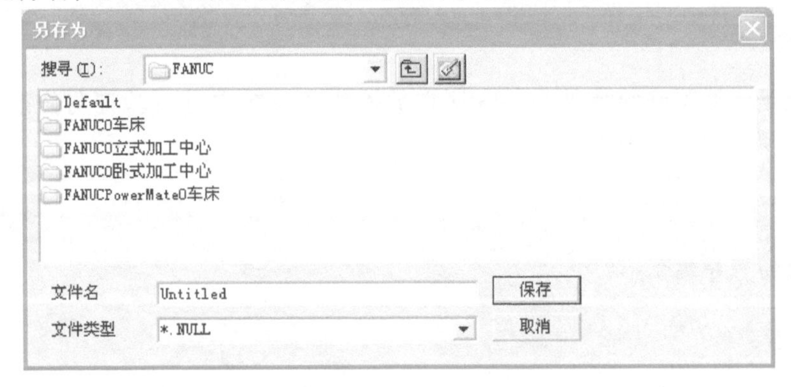

图7-3-9　“另存为”对话框

注意：

以上的仿真加工操作需要保存，为后面的练习打下基础。

技能训练

根据图纸要求和数控工艺卡片，进行数控仿真练习。

课后思考

任务四　盘类综合零件仿真练习(二)

教学目标

知识目标	掌握盘类综合零件的仿真操作步骤，熟练掌握数控铣床仿真软件的使用
能力目标	能在仿真软件上加工合格零件，能在数控仿真系统中正确进行盘类综合零件的模拟加工
情感目标	培养团队合作精神，培养学生独立思考的能力，增强工作责任意识

任务描述

本任务就是将编写好的零件加工程序在数控仿真系统中进行验证与修改，并用仿真操作步骤将零件模拟加工出来。

复习导入

零件轮廓的程序编制→?

相关知识

参考任务一和任务二。

任务实施

FANUC 0i 机床仿真操作步骤

(一)圆弧槽加工

1. 打开文件

单击菜单“文件/打开项目…”,出现“请您决定”对话框,单击“否”按钮。在“打开”对话框,选择前面项目文件保存的相应文件夹和文件名。数控加工仿真系统的项目文件扩展名为 MAC。单击“打开”按钮,即可以打开前面保存的项目文件。

2. 激活机床

单击“启动”按钮,松开“急停”按钮。

3. 机床回参考点

按下“回原点”主键,然后按“Z”“ + ”、“X”“ + ” 、“Y”“ + ”键,回零。

4. 设置机床选项

单击菜单“视图/选项…”,在如图 7－4－1 所示的对话框中,将“仿真加速倍率”进行相应的调整,并取消选择“显示机床罩子”单选按钮,前面保存过的工件就出现了(包括夹具、刀具、坐标系等)。

5. 输入(调用)程序

数控程序可以通过记事本或写字板等编辑软件输入并保存为文本格式文件,也可直接用 FANUC 系统的 MDI 键盘输入。

6. 检查运行轨迹

数控程序编完后,应检查运行轨迹(见图 7－4－2)。

7. 手动对刀,设置参数(见图 7－4－3)

8. 自动运行

机床位置确定和刀补数据输入后,就可以开始自动加工了。单击“自动运行”按钮,再单击“循环启动”按钮,加工零件。加工完毕就会出现如图 7－4－4 所示的结果。

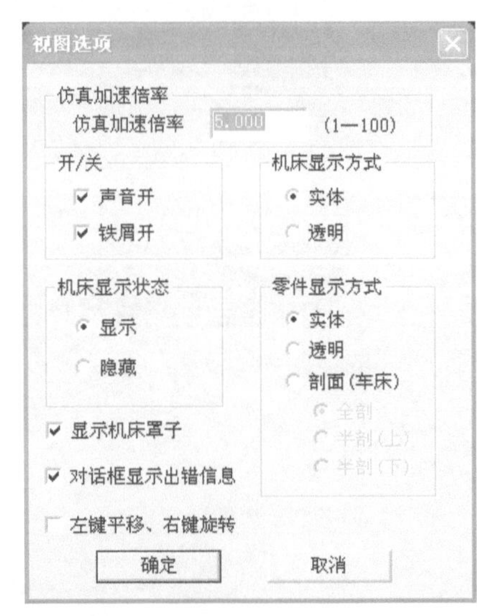

图 7－4－1　“视图/选项”对话框

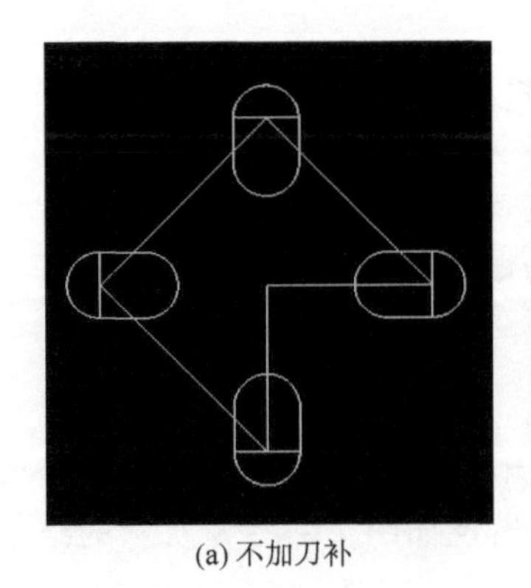

(a) 不加刀补　　(b) 加刀补

图 7－4－2　运行轨迹

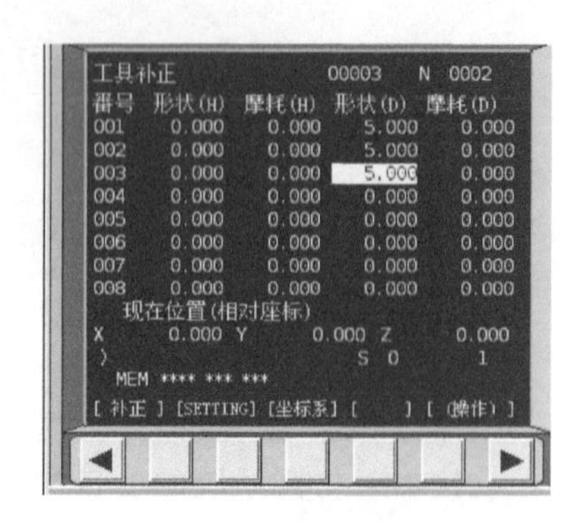

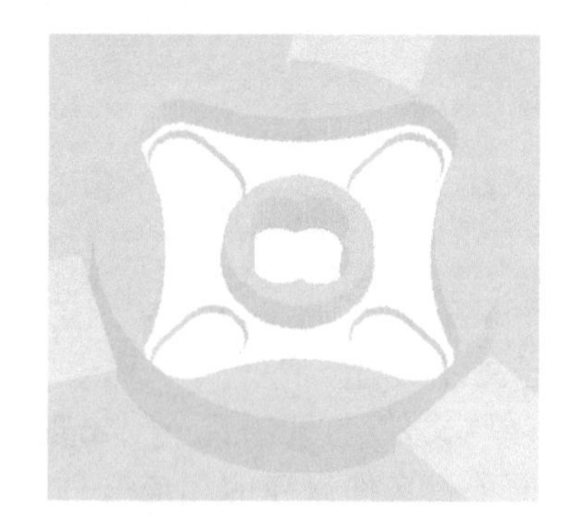

图 7-4-3 设置参数

图 7-4-4 效果图

(二)孔系加工

1. 选择刀具

单击菜单“机床/选择刀具”,根据加工方式选择所需刀具的直径和类型。然后单击“确认”按钮,如图 7-4-5 所示。

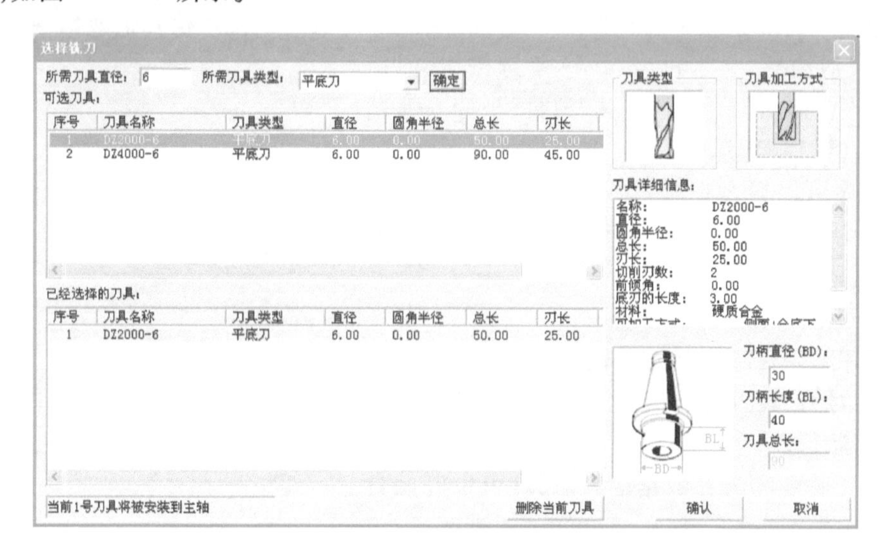

图 7-4-5 选择刀具

2. 输入(调用)程序

数控程序可以通过记事本或写字板等编辑软件输入并保存为文本格式文件,也可直接用 FANUC 系统的 MDI 键盘输入。

3. 检查运行轨迹

数控程序编完后,应检查运行轨迹(见图 7-4-6)。

4. 手动对刀,设置参数(见图 7-4-7)

5. 自动运行

机床位置确定和刀补数据输入后,就可以开始自动加工了。单击“自动运行”按钮,再单击“循环启动”按钮,加工零件。加工完毕就会出现如图 7-4-8 所示的结果。

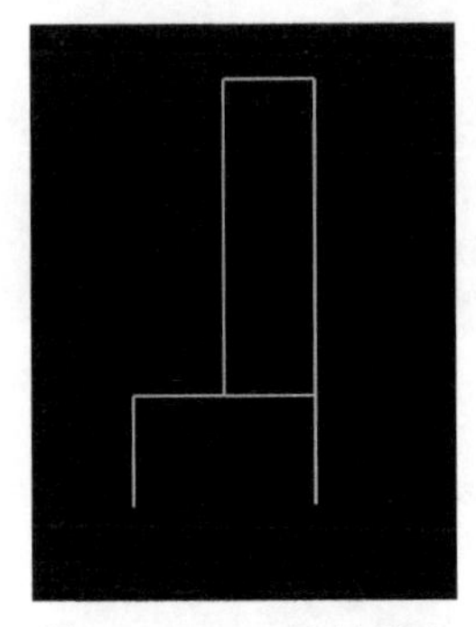

图 7－4－6　运行轨迹

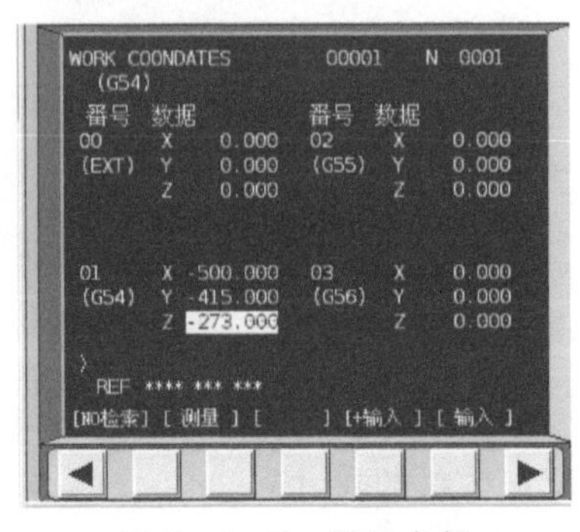

图 7－4－7　设置参数

图 7－4－8　效果图

技能训练

根据零件图要求和数控工艺卡片，进行数控仿真练习。

课后思考

任务五　盘类综合零件铣削练习

教学目标

知识目标	掌握盘类零件的铣削加工方法，能正确使用游标卡尺等量具，并能正确读数
能力目标	能合理修改刀补，保证尺寸精度。能正确操作数控铣床，加工出合格零件
情感目标	增强岗位责任意识，培养积极动手的能力和独立思考的能力

任务描述

本任务是对零件进行仿真模拟加工，校验程序的基础上，熟练使用数控铣床进行盘类综合零件的铣削加工，并且加工出符合图纸要求的合格零件。

复习导入

- 数控仿真软件。
- 零件仿真。

相关知识

参考任务一、任务二。

任务实施

一、加工准备

①阅读零件图，并按零件图要求检查坯料的尺寸。

②选择 FANUC 0i 机床，开机，机床回参考点。

③输入程序，并校验该程序。

④安装夹具，夹紧工件

使用三爪自定心卡盘装夹工件，并用百分表进行找正。

⑤刀具准备。

根据加工工艺分析和加工程序，将所需的平底铣刀牢固地装在弹簧夹头刀柄上，然后将弹簧夹头刀柄安装到主轴锥孔中。安装刀具时要保证刀具伸出长度满足零件的厚度，还要考虑刀具的刚性。

二、对刀，并正确输入刀具补偿值

1. *X*、*Y* 向对刀

采用百分表找正工件的中心，完成 *X*、*Y* 向对刀。

2. Z 向对刀

采用接触法对刀，并输入其值到 OFFSET 机能画面中的 G54 中。

3. 刀具半径补偿输入

将刀具半径值输入到 OFFSET 机能画面中的刀具补正画面上的形状 D 中。

三、程序校验

把工件坐标系的 *Z* 值往正方向平移 50 mm，方法是在 G54(EXT)参数中 *Z* 输入 50，按下“输入”键，将已输入的加工程序，在“图形模拟”功能下，校验程序轨迹是否正确，以此达到程序校验的目的。

四、加工工件

把工件坐标系的 *Z* 值恢复原值，将进给速度打到低挡，单段执行，按下“启动”键。

机床加工时，适当调整主轴转速和进给速度，保证加工正常。

五、尺寸测量

程序执行完毕后，用游标卡尺测量轮廓尺寸和长度尺寸，根据测量结果，修改相应刀具补偿值的数据，重新执行程序，精加工工件，直到加工出合格的产品。

六、结束加工

松开夹具，卸下工件，清理机床。

技能训练

根据零件图 7－5－1 和效果图 7－5－2 的要求，填写数控铣削加工工艺卡片和刀具卡片，编制程序后进行零件的仿真加工。

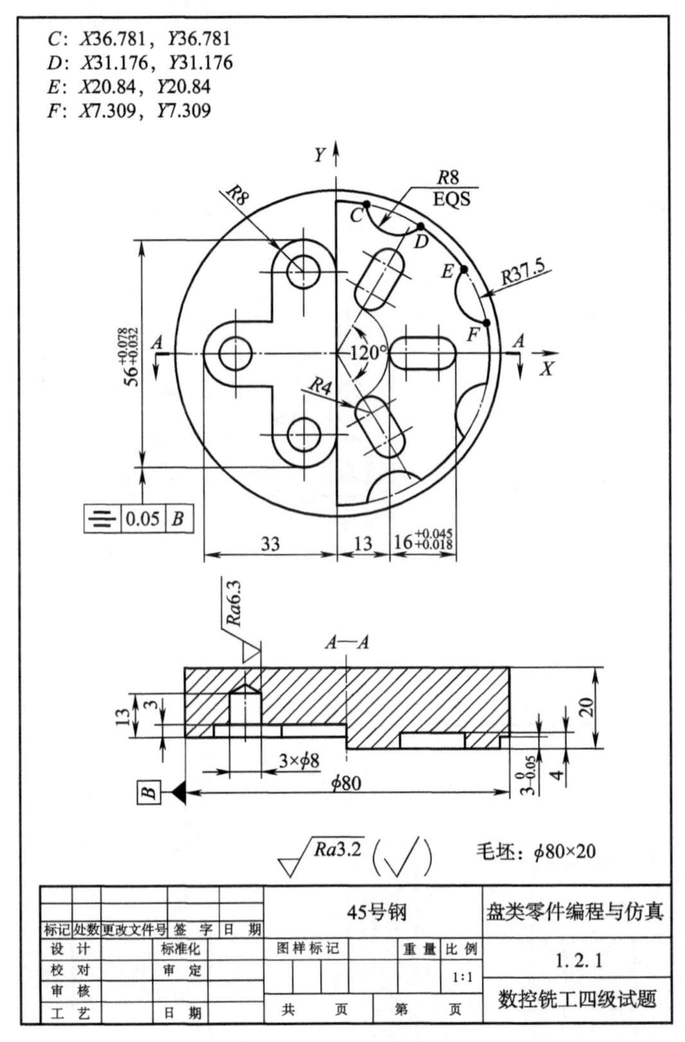

图 7－5－1　效果图

图 7－5－2　零件图

课后思考

根据如下两个盘类综合零件图 7－5－3 和图 7－5－4 的要求，编制程序。

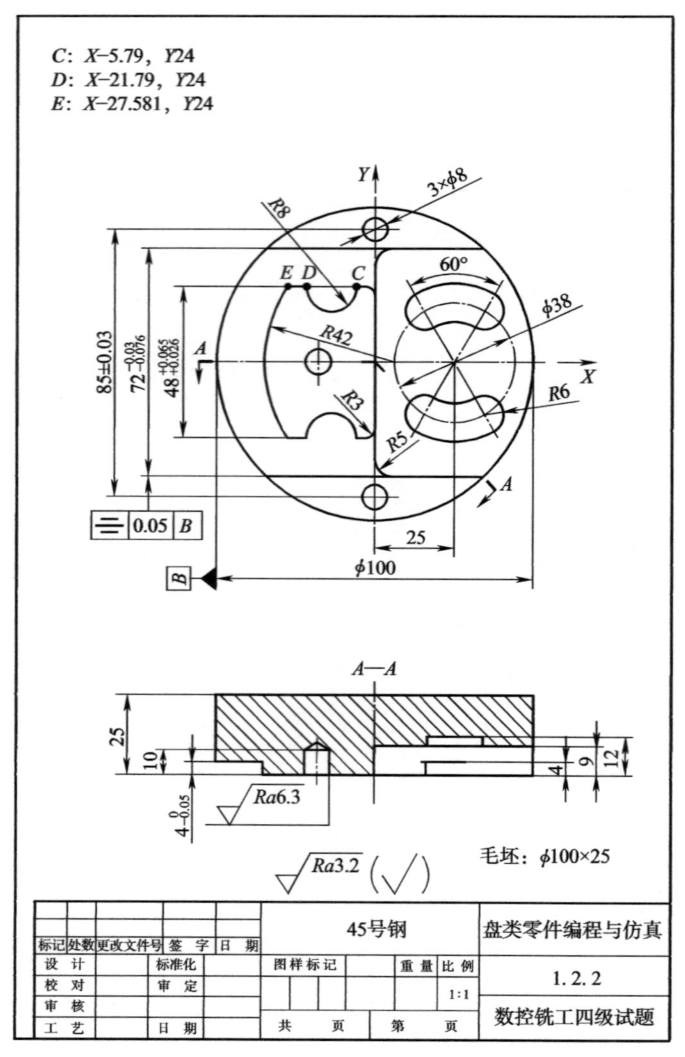

图7-5-3　零件图

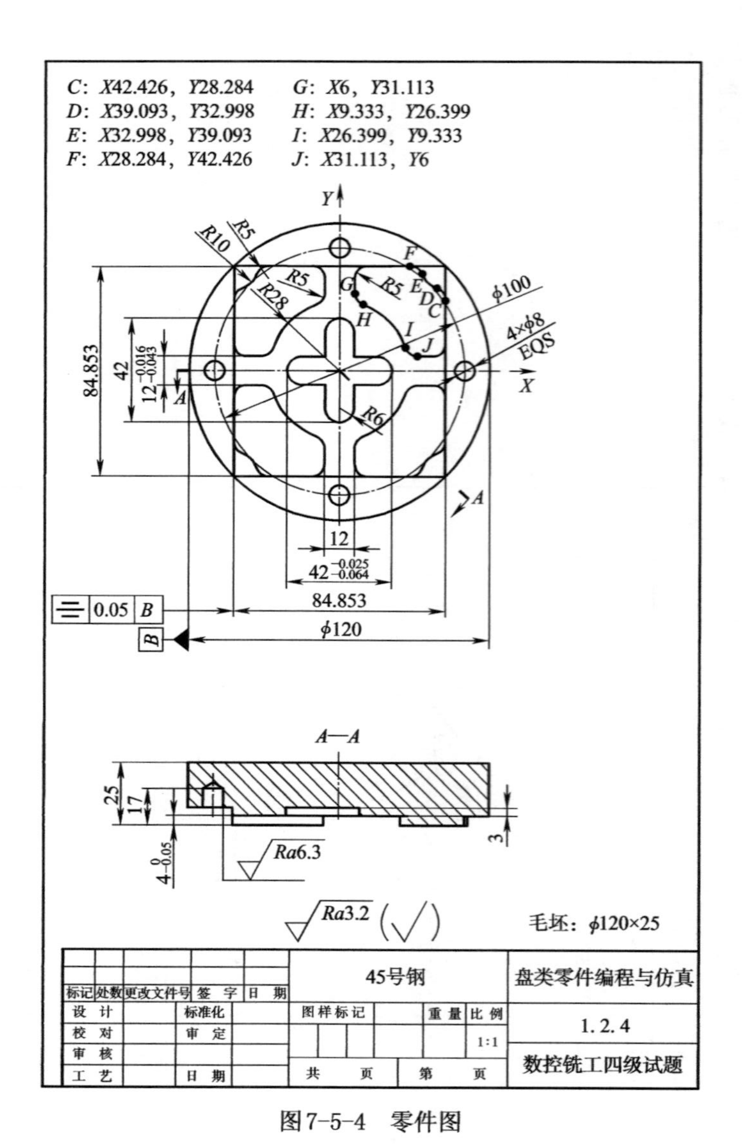

图7-5-4　零件图

任务六　盘类综合零件质量分析

教学目标

知识目标	掌握零件质量分析的内容，了解保证零件加工精度的方法
能力目标	能根据零件加工质量进行加工分析，能分析零件精度差的原因，并能采取一定的措施
情感目标	增强学生岗位责任意识，培养学生积极动手的能力

任务描述

本任务是学会数控机床故障的判断和处理，并能合理设置机床参数，正确操作机床后加工出合格的盘类零件。

任务导入

零件加工精度如何控制？如何检验？

相关知识

加工精度是指零件加工后的实际几何参数（尺寸、形状和表面件的相互位置）与理想几何参数相符合的程度，它们之间的偏离程度则为加工误差，加工误差是评判加工精度的重要依据。

由于在加工过程中有很多因素影响加工精度，所以用同一种方法在不同的工作条件下所能达到的精度是不同的，但任何一种加工方法，只要选择合适的加工工艺、刀具及切削参数等进行加工，都能使零件的加工精度得到较大的提高。

在数控铣床上加工的零件，在机床本身精度较高的前提下，其加工精度主要反映在尺寸精度、形位精度和表面精度三个方面。

一、保证尺寸精度的方法

①合理选用加工刀具与切削参数，增加工艺系统的刚性

②通过工件粗加工或半精加工后的测量，合理确定精加工余量。

③根据尺寸精度的不同正确选用精度不同的量具，使用量具前，必须检查和调整零位。

④避免工件发热时作精加工测量。

二、保证形位精度的方法

①工件与刀具应具有足够的刚度，刚度不足会引起零件的变形，影响平行度、垂直度等要求。

②工件坐标系设置正确，粗加工后可根据测量结果加以调整，如对称度要求等。

③合理安排加工工艺，减少零件装夹次数。

④定位夹具设计准确合理，安装时必须进行校正。

三、保证表面精度的方法

①工艺合理。根据零件表面的具体要求，合理安排粗加工、半精加工和精加工。

②正确选用刀具。精加工时可依照轮廓选择小直径铣刀，要求刀具切削刃锋利，可尽量选用新刀。

③选择合理的切削参数。精加工时，主轴转速较高，进给量较小，加工余量也要适当。

④合理使用切削液。

任务实施

填写数控实训加工质量评分表7－6－1。

表7－6－1　数控实训加工质量评分表

班级：			姓名：	学号：		工种：
项目序号：			项目名称：			
分类	序号	检测内容	配分	学生自测	教师检测	得分
工艺分析与程序编制	1	工艺与刀具卡片填写完整	10			
	2	程序编制正确、简洁	10			
	3	零件仿真模拟加工	10			
评分教师		加工时间		总得分		
加工操作	1	尺寸一：	8			
	2	尺寸二：	8			
	3	尺寸三：	8			
	4	尺寸四：	8			
	5	尺寸五：	8			
	6	表面粗糙度	8			
	7	零件加工完整性	7			
	8	工量具正确使用	5			
	9	设备正常操作、维护保养	5			
	10	文明生产和机床清洁	5			
评分教师		加工时间		总得分		

实训时间：________________

上海市工业技术学校

技能训练

在规定时间内，根据零件图要求，对盘类零件进行加工与测量，并填写质量分析表。

课后思考

项目八

组合件数控铣削加工

项目导入

使用数控铣床进行组合件铣削加工。

零件图和效果图如图 8－0－1 和图 8－0－2 所示。

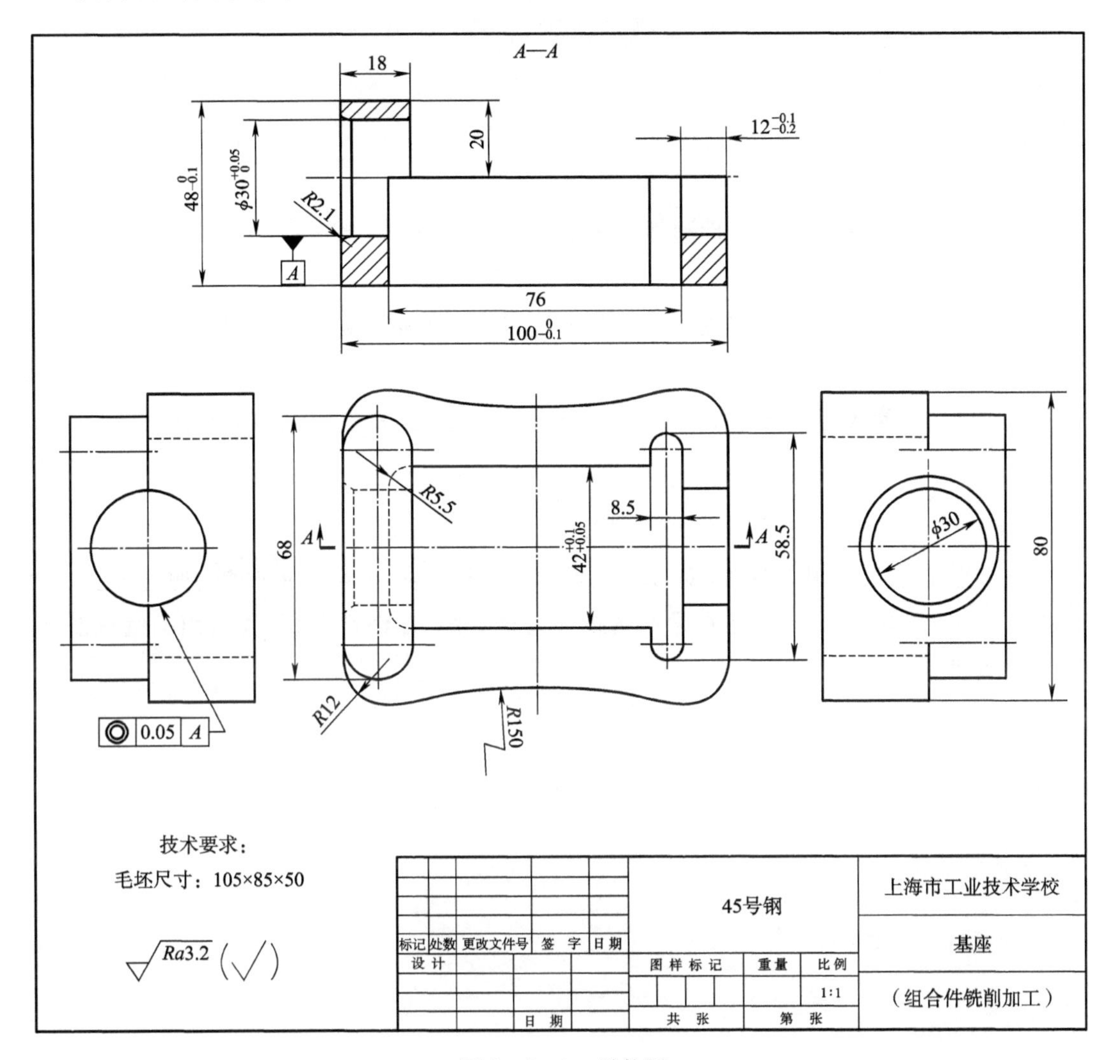

图 8－0－1　零件图

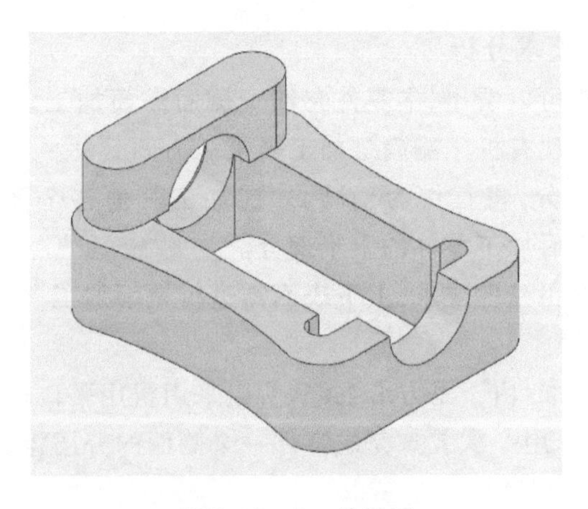

图 8－0－2　效果图

任务一　组合件的数控铣削加工工艺分析

教学目标

知识目标	了解组合件的铣削加工工艺分析的步骤，掌握组合件数控铣削加工工艺分析的内容
能力目标	能合理制订零件加工工艺卡片，能合理确定组合件的加工工艺路线及切削用量
情感目标	激发学生的主观能动性，培养学生独立思考的能力，增强工作责任意识

任务描述

本任务就是以零件图为基础，对零件的结构、技术要求、坐标点的计算、切削加工工艺、加工顺序、走刀路线、刀具及切削用量的选择等进行全面、详细地分析，为后面的编程及加工活动作充分准备。

复习导入

六面体→ 轮廓→内轮廓→孔系零件→板类零件→盘类零件→组合体。

相关知识

参考项目二任务一。

任务实施

一、拟定零件加工工艺

1. 零件的结构、技术要求分析

经过对零件图的分析可以看出，本零件有四个侧面需要加工。毛坯材料为铝，毛坯尺寸为 105 ×85 ×50 mm，车间现有机床能满足加工需求。

先加工零件的下半部分，将其作为基准，才能加工其他各个面。其次进行侧面的孔加工，保证同轴度的要求，最后加工零件的上半部分。

为了保证零件的表面粗糙度要求，上下表面需进行铣削加工，但无需磨削加工。

2. 切削工艺分析

①装夹工具与定位基准：由于是方形毛坯，所以采用机用平口钳对毛坯夹紧。

②加工方案的选择：采用一次装夹完成零件一个侧面的分层粗、精加工。

3. 确定加工顺序，走刀路线

①建立工件坐标系原点：工件坐标系原点建立在方形工件的上表面中心。

②确定加工原则：采用先粗后精的加工原则，粗加工后检测零件的几何尺寸，根据检测结果决定刀具的磨耗修正量，再分别对零件进行精加工。

③确定走刀路线（见图 8－1－1）

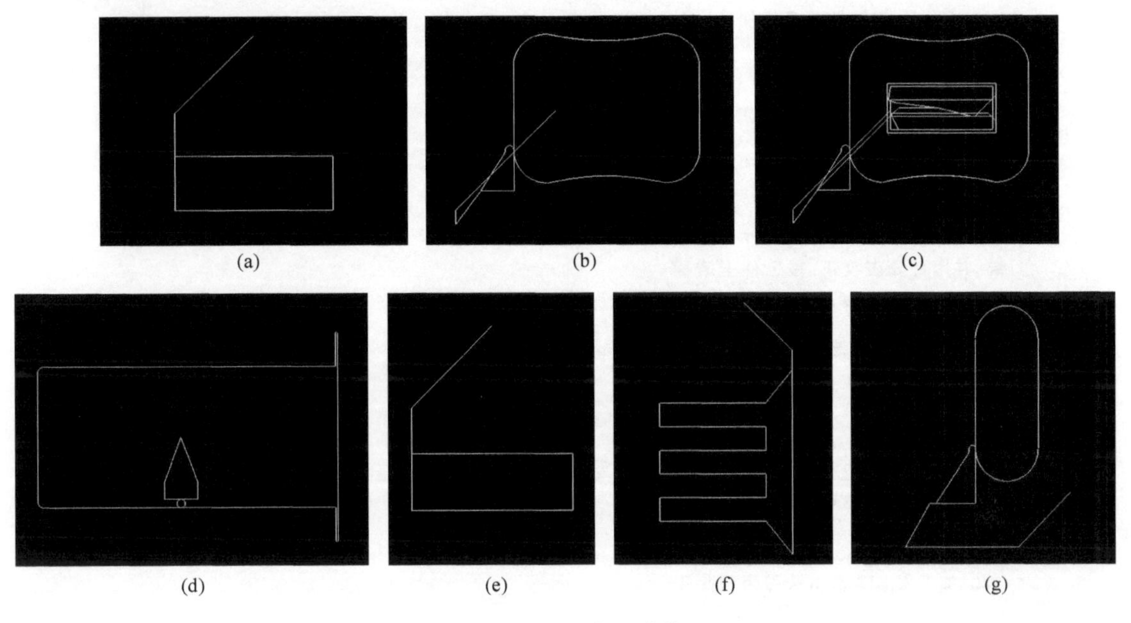

图 8－1－1　走刀路线

4. 刀具与切削用量的选择

①刀具选择：零件上、下表面采用 $\phi80$ 面铣刀加工。铣削底面内、外轮廓时，采用 $\phi10$ 键槽铣刀加工，底部键槽受到槽宽的限制，故采用 $\phi8$ 键槽铣刀加工。铣削两个侧面用 $\phi12$ 键槽铣刀。根据零件的结构特点，采用 $\phi20$ 和 $\phi12$ 的键槽铣刀铣削上面轮廓。

②切削用量选择：根据工件材料、工艺要求进行选择。主轴转速粗加工时取 $S=1\ 000$ r/min，精加工时取 $S=1\ 200$ r/min，进给量轮廓粗加工时取 $f=100$ mm/min，轮廓精加工时取 $f=80$ mm/min，Z 向下刀时进给量取 $f=50$ mm/min。

二、编写数控加工工艺卡片（见表 8－1－1）和数控刀具卡片（见表 8－1－2）

表 8－1－1　数控加工工艺卡片

<table>
<tr><td colspan="4" rowspan="2">零件编程与仿真单元数控加工工艺卡</td><td colspan="2">零件代号</td><td colspan="2">材料名称</td><td>零件数量</td></tr>
<tr><td colspan="2"></td><td colspan="2">铝</td><td>1</td></tr>
<tr><td>设备名称</td><td>数控铣床</td><td>系统型号</td><td>FANUC</td><td colspan="2">夹具名称</td><td>机用
平口钳</td><td>毛坯尺寸</td><td>105×85×50</td></tr>
<tr><td>工序号</td><td colspan="3">工序内容</td><td>刀具号</td><td>主轴转速/
（r·min）</td><td>进给量/
（mm·min⁻¹）</td><td>背吃刀量
/mm</td><td>备注</td></tr>
<tr><td rowspan="2">一</td><td colspan="3">1. 安装平口钳并用百分表校正固定钳口，在工件上表面中心建立工件坐标系</td><td></td><td></td><td></td><td></td><td></td></tr>
<tr><td colspan="3">2. 用 φ80 面铣刀加工上表面</td><td>T1</td><td>1 200</td><td>80</td><td>1</td><td>O0010</td></tr>
</table>

续表

工序号	工序内容	刀具号	主轴转速/(r·min)	进给量/($mm \cdot min^{-1}$)	背吃刀量/mm	备注
一	3. 用 ϕ10 键槽铣刀粗精加工内外轮廓 140	T2	1 000/1 200	100/80	3/1	主程序 O0001 子程序 O0002 子程序 O0003
	4. 用 ϕ8 键槽铣刀粗精加工键槽及内轮廓	T3	1 000/1 200	100/80	3/1	主程序 O0004 子程序 O0005
	5. 拆卸工件					
二	1. 以底面为基准,将工件侧面安装,并用百分表校正,在工件上表面中心建立工件坐标系					
	2. 加工用 ϕ12 键槽铣刀粗精加工 ϕ30 孔,孔深为 10	T5	1 200	20		
	3. 拆卸工件					
三	1. 以底面为基准,将工件侧面安装,并用百分表校正,在工件上表面中心建立工件坐标系					
	2. 加工用 ϕ12 键槽铣刀粗精加工 ϕ30 孔,孔深为 10,保证同轴度要求	T5	1 200	20		
	3. 拆卸工件					
四	1. 以底面为基准,将工件反面安装,并用百分表校正,在工件上表面中心建立工件坐标系					
	2. 用 ϕ80 面铣刀加工上表面	T1	1 200	80	1	O0010
	3. 用 ϕ20 键槽铣刀粗精加工右侧多余余量	T2	1 000/1 200	100/80	3/1	主程序 O0001 子程序 O0002
	4. 用 ϕ12 键槽铣刀粗精加工左侧的圆弧凸台	T3	1 000/1 200	100/80	3/1	主程序 O0003 子程序 O0004
	5. 拆卸工件					
编制		审核		批准		
			年　月　日		共 1 页	第 1 页

表 8-1-2　数控刀具卡片

序号	刀具号	刀具名称	刀片/刀具规格	刀尖圆弧	刀具材料	备注
1	T1	面铣刀	ϕ80		高速钢	
2	T2	键槽铣刀	ϕ10		高速钢	
3	T3	键槽铣刀	ϕ8		高速钢	
4	T4	键槽铣刀	ϕ20		高速钢	
5	T5	键槽铣刀	ϕ12		高速钢	
编制		审核	批准	年　月　日	共 1 页	第 1 页

技能训练

根据所学知识，分组讨论、拟定盘类综合零件的加工工艺、优化方案，并填写数控铣削加工工艺卡片（见表 8－1－3）和数控刀具卡片（见表 8－1－4）。

表 8－1－3　数控加工工艺卡片

零件编程与仿真单元数控加工工艺卡				零件代号		材料名称		零件数量
设备名称		系统型号		夹具名称			毛坯尺寸	
工序号	工序内容			刀具号	主轴转速 (r·min)	进给量 (mm·min^{-1})	背吃刀量 (mm)	备注
编制		审核		批准		年　月　日	共 1 页	第 1 页

表 8－1－4　数控刀具卡片

序号	刀具号	刀具名称		刀片/刀具规格		刀尖圆弧	刀具材料	备注
编制		审核		批准		年　月　日	共 1 页	第 1 页

课后思考

复习组合件的工艺分析和工艺卡片的编制，并预习数控编程指令。

任务二　组合件程序编制

教学目标

知识目标	掌握组合件的编程方法，掌握组合件中程序编制的指令格式
能力目标	能合理的选择编程指令参数，能正确、简洁、高效地编制零件的程序
情感目标	培养学生团队合作精神，培养学生独立思考的能力，增强工作责任意识

任务描述

要加工出合格的零件，在制订合理的加工工艺的基础上，按照零件图及加工工艺编制数控程序就显得尤其重要。

本任务就是在充分掌握编程基本指令的基础上，严格按图纸及加工工艺正确地编写零件的加工程序，并能熟练修改程序，为在机床上加工出合格的零件打下基础。

复习导入

- 基本编程指令 G 指令。
- 基本编程指令 M 指令。

相关知识

一、刀具半径补偿

格式：$\begin{cases} G41 \\ G42 \end{cases}\begin{cases} G00 \\ G01 \end{cases}$ X __ Y __ D __ F __

……

G40 G01/ G00　X __ Y __

说明：

①G41 表示刀具半径左补偿；G42 表示刀具半径右补偿。

②G40 取消刀具半径补偿，必须与建立刀补指令 G41/ G42 成对出现。

③D 为刀具半径补偿寄存器地址字，刀具补偿的值在代码 D 中赋予。

④X、Y 值是建立或取消补偿直线段的终点坐标值。

⑤建立和取消刀补时，只能在直线段建立，即使用 G00 或 G01，不能使用圆弧插补指令 G02 或 G03。

二、子程序

1. 调用子程序 M98

格式:M98 P××nnnn

说明:

其中,地址符 P 后跟 6 位数字,表示调用程序号为 Onnnn 的程序××次。

2. 子程序的格式 M99

格式:Onnnn

　　……

　　M99

说明:

①地址符 O 后跟 4 位数字,表示子程序号。

②M99 指令表示子程序结束,并返回主程序 M98 P 的下一条程序段,继续执行主程序。

三、坐标系旋转

格式:G68　X__ Y__ R__

　　……

　　G69

说明:

①G68 表示坐标系旋转开始,G69 表示坐标系旋转结束。

②其中,X、Y 表示旋转中心的坐标值。当 X、Y 省略时,则将当前的位置作为旋转中心。

③R 表示旋转角度,逆时针为正,顺时针为负,一般为绝对值。当 R 省略时,按系统参数确定旋转角度。

四、极坐标

格式:G15　X__ Y__

　　……

　　G16

说明:

①G15 表示建立极坐标,G16 表示取消极坐标。

②当使用极坐标指令后,坐标值以极坐标方式指定,即以数控机床极坐标半径和极坐标角度来确定点的位置。

任务实施

编制程序,底面部分的加工参考程序见表 8-2-1~表 8-2-7。

表 8-2-1　参考程序

程序名	程序说明
O0010	
G54 G90 G17	建立工件坐标系、绝对坐标编程、指定 *XY* 平面加工
M03 S1000	主轴正转，转速 1 000 r/min
G00 Z100.	*Z* 方向快速定位
X-100. Y-60.	*X*、*Y* 方向快速定位
Z5.	快进到工件上方 5 mm 处
G01 Z-1. F80	
X100.	
Y10.	
X-100.	
G01 Z5.	
G00 Z100.	
M30	

表 8-2-2　参考程序

程序名	程序说明
O0001	
G54 G90 G17	建立工件坐标系、绝对坐标编程、指定 *XY* 平面加工
M03 S1000	主轴正转，转速 1 000 r/min
G00 Z100.	*Z* 方向快速定位
X-90. Y-70.	*X*、*Y* 方向快速定位
Z5.	快进到工件上方 5 mm 处
G01 Z0 F80	
M98 P070002	调用子程序 O0002，共 7 次
G01 Z5.	
G00 Z100.	
X0 Y0	
Z5.	
G01 Z0 F80	
M98 P070003	调用子程序 O0003，共 7 次
G01 Z5.	
G00 Z100.	
M30	

表 8-2-3　参考程序

程序名	程序说明
O0002	
G91 G01 Z-4. F80	

续表

程　序　名	程 序 说 明
G90 G01 X-75. Y-50.	
G41 G01 D01 X-50. Y-50. F100	建立刀具半径补偿
G01 Y28.	
G02 X-35. Y40. R12.	
G03 X35. Y40. R150.	
G02 X50. Y28. R12.	
G01 Y-28.	
G02 X35. Y-40. R12.	
G03 X-35. Y-40. R150.	
G02 X-50. Y-28. R12.	
G03 X-65. Y-28. R7. 5	
G40 G01 X-75. Y-50.	取消刀具半径补偿
M99	返回主程序

表 8-2-4　参考程序

程　序　名	程 序 说 明
O0003	
G91 G01 Z-4. F80	
G90 G01 X0 Y0	
G41 G01 D01 X-22. Y8. F100	建立刀具半径补偿
X22.	
Y0	
X-22.	
X22.	
Y-8.	
X-22.	
X22.	
X35. Y-20.	
Y20.	
X-35.	
Y-20.	
X35.	
Y20.	
X20. Y0	
G40 X0 Y0;	取消刀具半径补偿
M99	返回主程序

表 8－2－5　参考程序

程　序　名	程 序 说 明
O0004	
G54 G90 G17	建立工件坐标系、绝对坐标编程、指定 *XY* 平面加工
M03 S1000	主轴正转，转速 1 000 r/min
G00 Z100.	*Z* 方向快速定位
X0 Y0	*X*、*Y* 方向快速定位
Z5.	快进到工件上方 5 mm 处
G01 Z0 F80	
M98 P070005	调用子程序 O0005，共 7 次
G01 Z5.	
G00 Z100.	
M30	

表 8－2－6　参考程序

程　序　名	程 序 说 明
O0004	
G54 G90 G17	建立工件坐标系、绝对坐标编程、指定 *XY* 平面加工
M03 S1000	主轴正转，转速 1 000 r/min
G00 Z100.	*Z* 方向快速定位
X0 Y0	*X*、*Y* 方向快速定位
Z5.	快进到工件上方 5 mm 处
G01 Z0 F80	
M98 P070005	调用子程序 O0005，共 7 次
G01 Z5.	
G00 Z100.	
M30	

表 8－2－7　参考程序

程　序　名	程 序 说 明
O0005	
G91 G01 Z－4. F80	
G90 G01 X0 Y0	
G41 G01 D02 Y－11. F100	建立刀具半径补偿
G03 Y－21. R5.	
G01 X29. 5	
Y－25.	
G03 X38. Y－25. R4. 25	
G01 Y25.	

续表

程序名	程序说明
G03 X29. 5 Y25. R4. 25	
G01 Y21.	
X-32. 5	
G03 X-38. Y15. 5 R5. 5	
G01 Y-15. 5	
G03 X-32. 5 Y-21. R5. 5	
G01 X0	
G03 Y-11. R5.	
G40 G01 X0 Y0	取消刀具半径补偿
M99	返回主程序

上面部分的加工程序见表 8-2-8～表 8-2-12。

表 8-2-8　参考程序

程序名	程序说明
O0010	
G54 G90 G17	建立工件坐标系、绝对坐标编程、指定 *XY* 平面加工
M03 S1000	主轴正转，转速 1 000 r/min
G00 Z100.	*Z* 方向快速定位
X-100. Y-60.	*X*、*Y* 方向快速定位
Z5.	快进到工件上方 5 mm 处
G01 Z-1. F80	
X100.	
Y10.	
X-100.	
G01 Z5.	
G00 Z100.	
M30	

表 8-2-9　参考程序

程序名	程序说明
O0001	
G54 G90 G17	建立工件坐标系、绝对坐标编程、指定 *XY* 平面加工
M03 S1000	主轴正转，转速 1 000 r/min
G00 Z100.	*Z* 方向快速定位
X80. Y70.	*X*、*Y* 方向快速定位
Z5.	快进到工件上方 5 mm 处
G01 Z0 F80	

续表

程　序　名	程序说明
M98 P040002	调用子程序 O0002，共 4 次
G01 Z5.	
G00 Z100.	
M30	

表 8-2-10　参考程序

程　序　名	程序说明
O0002	
G91 G01 Z-5. F80	
G90 G01 X60. Y45.	
X-20.	
Y27.	
X60.	
Y9.	
X-20.	
Y-9.	
X60.	
Y-27.	
X-20.	
Y-45.	
X60.	
X80. Y-70.	
X80. Y70.	
M99	返回主程序

表 8-2-11　参考程序

程　序　名	程序说明
O0003	
G54 G90 G17	
M03 S1000	
G00 Z100.	
X-90. Y-70.	
Z5.	
G01 Z0 F80	
M98 P040004	调用子程序 O0004，共 4 次

续表

程　序　名	程 序 说 明
G01 Z5.	
G00 Z100.	
M30	

表 8-2-12　参考程序

程　序　名	程 序 说 明
O0004	
G91 G01 Z-5. F80	
G90 G01 X-78. Y-50.	
G41 G01 D01 X-50. Y-50. F100	建立刀具半径补偿
G01 Y25.	
G02 X-32. R9.	
G01 Y-25.	
G02 X-50. R9.	
G03 X-65. Y-25. R7.5	
G40 G01 X-75. Y-50.	取消刀具半径补偿
M99	返回主程序

技能训练

根据零件图要求和加工工艺分析，独立编写数控程序。

要求：

编写的程序正确、简洁、高效，即能正确应用子程序、极坐标坐标旋转等指令，而且指令参数设定正确，没有明显空刀现象。

课后思考

任务三　组合件仿真练习

教学目标

知识目标	熟练掌握组合件的仿真操作步骤，掌握组合件仿真软件的正确使用
能力目标	能在仿真软件上加工合格零件，掌握数控铣床仿真软件验证程序的方法
情感目标	培养团队合作精神，培养学生独立思考的能力，增强工作责任意识

任务描述

本任务就是将编写好的零件加工程序在数控仿真系统中进行验证与修改，并用仿真操作步骤将零件模拟加工出来。

复习导入

零件加工工艺分析→零件编程→程序校验→?

相关知识

参考任务二。

任务实施

FANUC 0i 机床仿真操作步骤

(一)底面加工

1. 激活机床

打开数控仿真软件，选择 FANUC 0i 铣床，单击“启动”按钮，松开“急停”按钮。

2. 机床回参考点

按下“回原点”主键，然后按“Z”“+”、“X”“+”、“Y”“+”键，回零。

3. 定义毛坯与选择刀具

①定义毛坯。单击菜单“零件/定义毛坯”，参数如图 8－3－1 所示，单击“确定”按钮。

②安装夹具。单击菜单“零件/安装夹具…”，在“夹具”对话框中，选取名称为“毛坯 1”的零件，选取名称为“平口钳”的夹具，夹具尺寸用缺省值，可适当调整其上下位置，单击“确定”按钮，如图 8－3－2 所示。

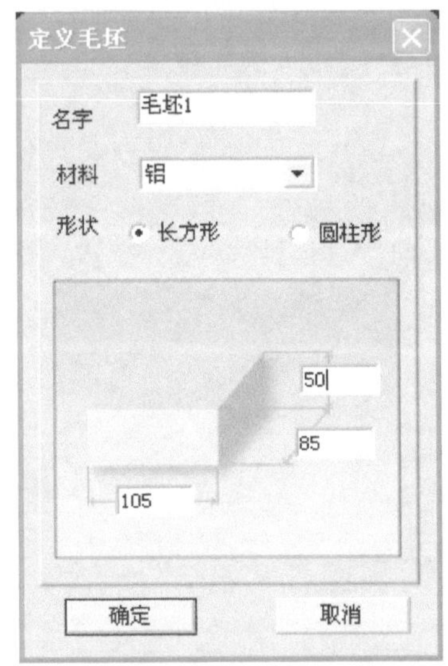

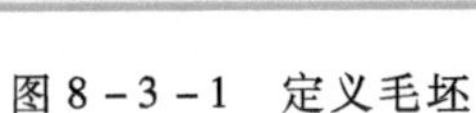
图 8－3－1　定义毛坯

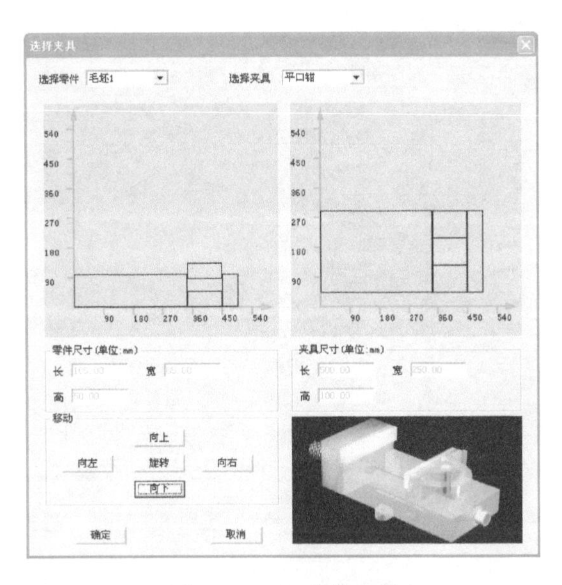

图 8－3－2　安装夹具

③放置零件。单击菜单“零件/放置零件…”，在“选择零件”对话框中，选取名称为“毛坯1”的零件，单击“安装零件”按钮，如图 8－3－3 所示。界面上出现控制零件移动的面板，可以移动零件，也可按“退出”按钮。此时，零件已放置在机床工作台面上。

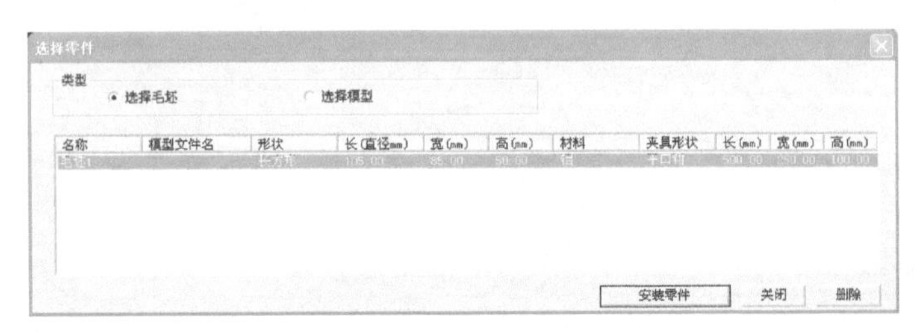

图 8－3－3　放置零件

④选择刀具。单击菜单“机床/选择刀具”，根据加工方式选择所需刀具的直径和类型。然后单击 “确认”按钮，如图 8－3－4、图 8－3－5 和图 8－3－6 所示。

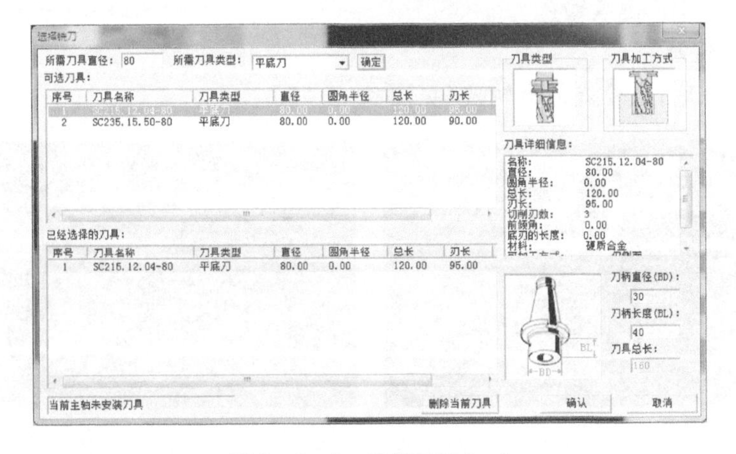

图 8－3－4　选择刀具(一)

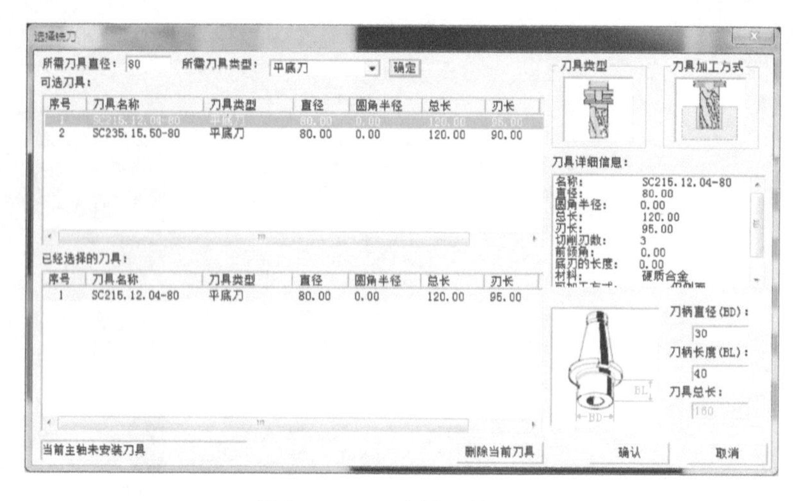

图 8-3-5　选择刀具(二)

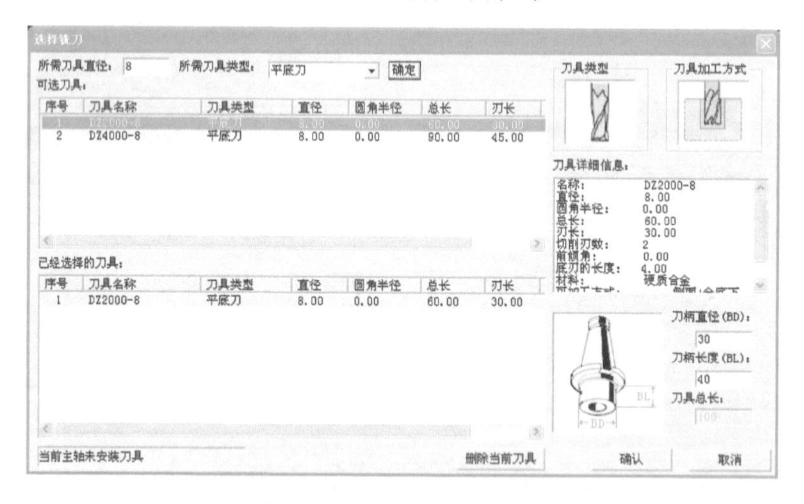

图 8-3-6　选择刀具(三)

4. 输入(调用)程序

数控程序可以通过记事本或写字板等编辑软件输入并保存为文本格式文件,也可直接用 FANUC 系统的 MDI 键盘输入。

5. 检查运行轨迹

数控程序编完后,应检查运行轨迹(见图 8-3-7)。

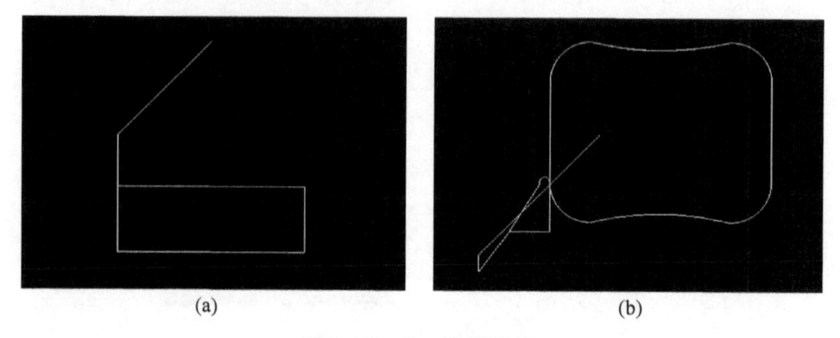

(a)　　(b)

图 8-3-7　运行轨迹

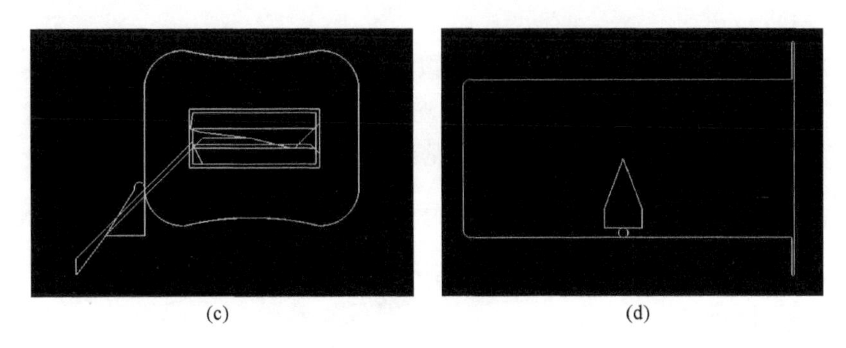

(c)　　　　　　　　(d)

图 8-3-7　运行轨迹(续)

6. 手动对刀,设置参数(见图 8-3-8)

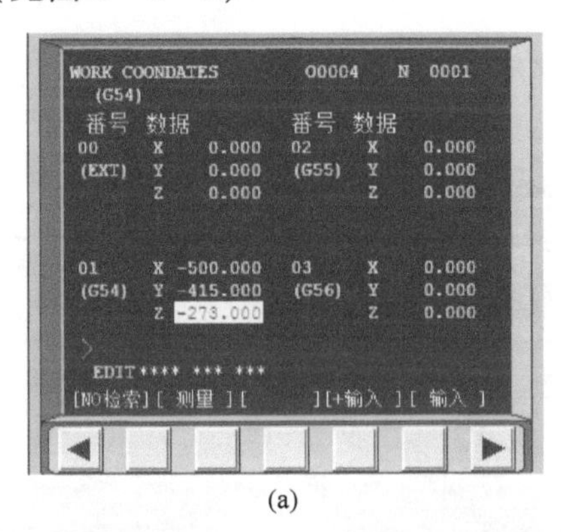

(a)

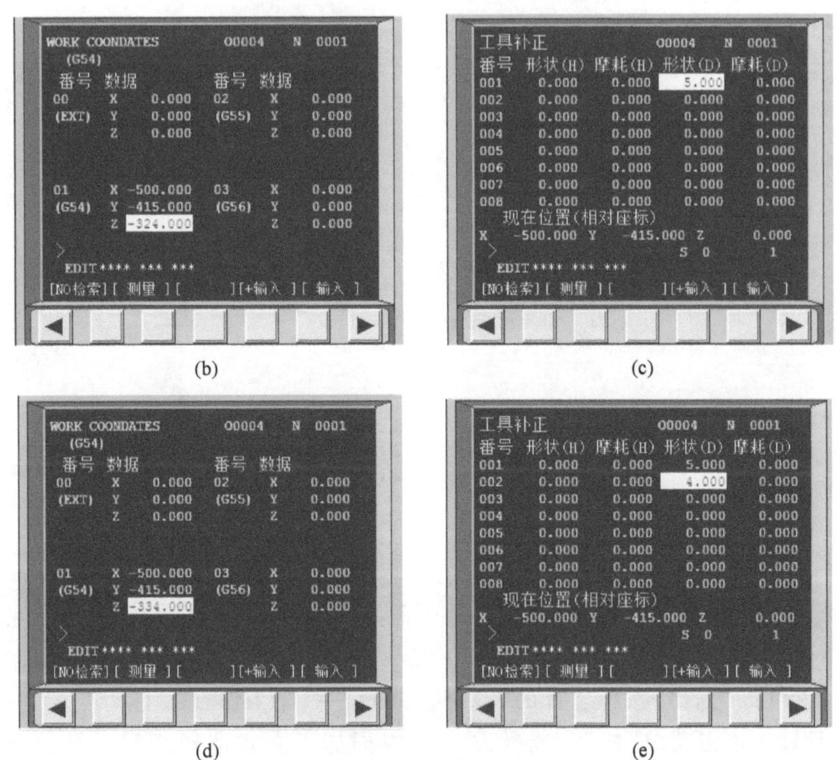

(b)　　　　　　　　(c)

(d)　　　　　　　　(e)

图 8-3-8　设置参数

7. 自动运行

机床位置确定和刀补数据输入后，就可以开始自动加工了。单击“自动运行”按钮，再单击“循环启动”按钮，加工零件。加工完毕就会出现如图 8－3－9 所示的结果。

图 8－3－9　效果图

(二)上面加工

1. 激活机床

打开数控仿真软件，选择 FANUC 0i 铣床，单击“启动”按钮，松开“急停”按钮。

2. 机床回参考点

按下“回原点”主键，然后按“Z”“＋”、“X”“＋”、“Y”“＋”键，回零。

3. 定义毛坯与选择刀具

①定义毛坯。单击菜单“零件/定义毛坯”，参数如图 8－3－10 所示，再单击“确定”按钮。

②安装夹具。单击菜单“零件/安装夹具…”，在“选择夹具”对话框中，选取名称为“毛坯1”的零件，选取名称为“平口钳”的夹具，夹具尺寸用缺省值，可适当调整其上下位置，单击“确定”按钮，如图 8－3－11 所示。

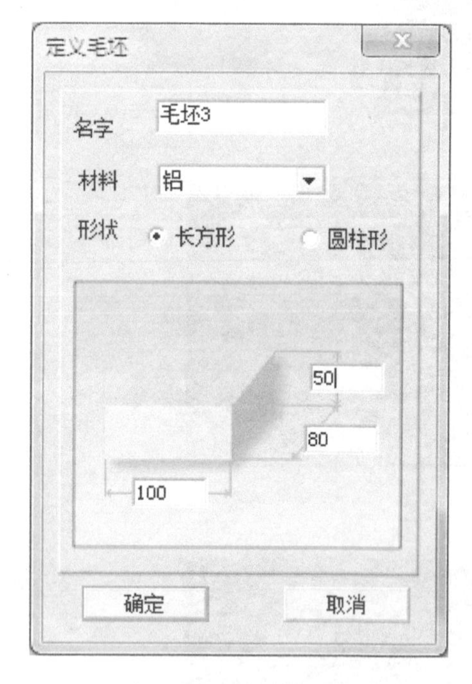

图 8－3－10　定义毛坯

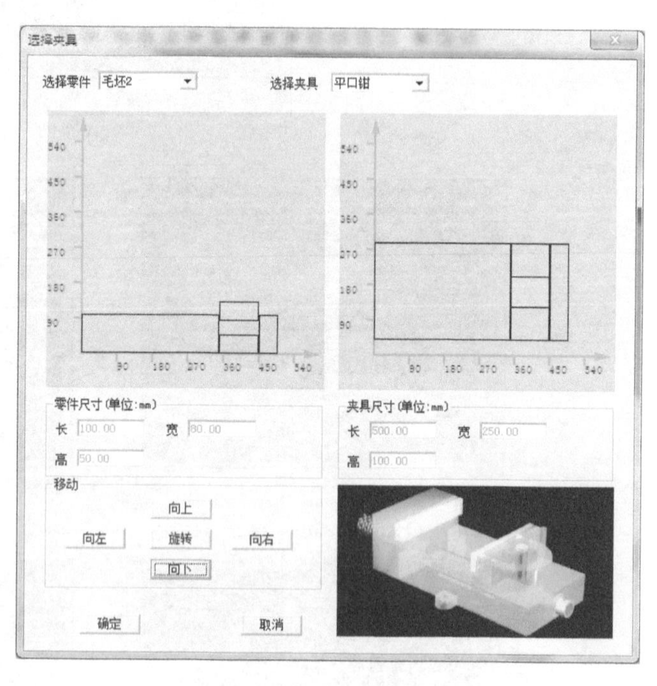

图 8－3－11　安装夹具

③放置零件。单击菜单“零件/放置零件…”，在“选择零件”对话框中，选取名称为“毛坯1”的零件，单击“安装零件”按钮，如图 8－3－12 所示。界面上出现控制零件移动的面板，可以移动零件，也可按“退出”按钮。此时，零件已放置在机床工作台面上。

④选择刀具。单击菜单“机床/选择刀具”，根据加工方式选择所需刀具的直径和类型。然后单击“确认”按钮，如图 8－3－13、图 8－3－14 和图 8－3－15 所示。

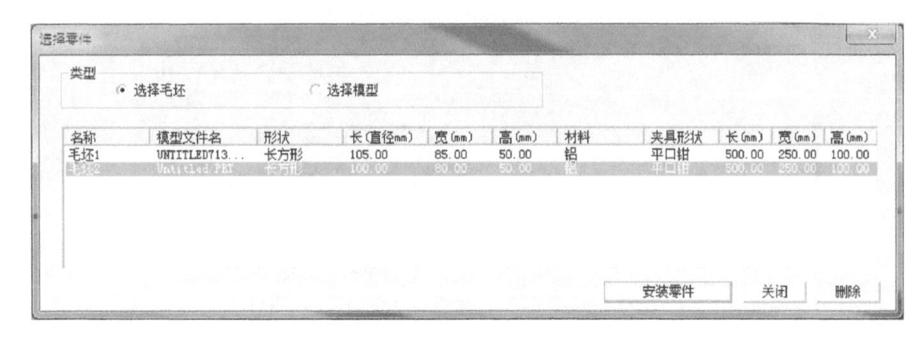

图 8－3－12　放置零件

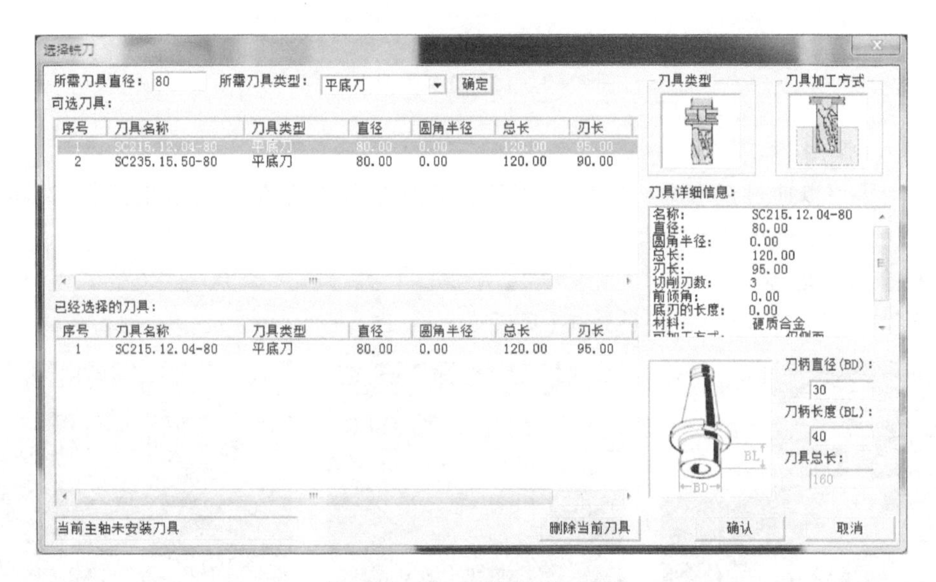

图 8－3－13　选择刀具(一)

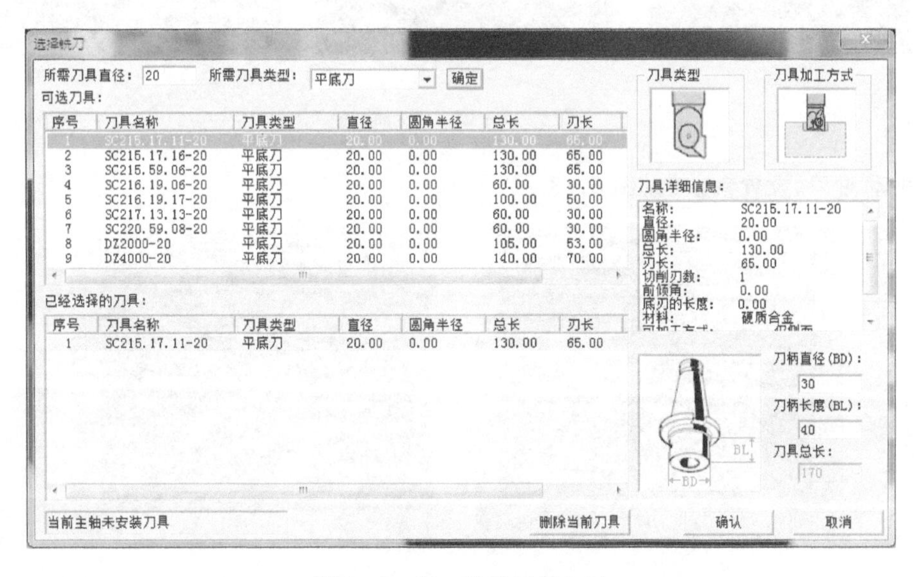

图 8－3－14　选择刀具(二)

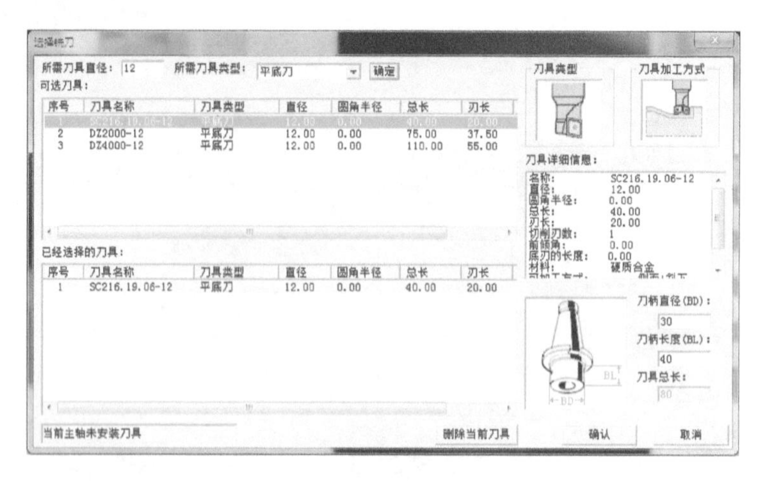

图 8-3-14 选择刀具(三)

4. 输入(调用)程序

数控程序可以通过记事本或写字板等编辑软件输入并保存为文本格式文件,也可直接用 FANUC 系统的 MDI 键盘输入。

5. 检查运行轨迹

数控程序编完后,应检查运行轨迹(见图 8-3-15)。

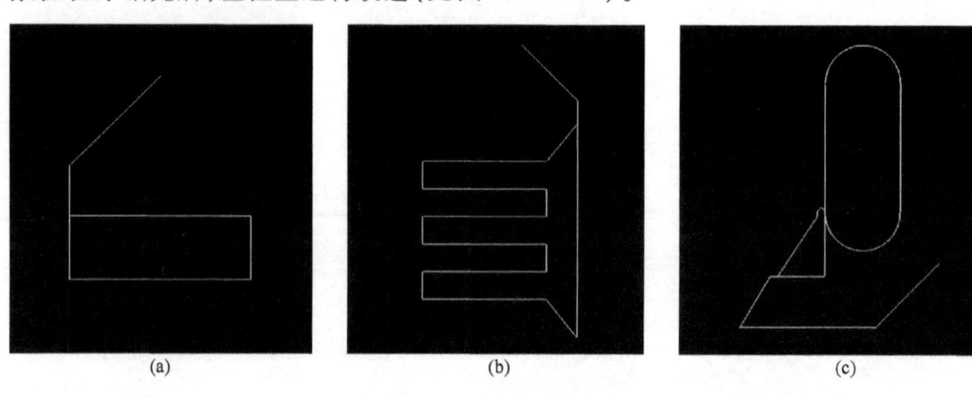

(a) (b) (c)

图 8-3-15 运行轨迹

6. 手动对刀,设置参数(见图 8-3-16)

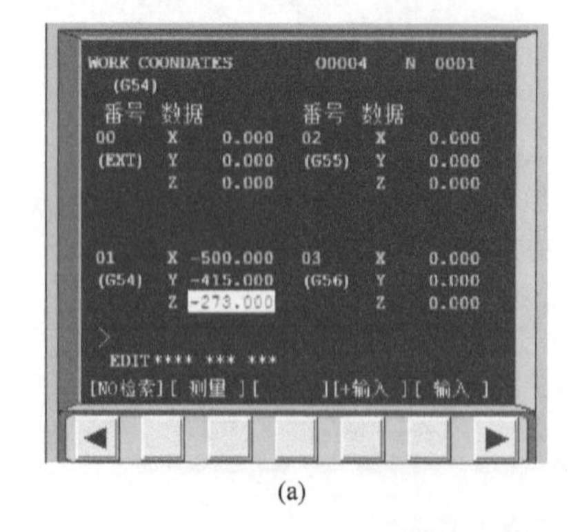

(a)

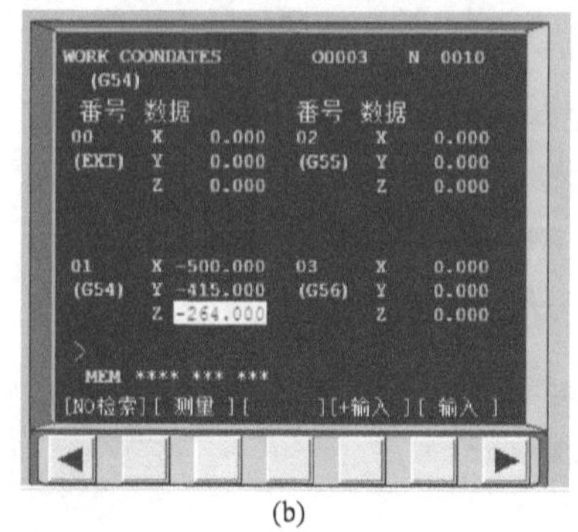

(b)

图 8-3-16 设置参数

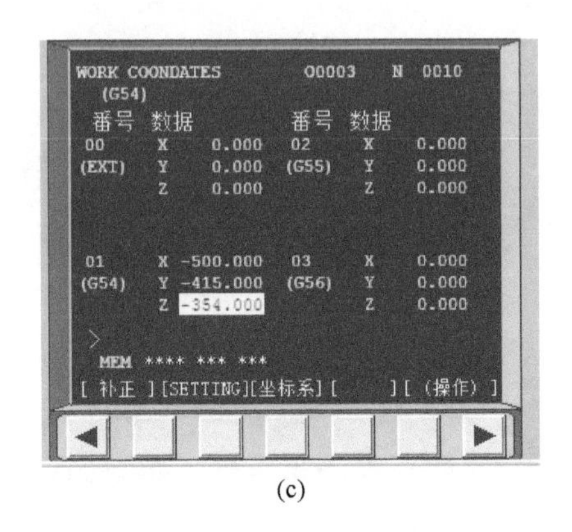

(c)

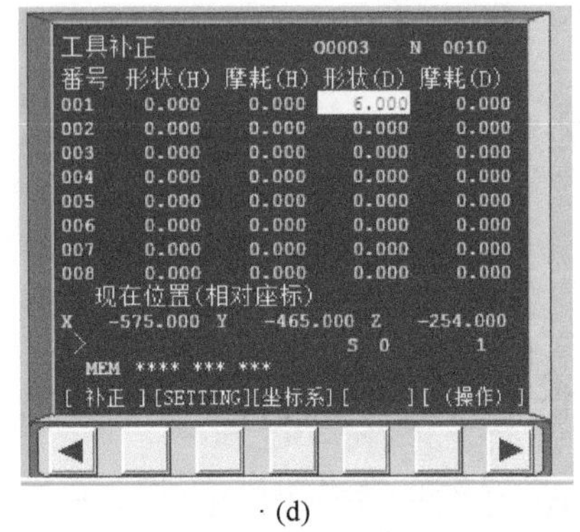

(d)

图 8－3－16　设置参数(续)

7. 自动运行

机床位置确定和刀补数据输入后,就可以开始自动加工了。单击“自动运行”按钮,再单击“循环启动”按钮,加工零件。加工完毕就会出现如图 8－3－17 所示的结果。

图 8－3－17　效果图

技能训练

根据零件图要求和数控工艺卡片,进行数控仿真练习。

课后思考

任务四　组合件铣削练习

教学目标

知识目标	掌握组合件铣削加工工艺,掌握组合件的铣削加工方法
能力目标	能正确操作机床,加工出合格零件,能正确测量零件,合理修改刀补,保证尺寸精度
情感目标	增强岗位责任意识,培养学生积极动手的能力和独立思考的能力

任务描述

本任务是对零件进行仿真模拟加工,校验程序的基础上,熟练使用数控铣床进行组合件的铣削加工,并且加工出符合图纸要求的合格零件。

- 数控仿真软件。
- 零件仿真。

相关知识

参考任务一、任务二和任务三。

任务实施

一、加工准备

①阅读零件图,并按图纸要求检查坯料的尺寸。

②选择 FANUC 0i 机床,开机,机床回参考点。

③安装夹具和工件。

使用机用平口钳装夹工件,装夹时注意以下事项:

a. 先将机用平口钳用螺钉固定在铣床工作台上,机用平口钳安装之前保持工作台和机用平口钳的整洁,机用平口钳安装之后,必须用百分表找正。即用百分表校正钳口的平行度,拧紧螺钉。

b. 机用平口钳安装完毕之后,再安装工件。把工件放入钳口内,并在工件的下面垫上壁工件窄、厚度适当且要求较高的等高垫块,然后把工件进行预紧。

c. 工件装夹在机用平口钳必须用百分表校正水平后才能固定。为了使工件紧密地靠在垫块上,应用铜锤或木锤轻轻地敲击工件,直到用手不能轻易推动等高垫块时,最后再将工件夹紧在平口钳内。

④刀具准备。

根据加工工艺分析和加工程序,将所需的平底铣刀牢固地装在弹簧夹头刀柄上,然后将弹簧夹头刀柄安装到主轴锥孔中。安装刀具时要保证刀具伸出长度满足零件的厚度,还要考虑刀具的刚性。

二、对刀,并正确输入刀具补偿值

1. *X*、*Y* 向对刀

采用接触法对刀,并输入其值到 OFFSET 机能画面中的 G54 中。

2. *Z* 向对刀

采用接触法对刀,并输入其值到 OFFSET 机能画面中的 G54 中。

3. 刀具半径补偿输入

将刀具半径值输入到 OFFSET 机能画面中的刀具补正画面上的形状 D 中。

三、程序校验

把工件坐标系的 Z 值往正方向平移 50 mm,方法是在 G54(EXT)参数中 *Z* 输入 50,按下输入键,将已输入的加工程序,在“图形模拟”功能下,校验程序轨迹是否正确,以此达到程序校验的目的。

四、加工工件

把工件坐标系的 *Z* 值恢复原值,将进给速度打到低挡,单段执行,按下“启动”键。机床加工时,适当调整主轴转速和进给速度,保证加工正常。

五、尺寸测量

程序执行完毕后,用游标卡尺测量轮廓尺寸和长度尺寸,根据测量结果,修改相应刀具补偿值的数据,重新执行程序,精加工工件,直到加工出合格的产品。

六、结束加工

松开夹具,卸下工件,清理机床。

技能训练

分组进行组合件的铣削加工。

课后思考

任务五　组合件的质量分析与精度检验

教学目标

知识目标	掌握组合件质量分析的内容，掌握零保证组合件加工质量的方法
能力目标	能根据零件加工质量进行加工分析 能分析零件产生误差的原因，并能采取一定的措施
情感目标	培养学生团队合作能力 培养学生独立思考的能力，增强工作责任意识

任务描述

零件加工的精度正确与否及表面质量的好坏直接影响到零件的合格，从而影响到组合件的配合，甚至影响到企业的经济利益。因而，质量分析非常重要。

本任务就是分析加工工艺系统中各种误差产生的原因，寻求提高加工质量的途径，以保证零件的机械加工质量。

相关知识

加工精度是指零件加工后的实际几何参数（尺寸、形状和表面件的相互位置）与理想几何参数相符合的程度，它们之间的偏离程度则为加工误差，加工误差是评判加工精度的重要依据。

在加工过程中，任何一种加工方法，只要选择合适的加工工艺、刀具及切削参数等进行加工，都能使零件的加工精度得到较大的提高。

一、产生误差的原因

①机床进给传动部件的运动间隙导致加工精度下降。

②定位基准选择不合理。

③切削参数选择不合理。

④在切削过程中刀具疲劳磨损，导致零件尺寸误差。

⑤装夹工件时，夹紧力过大导致零件装夹变形，夹紧力过小导致零件不稳定而产生振动。

⑥安装工件和夹具时，工作台面、夹具或工件清理不干净导致装夹误差。

⑦铣刀刀具安装时，没有擦净刀柄上的切屑，没有与主轴锥孔紧密贴合，造成刀具的垂直度误差。

⑧测量方法不当。

二、提高加工质量的方法

①工件坐标系设置正确，合理确定定位基准，定位基准与工件上设计基准、测量基准尽可能重合。

②合理选择夹具，减少装夹次数，尽量做到在一次安装中能把零件上所有要加工表面都加工出来。

③夹具在工作台上安装后，必须进行校正。工件在夹具上安装后，也必须进行校正。

④合理安排加工工艺，满足“先粗后精”“先面后孔”“先主后次”原则。

⑤刀具要有足够的刚度，保证工件的尺寸精度和形位精度。

⑥合理选择切削用量。精加工时，主轴转速较高，进给量较小，加工余量也要适当。

⑦合理安排加工路线。

⑧合理选择切削液。

任务实施

填写数控实训加工质量评分表 8－5－1。

表 8－5－1　数控实训加工质量评分表

<table>
<tr><td colspan="2">班级：</td><td>姓名：</td><td colspan="2">学号：</td><td colspan="2">工种：</td></tr>
<tr><td colspan="3">项目序号：</td><td colspan="4">项目名称：</td></tr>
<tr><td>分类</td><td>序号</td><td>检测内容</td><td>配分</td><td>学生自测</td><td>教师检测</td><td>得分</td></tr>
<tr><td rowspan="3">工艺分析与程序编制</td><td>1</td><td>工艺与刀具卡片填写完整</td><td>10</td><td></td><td></td><td></td></tr>
<tr><td>2</td><td>程序编制正确、简洁</td><td>10</td><td></td><td></td><td></td></tr>
<tr><td>3</td><td>零件仿真模拟加工</td><td>10</td><td></td><td></td><td></td></tr>
<tr><td>评分教师</td><td></td><td>加工时间</td><td></td><td>总得分</td><td colspan="2"></td></tr>
<tr><td rowspan="3">加工操作</td><td>1</td><td>尺寸一：</td><td>8</td><td></td><td></td><td></td></tr>
<tr><td>2</td><td>尺寸二：</td><td>8</td><td></td><td></td><td></td></tr>
<tr><td>3</td><td>尺寸三：</td><td>8</td><td></td><td></td><td></td></tr>
</table>

续表

评分教师		加工时间		总得分		
加工操作	4	尺寸四：	8			
	5	尺寸五：	8			
	6	表面粗糙度	8			
	7	零件加工完整性	7			
	8	工量具正确使用	5			
	9	设备正常操作、维护保养	5			
	10	文明生产和机床清洁	5			
评分教师		加工时间		总得分		

实训时间：____________________

上海市工业技术学校

技能训练

举例说明加工误差产生的原因？如何提高加工质量？在规定时间内，根据零件图要求，对组合件进行加工与测量，并填写质量分析表。撰写一份实训报告。

组合件误差产生的原因及提高加工质量的方法

附　件

附件 1：

项目教学评分表							
学号	姓名	项目	内容	自评	互评	师评	备注

说明：
“自评”“互评”“师评”中请填写分值(3,2,1,0)。
其中,3——优秀;2——良好;1——合格;0——须努力。

附件 2：

实训自我小结表

班级	姓名	学号	工种	指导教师
实训内容				
实训的收获与得失				
今后应注意的事项				
对指导教师的意见或建议				

日期：______________